21世纪高等学校物联网专业规划教材

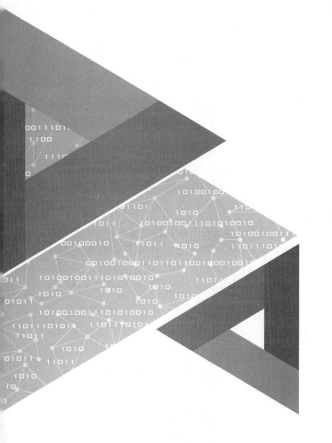

U0182107

网络设备配置与管理

微课视频版

◎ 周俊杰 位磊 裴灿浩 编著

清华大学出版社

北京

内 容 简 介

本书是一本难得的网络设备配置与管理的综合教程。内容从基础到提高，再从提高到综合，循序渐进，逐步推进，将网络组建实际工程和网络设备配置管理中涉及的相关理论知识及操作，分解到若干个实验项目中。

本书语言通俗易懂，内容丰富翔实。全书内容共分 5 部分 12 章，主要涵盖了网络设备配置实验基础（基础实验环境、网络基础命令、网线制作、组建对等网），模拟实验环境下配置网络设备（Packet Tracer、Boson NetSim、GNS3 等常见模拟软件），交换机和路由器的基本配置，网络设备的高级配置与管理（划分VLAN、配置 Trunk、配置 VTP、MAC 地址绑定、链路聚合、端口镜像、PPP 等协议封装、RIP 等路由配置等），网络设备综合配置与管理（计算机网络综合性配置实验以及无线网络配置实验）。

本书以实践操作为中心；理论与实践结合；以思科设备为例，真实设备与模拟环境相结合；以实训项目为主线，采用任务驱动式教学模式，涉及的操作内容步骤清晰明确。本教程体系结构完整，同步编写开发了微课视频、配套课件及教学大纲。

本书可以作为高等学校计算机网络相关专业的教学用书，也可以作为网络认证培训、网络管理或工程技术人员的自学参考用书。

图书在版编目（CIP）数据

网络设备配置与管理：微课视频版/周俊杰，位磊，裴灿浩编著.—北京：清华大学出版社，2020.8
（2021.8重印）
　　21 世纪高等学校物联网专业规划教材
　　ISBN 978-7-302-56140-8

　　Ⅰ.①网…　Ⅱ.①周…②位…③裴…　Ⅲ.①网络设备－配置－高等学校－教材②网络设备－
设备管理－高等学校－教材　Ⅳ.①TN915.05

中国版本图书馆 CIP 数据核字（2020）第 143506 号

责任编辑：黄　芝　薛　阳
封面设计：刘　键
责任校对：梁　毅
责任印制：刘海龙

出版发行：清华大学出版社
　　　网　　　址：http://www.tup.com.cn，http://www.wqbook.com
　　　地　　　址：北京清华大学学研大厦 A 座　　　　　　邮　　编：100084
　　　社 总 机：010-62770175　　　　　　　　　　　　　邮　　购：010-83470235
　　　投稿与读者服务：010-62776969，c-service@tup.tsinghua.edu.cn
　　　质量反馈：010-62772015，zhiliang@tup.tsinghua.edu.cn
　　　课件下载：http://www.tup.com.cn，010-83470236
印 装 者：三河市铭诚印务有限公司
经　　　销：全国新华书店
开　　　本：185mm×260mm　　印　　张：23.5　　　　字　　数：568 千字
版　　　次：2020 年 10 月第 1 版　　　　　　　　　　　印　　次：2021 年 8 月第 2 次印刷
印　　　数：1501～3000
定　　　价：69.80 元

产品编号：055384-01

前言
FOREWORD

随着网络技术的广泛应用和不断发展,网络已经成为人们学习、工作、生活不可或缺的一部分。小到一栋楼,大到一个企业,甚至一个地区,都有构建网络的需要。因此,对懂得网络构建相关技术人员的需求也越来越多。本教程既适合没有硬件实验条件的学员,也适合拥有网络工程或实验环境的工程技术人员等。

本教程以实际网络环境和模拟环境为实验条件,既有模拟软件,也有实际设备。从基础到提高,再从提高到综合,循序渐进,逐步推进,把网络组建实际工程和网络管理中涉及的相关理论知识和操作分解到若干个实验项目中。

本教程内容共包含 5 部分。第一部分为网络设备配置实验基础(第 1 章网络工程实验室环境,第 2 章网线的制作与测试,第 3 章组建局域网实验);第二部分为网络设备配置模拟实验环境(第 4 章几种常见模拟软件,第 5 章 Packet Tracer 环境下配置网络设备,第 6 章 GNS 环境下配置网络设备);第三部分为网络设备的基本配置(第 7 章 Cisco 交换机的基本配置,第 8 章 Cisco 路由器的基本配置);第四部分为网络设备的高级配置与管理(第 9 章 Cisco 交换机的高级配置,第 10 章 Cisco 路由器的高级配置);第五部分为网络设备综合配置与管理(第 11 章计算机网络综合性配置实验,第 12 章无线网络配置实验)。

本教程主要有以下特点:语言通俗易懂,内容丰富翔实,操作界面简便,突出了以实践操作为中心的特点;理论与实践结合,以思科设备为例作为实验环境,真实环境和模拟环境结合;实验任务驱动式教程与项目案例式实验教学模式;教程的体系结构完整,涉及的操作内容步骤清晰明确,具有较强的可操作性;本教程可以作为高等学校计算机网络工程相关专业的教学用书,也可以作为网络培训或工程技术人员的自学参考用书。

本教程的编写工作由华中科技大学文华学院的周俊杰、位磊和裴灿浩完成,其中,周俊杰负责第 1、2、3、11、12 章的编写;位磊负责第 4~8 章的编写;裴灿浩负责第 9、10 章的编写。我们同步编写开发了微课版视频、课件及教学大纲,敬请期待。由于作者水平有限,教程中难免有疏漏或不足之处,望读者批评指正。

感谢支持本教程编写工作的各位老师、专家及企业工程师。

编　者

2020 年 3 月

目录
CONTENTS

第一部分　网络设备配置实验基础

第二部分 网络设备配置模拟实验环境

第三部分 网络设备的基本配置

第四部分　网络设备的高级配置与管理

第五部分　网络设备综合配置与管理

第一部分
网络设备配置实验基础

第1章
CHAPTER 1 | 网络工程实验室环境

1.1 网络工程实验室的建设意义

计算机网络工程实验室的建设意义重大,是有利于网络教学、培养学生实践动手能力、学生就业、提升学校品牌的一件大好事。

1.1.1 对提高网络教学水平意义重大

网络工程实验室的建设对提高网络教学水平的意义体现在两个方面:①提供网络实验实践教学环境;②提高教师的教学水平。

首先,网络实验室的建设为计算机网络相关课程提供实验教学环境。网络技术的发展和更新换代是非常迅速的,网络技术是理论与实践结合十分紧密的一门学问,只有在实验中,学生才能真正掌握课堂上学到的知识。学校开设计算机网络方面的课程,不能只讲述理论,而要做到理论与实践相结合。所以建设网络实验室是解决这一问题的必由之路,增加网络实验的授课可以极大地提高网络教学效果。

其次,网络实验室的建设可以提高教师的教学水平。网络实验室的建设极大地改善了计算机网络实验教学的条件,可以让教师接触到许多前沿的网络知识和技术,开阔思路和眼界。这些都极大地提高了教师自身的网络技术方面的素养,正是有这样的前提,教师才能提高网络理论和应用方面的教学水平。同时,通过建设网络实验室,教师可以和一流的网络设备厂商保持密切的技术上的联系,从而及时跟进国际上最新最流行的网络技术,提高授课水平。

1.1.2 对学生就业意义重大

根据现代的人才观念,真正的人才不仅具有知识,更要具有能力。能力的培养需要课堂教育和实验实践相结合,这种趋势在IT领域的教育和就业中尤其明显。IT技术人才市场,越来越关注技术人员的实际经验和动手操作能力。学生也有迫切接触社会、提高工作技能的需求。但目前高校中普遍存在"理论强、实践弱"的现象,究其原因,并不是学校没有意识到实践的重要性,而是学校缺乏一整套完善的、标准的实验环境。

建成网络工程实验室后,这种状况将大为改观。网络实验室提供了真实的网络环境,可以让学生亲自搭建网络,亲自动手调试、配置网络,从而让学生直观、全方位地了解各种网络设备和应用环境,真正加深对网络原理、协议、标准的认识。通过网络实验室的学习,真正提高了学生的网络技能和实战能力。通过在网络实验室中的学习和实践,使得学生具有扎实的理论基础和很强的实践动手能力,这些都是他们在将来的就业竞争中非常明显的竞争优势。同时,也使学生在毕业时扩大了择业的范围,可以从事网络技术工程师、网络管理员等网络技术类职业,就职于各网络系统集成公司,或成为各种类型单位或公司的网络管理员。这些对于学生来说,都具有现实意义。

1.1.3　对学校品牌的树立具有重要促进作用

首先,网络工程实验室的建设,可以提高学校的科研力量,通过推出领先的科研成果,树立学校在学术界的地位。吸引高尖端人才,形成很好的学术研究氛围,这反过来又进一步加强了学校的学术地位。其次,网络工程实验室还可以提高学生的动手能力,在日渐激烈的就业市场中更有竞争力。学校毕业生就业率的提高,说明学校的毕业生得到社会的认可,这样就会有更多的优秀学生加入学校。一方面会增加学校的知名度,另一方面会优化进入本校的学生素质,反过来又会提高毕业生在职场中的竞争优势。

总之,这两种力量都会增加学校的品牌知名度,提升学校在学术界和社会中的形象。这种品牌的提升是学校的一项无形资产,对学校的各方面建设和发展都具有深远意义。

1.2　网络工程实验室的功能

计算机网络工程实验室是专门为高等院校计算机网络及其相关学科提供教育、教学实习和科研的环境。计算机网络工程实验室主要致力于计算机网络基础、计算机网络互联技术、网络设备配置与管理技术、网络故障排除与分析、网络协议分析及网络规划等课程的教学实验和突出对学生的应用技能训练。它体现工程化环境,可组建大型网络,该实验室除能进行一般的网络布线、交换、路由实验外,还能进行广域网、网络故障分析、网络管理等实验,使学生具有网络搭建配置、故障分析、网络管理的技能,做到理论与实践相结合。在网络实验室内,学生可以进行局域网、广域网的组网,网络通信编程实现,网络协议测试及通信数据分析,Internet技术的运用及各类服务器的配置等实验。在承担学校基本教学任务的同时,网络工程实验室还为学校的许多课题提供了科研实习环境,为教师及学生提供了丰富的培训内容、良好的实验环境,能为学生进行各种培训提供较好的实验环境。

实验室能够提供很多不同类别的实验,可以有针对性地分层次分专业,为计算机网络原理、网络设备配置与管理、网络协议分析、计算机网络工程设计这些相关的课程提供不同的实验项目选择。除了课程实验、课程设计及毕业设计等课内实践教学活动以外,还可定期开放,组织大学生开展网络技术方面的课外活动,甚至开设研究生的高级网络实验。

1.3　网络工程实验室的建设规划

1.3.1　网络工程实验室的总体规划

如图 1.1 所示,在网络工程实验室的设计与建设思路中,针对网络工程实验实践教学的建设需求,一般可包括 6 个区域:教师区、学生区、实验教学区、实验管理区、出口区和互联区。网络工程实验室建成后,具备局域网、广域网、无线网、网络协议分析等多个实训功能扩展模块。

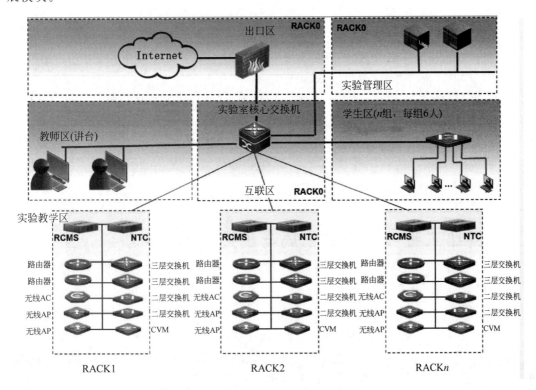

图 1.1　网络工程实验室的建设规划

整个实训环境都是模拟当前最新的网络技术应用环境设计,不但满足目前网络工程实验室实验实践教学的建设需求,而且后期可以进行平滑升级,通过添加部分网络设备和模块,为学生提供更多的实验内容,实现更复杂的网络环境实训。

1.3.2　实验台分组单元组成

实验用的网络设备都由标准实验组这一网络实验基本单元组成。如图 1.2 所示,每个标准 RACK 都是由一台访问控制管理服务器(RCMS)、一台拓扑连接器及相关的网络设备组成。网络设备的连接可以通过拓扑连接设备进行任意组合,用户通过 RCMS 控制相关的网络实验设备,完成指定的实验功能。

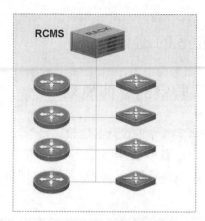

图 1.2　实验分组单元组成

实验台实验设备环境中,每个实验小组配置一台 RCMS,学生只需登录到这台访问控制和管理服务器,就可以轻松地登录到下面任何一台实验设备,无须来回插拔控制线。每个实验台的设备配备分为局域网设备、广域网设备、无线网设备、融合通信设备及协议分析系统。局域网设备包括:两台三层交换机、两台二层交换机,作为搭建局域网/园区网实训环境。广域网设备包括:两台路由器,用于搭建基于 ATM/SDH/POS 等技术的广域网实训环境。无线网设备包括:一台无线控制器、两台智能无线路由器,构建基于下一代无线网络构架及 802.11n 技术的无线网络实训环境。

1.4　网络工程实验室的布局与配置方案

1.4.1　整体布局

现代网络工程实验室占地使用面积一般可规划 $200m^2$ 左右,可容纳 2~3 个班级 60~100 名学生同时使用,配备有思科等主流品牌的网络设备,包括防火墙、路由器、语音网关、网络服务器、语音服务器、骨干光纤交换机、分路由器、三层交换机、两层交换机、工作站、IP 电话、网络分析和测试仪等设备。可采用类似如图 1.3 所示方式布局整个实验室,可提供 $6×N$ 个人同时实验(根据实际情况可灵活更改)。正前面为讲台(左右两侧部分机器组未在图中展示),讲台右侧为 RACK0 摆放位置,即实验室核心。

图 1.3　网络工程实验室的一般布局

实验室能够提供学生接触和使用处于市场领先地位的仪器设备,给学生提供和实际生产环境完全一致的模拟环境,从而提高学生的实践动手能力,为计算机网络相关专业的长期发展和相关网络课程提供了必须的物质保证。

1.4.2　实验台机柜安装

基础实验的实验台一般采用 24U 以上机柜,安装如图 1.4 所示,最上方是实验管理控制设备 RCMS,其次分别是路由器、三层交换机、二层交换机、配线板、电源等。

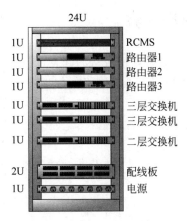

图 1.4　实验台机柜安装图

1.4.3　实验室的设备配置方案

华为、思科等公司是全球著名的互联网解决方案提供者,积极参与了中国几乎所有大型网络项目的建设。华为、思科等网络公司十分重视帮助中国教育和培养网络人才,先后与国内三百多所著名高校合作成立了网络技术学院。合作共建的联合实验室,配置的设备比较齐全,并且都是主流的网络设备,对形成学校自己的品牌专业和构建特色网络课程,将起到积极的促进作用。学生在走向工作岗位之前就对网络的配置、管理、技术开发等方面积累了经验,能够对学生毕业后迅速开展工作带来极大的益处。

如图 1.3 所示,若按照 HCIE/CCIE 认证要求标准,配置一个可以容纳 2～3 个自然班级的学生同时使用的网络工程实验室的设备,一般会包括:Cisco2500 或同类路由器 21 台,Cisco2511 或同类终端路由器 7 台;Cisco3550 交换机 42 台,Cisco2611XM 路由器 62 台;Cisco3620 帧中继交换机 10 台,Vcom 综合布线实训台 2 张,PC 终端机 60～100 台和服务器 2 台,防火墙 1 台,以及其他辅助设备材料。

1.5　计算机网络实验体系

计算机网络实验按照"面向一流水平、面向能力培养、面向工程实战、面向技术发展"的建设要求,突出"实验教学与科学研究密切结合"两个主要特色,兼顾专业和非专业需求,建设了涵盖网络组建、网络管理、网络协议分析设计、网络安全和网络应用、网络设计、网络研究和开发等方面,逐步建立系统的、层次合理的实验体系,以满足不同层次课程、不同学生群体的要求。实验体系按不同层次要求设计成不同的实验套件,在每个实验套件中,包括原理验证型实验、演示测试型实验、自主设计型实验、综合实验和研究型创新实验。在该实验体系的构架下,不仅通过诸如组网、网络维护和管理等实验培养学生的工程实践能力,还通过网络设计和开发、网络安全与应用等演示培养学生的创新能力、科研能力,从而达到培养高素质创新人才的目标。计算机网络实验体系包括以下几方面。

1.5.1　网络基本原理实验

网络基本原理实验主要通过各种网络设备的配置,通过直接观察端口的数据报文,以及采用抓包软件截获报文,学生可以深入理解网络的物理层、数据链路层、网络层、传输层、应用层的各种协议。

实验分成基础实验和提高实验两个层次。

基础实验:网络基本工作原理实验。

提高实验:广域网协议分析实验、ICMP 分析和应用编程实验、传输层拥塞控制和流量控制实验。

1.5.2　网络组建实验

网络组建实验主要通过组建基本的局域网、广域网,采用双绞线、光纤、计算机、路由器、交换机进行网络的组建,在网络组建过程中,学生可以通过实际动手,掌握网线制作、工具使用、各种网络设备的配置,通过直接观察端口的数据报文,以及采用抓包软件截获报文,深入理解网络组建和网络设计中的原理和应用。实验被分成基础实验和提高实验两个层次。

基础实验:基本的局域网组建实验、VLAN 配置实验。

提高实验:复杂广域网组建实验、IPv6 网络演示实验。

1.5.3　网络管理实验

网络管理实验主要采用网络管理工具软件,对搭建的网络进行网络性能、网络故障、网络拓扑、网络流量控制、网络账户记费等管理。在实验体系设计过程中,也分成基础实验和提高实验两个层次。

基础实验:基础的网络管理功能实验。

提高实验:网络管理工具平台的开发,如流量记费、账户管理开发。

1.5.4　网络应用实验

网络应用实验包括对网络的网站设计、实现,网页制作,文件服务器实现,邮件服务器实现,Web 服务器实现等各种层面的网络应用。其中,基础实验和提高实验分别如下。

基础实验：基本的网络应用实验，如文件服务器、邮件服务器等实验。

提高实验：综合利用网络技术和软件技术，基于 C/S 和 B/S 结构，采用 Socket 技术，进行电子商务网站的设计。

1.5.5　网络安全实验

网络安全实验包括各种安全技术的实验，如加密算法、身份认证技术、访问控制技术、防火墙技术等。其中，基础实验和提高实验如下。

基础实验：基本的加密算法，防火墙应用等实验。

提高实验：访问控制实验，身份认证实验，采用 Linux 系统自行实现防火墙等实验。

1.5.6　网络设计开发实验

网络设计开发实验重点针对研究型、创新人才培养设计实验内容。在这部分实验体系中，通过多种网络技术的开发，培养学生自行分析问题、解决问题的科研素养。在网络设计开发实验部分，学生可以自行选择实验，实验内容如下。

组播实验：了解组播的原理和实现方法，实现在网络上的组播视频播放。

MPLS VPN 实验：了解 MPLS VPN 技术，实现大型网络下的 MPLS VPN 网络。

基于 IXA 架构的网络设计实验：采用 Intel 的 IXA 架构，自主完成路由器、防火墙的设计。

1.5.7　网络工程实验实训内容

网络工程实验室可提供涵盖局域网、广域网、无线网、协议分析等实训内容，如表 1.1 所示。

表 1.1　网络工程实验实训内容

序号	实 验 名 称	掌 握 技 能
1	路由器的基本操作	路由器基本实验
2	在路由器上配置 Telnet	
3	配置 RIP 被动端口	被动端口
4	配置 OSPF 被动端口	
5	静态路由配置	静态路由
6	RIP 基本配置	RIP
7	RIPv2 配置	
8	配置 RIP 版本、汇总、定时器	
9	OSPF 基本配置	OSPF 路由协议
10	OSPF 单区域配置	
11	OSPF 多区域配置	

续表

序号	实验名称	掌握技能
12	调整路由的 AD 值	
13	配置 RIP 与 OSPF 路由重发布	路由再发布与策略路由
14	配置策略路由	
15	广域网协议的封装	
16	PPP PAP 认证	
17	PPP CHAP 认证	
18	帧中继基本配置	广域网技术
19	帧中继交换机配置	
20	IPSec VPN 简单配置	
21	Site To Site IPSec VPN 多站点配置	
22	交换机的基本操作	交换机基本操作
23	在交换机上配置 Telnet	
24	配置远程登录的 AAA 认证	
25	配置 PPP 链路的 AAA 认证	
26	接入层 802.1X	
27	配置 ARP 检查	交换机接入及安全技术
28	配置 DHCP 监听	
29	交换机的端口安全	
30	配置动态 ARP 检测	
31	配置 VRRP 单备份组	
32	配置 VRRP 多备份组	VRRP 技术
33	配置基于 SVI 的 VRRP 备份组	
34	端口聚合配置	端口聚合技术
35	快速生成树配置	
36	配置 RSTP	生成树协议技术
37	配置 MSTP	
38	单臂路由	
39	使用 SVI 实现 VLAN 间路由	
40	跨交换机实现 VLAN 间路由	
41	跨交换机实现 VLAN	VLAN 及 VLAN 相关技术
42	利用单臂路由实现 VLAN 间路由	
43	利用三层交换机实现 VLAN 间路由	
44	利用动态 NAPT 实现局域网访问互联网	
45	利用 NAT 实现外网主机访问内网服务器	
46	配置静态 NAT	
47	配置动态 NAT	网络地址转换技术
48	配置 NAT 地址复用（NAPT）	
49	配置 TCP 负载分配	

续表

序号	实　验　名　称	掌　握　技　能
50	配置标准 IP ACL	ACL 在网络中的应用
51	配置扩展 IP ACL	
52	配置基于 MAC 的 ACL	
53	配置专家 ACL	
54	配置基于时间的 ACL	
55	利用 IP 标准访问控制列表进行网络流量的控制	
56	利用 IP 扩展访问控制列表实现应用服务的访问控制	
57	利用访问列表进行 VTY 访问控制	
58	利用 TFTP 升级现有交换机操作系统	路由器交换机维护
59	利用 TFTP 升级现有路由器操作系统	
60	利用 ROM 方式重写交换机操作系统	
61	利用 ROM 方式重写路由器操作系统	
62	利用 TFTP 备份还原交换机配置文件	
63	利用 TFTP 备份还原路由器配置文件	
64	搭建自组网（Ad-Hoc）模式无线网络	无线网络组建与配置
65	搭建基础结构（Infrastructure）网络	
66	搭建无线分布式（WDS）模式无线网络	
67	无线接入点客户端（Station）模式联网	
68	建立开放式的无线接入服务	
69	配置单频多模的无线网络	
70	搭建采用 WEP 加密方式的无线网络	
71	实现无线用户的二层隔离	
72	使用 MAC 认证实现接入控制	
73	配置无线网络中的 WEP 加密	
74	配置 MAC 地址过滤（自治型 AP）	
75	配置 SSID 隐藏（自治型 AP）	
76	配置 WEP 加密（自治型 AP）	
77	使用 Web 认证实现接入控制	
78	使用 802.1X 增强接入安全性	
79	配置无线网络中的 WPA 加密	
80	非法 AP 和 Client 的发现与定位	
81	项目一　中小企业双出口	掌握网络设计与综合实施技能
82	项目二　大型（单核心）网络	
83	项目三　双核心网络	
84	项目四　多节点环网	
85	项目五　城域网互联	
86	项目六　广域网 VoIP	

续表

序号	实验名称	掌握技能
87	IP 数据包的转发流程	
88	Internet 控制报文协议 ICMP	
89	Internet 组管理协议 IGMP	
90	用户数据报协议 UDP	
91	传输控制协议 TCP	
92	简单网络管理协议 SNMP	
93	网络地址转换 NAT	
94	超文本传输协议 HTTP	
95	传输控制协议 TELNET	协议分析技能
96	文件传输协议 FTP	
97	邮件协议 SMTP、POP3	
98	Internet 邮件访问协议 IMAP	
99	路由信息协议 RIP	
100	开放式最短路径优先 OSPF	
101	动态主机配置协议 DHCP	
102	域名系统 DNS	
103	自举协议 BOOTP	
104	虚拟局域网 VLAN	

第 2 章
CHAPTER 2 | # 网线的制作与测试

双绞线(Twisted Pair,TP)是一种计算机网络连接和综合布线工程中最常用的传输介质,由两根具有绝缘保护层的铜导线组成。把两根绝缘的铜导线按一定密度互相绞在一起,每一根导线在传输中辐射出来的电波会被另一根线上发出的电波抵消,有效降低信号干扰的程度。双绞线一般由两根 22～26 号绝缘铜导线相互缠绕而成,"双绞线"的名字也是由此而来。

本章实验安排的目的是了解双绞线传输原理,学会使用工具制作和测试直通网线与交叉网线,学会制作反转线和理解其连接网络设备的作用。

2.1 双绞线结构与通信原理

实际使用时,双绞线是由多对双绞线一起包在一个绝缘电缆套管里的。如果把一对或多对双绞线放在一个绝缘套管中便成了双绞线电缆,但日常生活中一般把"双绞线电缆"直接称为"双绞线"。与其他传输介质相比,双绞线在传输距离、信道宽度和数据传输速度等方面均受到一定限制,但价格较为低廉。

根据有无屏蔽层,双绞线分为屏蔽双绞线(Shielded Twisted Pair,STP)与非屏蔽双绞线(Unshielded Twisted Pair,UTP)。

屏蔽双绞线在双绞线与外层绝缘封套之间有一个金属屏蔽层。屏蔽双绞线分为 STP 和 FTP(Foil Twisted-Pair)。STP 指每条线都有各自的屏蔽层,而 FTP 只在整个电缆有屏蔽装置,并且两端都正确接地时才起作用,所以要求整个系统是屏蔽器件,包括电缆、信息点、水晶头和配线架等,同时建筑物需要有良好的接地系统。屏蔽层可减少辐射,防止信息被窃听,也可阻止外部电磁干扰的进入,使屏蔽双绞线比同类的非屏蔽双绞线具有更高的传输速率。但是在实际施工时,很难全部完美接地,从而使屏蔽层本身成为最大的干扰源,导致性能甚至远不如非屏蔽双绞线。所以,除非有特殊需要,通常在综合布线系统中只采用非屏蔽双绞线。

非屏蔽双绞线是一种数据传输线,由 4 对不同颜色的传输线组成,广泛用于以太网络和电话线。非屏蔽双绞线电缆具有以下优点。

(1) 无屏蔽外套,直径小,节省所占用的空间,成本低;

（2）重量轻,易弯曲,易安装;

（3）将串扰减至最小或加以消除;

（4）具有阻燃性;

（5）具有独立性和灵活性,适用于结构化综合布线。

因此,在综合布线系统中,非屏蔽双绞线得到广泛应用。

EIA/TIA(美国电子工业协会/电信工业协会)的布线标准中规定了双绞线的两种线序
T568A 与 T568B,在整个网络布线中应该采用一种布线方式。这两种线序如表 2.1 和图 2.1
所示。

表 2.1　双绞线的 T568A 与 T568B 两种线序标准

序号	编号	用途	线　色	是否用于百兆传输	是否用于千兆传输
1	2	传输	橙白或橙	是	是
2	2	传输	橙或橙白	是	是
3	3	接收	绿白或绿	是	是
4	1	没用	蓝或蓝白	否	是
5	1	没用	蓝白或蓝	否	是
6	3	接收	绿或绿白	是	是
7	4	没用	棕白或棕	否	是
8	4	没用	棕或棕白	否	是

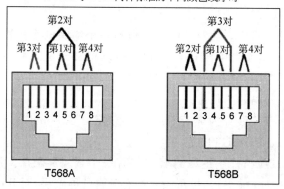

图 2.1　双绞线的两种线序 T568A 与 T568B

在 EIA/TIA 的布线标准中,规定全双工方式下本地的 1、2 两脚为信号发送端,3、6 两
脚为信号接收端。所以,这两对信号必须分别使用一对双绞线进行信号传输,在制作网线时
要特别注意,如图 2.2 和图 2.3 所示。如图 2.3 所示,以 T568B 线序方式为例,1、2 两脚使
用橙的那对线,其中,白橙线接 1 脚,橙线接 2 脚;3、6 两脚使用绿色的那对线,其中,白绿线
接 3 脚、绿线接 6 脚。剩下的两对线在 10Mb/s、100Mb/s 快速以太网中一般不用,通常将
两个接头的 4、5 和 7、8 两接头分别使用一对双绞线直连,4、5 用蓝色的那对线,4 为蓝色,
5 为白蓝色;7、8 用棕色的那对线,7 为白棕色,8 为棕色。

明白如图 2.2 和图 2.3 所示的 T568A 和 T568B 两种线序之后,这样网线端口的接法就有多种。如果网线两端都按一种线序方式(T568A 或 T568B)制作就是直通线,也称直连线,如图 2.4 所示。如果网线的两端不按一种线序方式,即一端是 T568B 线序,另一端是 T568A 线序,那么,这种做法便是交叉线,如图 2.5 所示。

图 2.2　T568A 线序

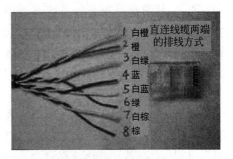

图 2.3　T568B 线序

图 2.4　直通线

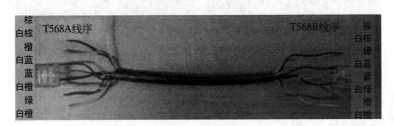

图 2.5　交叉线

交叉线一般用于相同类型 DTE(数据终端设备)设备的连接,比如路由器与路由器、计算机与计算机之间;现在的很多设备也支持直通线了,但建议还是使用交叉线。目前的网络或者终端设备基本上都可以自适应,但仍然需要了解交叉线与直通线在最初的区别和应用。

当以下设备互连时,需使用直通线。

(1) 交换机或 Hub 与路由器;

(2) 计算机(包括服务器和工作站)与交换机或 Hub。

当以下设备互连时,则需使用交叉线。

(1) 计算机与路由器;

(2) 交换机与交换机;

(3) Hub 与 Hub;

(4) 两台计算机直接相连;

(5) 路由器与路由器。

实验注意事项：

路由器在网络中要当做计算机，所以与计算机相连接用交叉线，与交换机相连接用直通线。

总之，计算机网络开放系统互联模型（Open System Interconnect，OSI）的七个层中，同一层设备相连用交叉线；不同层设备相连用直通线。其中，只有一个例外就是计算机与计算机相连用交叉线，因为计算机具有路由功能，属于第三层网络层。也有不同的理解，把路由器、计算机、服务器等通信设备看作DTE（数据终端设备），而把交换机和集线器看作DCE（数据通信设备），其实质是一样的。

那么，为什么会有这种区别呢？这是因为在同一层通信设备的收发口是相对固定的（1，2为发送，3，6为接收），因此必须使用交叉线才能让同层设备的收发相连。若使用直通线，则会出现发-发、收-收组合，必然会出现不能正常收发的现象。

同理，不同层设备的收发口是相反的，所以此时使用直通线。若使用交叉线则会出现发-发、收-收组合，不能正常收发报文。

如果网线的一端接串行通信端口，另一端是把T568A反转线序插入水晶头，则这种做法的线便是反转线，如图2.6所示。

图2.6　反转线两端的端口

2.2　网线制作工具

网线制作一般用到的工具有：网线、水晶头、网线压线钳和测线仪。下面主要介绍网线压线钳和测线仪。压线钳又称驳线钳，是用来剥线和压制水晶头的一种工具。常见的电话线接头和网线接头都是用驳线钳压制而成的。压线钳结构如图2.7所示。

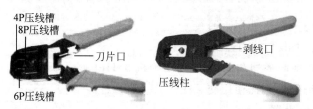

图2.7　压线钳正面与反面

在压线钳最顶部的是压线槽，压线槽一般提供了三种类型的线槽，分别为6P、8P及4P，中间的8P槽是人们最常用到的RJ-45水晶头压线槽，而旁边的4P为RJ-11电话线路压线槽。压线钳的中间是剥线口和刀片口，剥线口主要用于划开双绞线的保护胶皮，刀片口主要用于切断和切齐双绞线。

测线仪一般由两部分组成：主机和子机。两部分上面都有 8 个指示灯和两个端口(RJ-11
电话线端口和 RJ-45 水晶头端口)，其中，4P 为 RJ-11，8P 为 RJ-45，如图 2.8 所示。

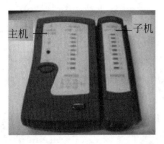

图 2.8　测线仪

2.3　网线制作步骤

2.3.1　直通线制作过程

以 100Mb/s 的 EIA/TIA 布线标准 T568B 作为标准规格为例，下面以图片形式介绍直
通线制作的具体过程。

步骤 1：剥线

利用双绞线压线钳的刀片口剪下所需要的双绞线长度，最短 0.6m，最长不超过 100m。
然后再利用压线钳的剥线口将双绞线外皮除去 2～3cm。有一些双绞线电缆上含有一条柔
软的尼龙线，主要防止过力牵拉双绞线，保护电缆。

步骤 2：排列 4 对线

剥去双绞线外皮之后，可以看到两两缠绕在一起的、不同
颜色的 4 对线，按照如图 2.9 所示从左到右的顺序排列整齐。

实验注意事项：

为便于对 4 对线序记忆深刻，将 4 对不同颜色的线按照
C，LAn，Lǜ，Z 字母表的顺序来记，从左到右排列，如图 2.9 所
示。其中，"C"代表橙色/白橙色的"橙"字的拼音的第一个字
母，"LAn"代表蓝色/白蓝色的"蓝"字的拼音的前三个字母，
"Lǜ"代表绿色/白绿色的"绿"字的拼音的第一、二个字母，"Z"
代表棕色/白棕色的"棕"字的拼音的第一个字母。

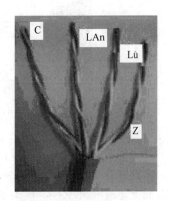

图 2.9　双绞线中的 4 对线

步骤 3：理线

小心地拨开 4 对线，并把每一对线中的白橙线、白蓝线、白绿线、白棕线排在相应橙线、
蓝线、绿线、棕线的左边，即白橙/橙色，白蓝/蓝色、白绿/绿色、白棕/棕色，如图 2.10 所示。

步骤 4：排序

因为遵循 EIA/TIA T568B 的标准制作接头，所以线对颜色有一定的顺序。需要特别
注意的是，绿色线应该跨越蓝色线。这里最容易犯错的地方就是将白绿线与绿线相邻放在

一起,这样会造成串扰,使传输效率降低。因为在 100Base-T 网络中,第 3 只脚与第 6 只脚是同一对的,所以需要使用同一对线;于是在如图 2.10 所示的基础上从左边数将第 3 根与第 5 根交换(见标准 EIA/TIA T568B),即从左起:白橙/橙/白绿/蓝/白蓝/绿/白棕/棕,如图 2.11 所示。

图 2.10 拨开后的线序

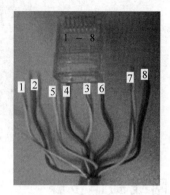

图 2.11 T568B 线序

步骤 5:整线

网线按一定标准排顺序后,将 8 根细线整理平整,以便于后面的剪线和插线。

步骤 6:插线

将裸露出的双绞线用剪刀或斜口钳剪下只剩约 14mm 的长度,之所以留下这个长度是为了符合 EIA/TIA 的标准。最后再将双绞线的每一根线依序放入 RJ-45 接头的引脚内,RJ-45 接头 8 个铜片朝上,第一只引脚内应该放白橙色的线,以此类推,如图 2.12 所示。水晶头与压槽正确放置方式如图 2.13 所示。

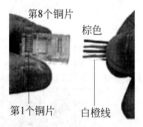

图 2.12 正确的插线方式

图 2.13 水晶头与压线槽正确放置

步骤 7:压线

确定双绞线的每根线已经正确放置之后,就可以用 RJ-45 压线钳压接 RJ-45 接头了。市面上还有一种 RJ-45 接头的保护套,可以防止接头在拉扯时造成接触不良。使用这种保护套时,需要在压接 RJ-45 接头之前就将这种胶套插在双绞线电缆上。

2.3.2 交叉线制作过程

1. 交叉线的制作

其步骤与上面的直通线制作一样,只需要把网线两端排列顺序改成如图 2.14 所示。

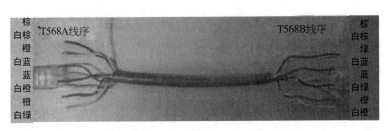

图 2.14 交叉线的排列

2. 实验说明

如果有现成的直通线,可以直接修改直通线一端,把任意一端的 T568B 改为 T568A 的排序即可。

3. 实验注意事项

(1) 双绞线的外皮除去长度为 2~3cm。

(2) 排线的顺序为左起:白橙/橙/白绿/蓝/白蓝/绿/白棕/棕,需要特别注意的是,绿色线应该跨越蓝色线。

(3) 裸露出的双绞线约长 14mm。

(4) 插线的时候,注意第一个金属片与白橙线相对应,其他以此类推。

(5) 压线的时候,水晶头与压线槽不要放置反了,否则容易压破水晶头,并使水晶头卡在压线槽里。

(6) 用 RJ-45 压线钳压接 RJ-45 接头时一定要用力压紧。

2.3.3 直通线、交叉线简易测试仪的使用

简易测试仪分成主机和子机,即主模块和副模块。主模块按顺序每根芯线都发出一个电平信号,如果网络线的相应芯线和水晶头的金属切片是连通的,那么主模块和副模块相应的灯也会亮。如果不亮,说明这根芯信的连接有问题。如果这根芯线是用于传输数据的话,则该水晶头就需要重新制作了。

步骤 1:插线

用一个电缆测试仪测量一条直通线或者交叉线需要把网络线的两头分别插入主模块和副模块的 RJ-45 插座,打开主模块左侧的开关。注意观察主模块和副模块上灯的闪动情况,并根据电线映射的特性检查电缆是否开路或短路。

步骤 2:直通线判断

主模块上灯闪动的顺序是 1~8 循环,如果副模块上闪动的顺序也是 1~8,说明这根是直通的网络线,如图 2.15 所示。

步骤 3:交叉线判断

如果副模块上闪动的顺序是 3,6,1,4,5,2,7,8,说明这根网是交叉的网络线,如图 2.16 所示。

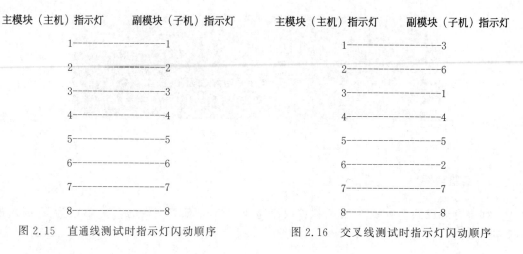

图 2.15　直通线测试时指示灯闪动顺序　　　　图 2.16　交叉线测试时指示灯闪动顺序

实验注意事项：

（1）连接好被测电缆，主模块和副模块的 1～8 个灯如按顺序同步闪亮就说明电缆的 8 芯导通正常，排列也是正常的。

（2）如果某个灯不亮，说明该条线接触不良，或者该条线开路，应该重新压水晶头。

（3）如果多灯同时亮，即为对应多线短路。

（4）如果主模块和副模块两个测试器的灯不按顺序闪亮，说明 8 芯线两头的排列不是按顺序，检查是水晶头插线出错，还是本身就是要求的跳线接法就是这样的。

实验总结：

（1）直通线与交叉线排线顺序记忆小窍门。

（2）在将双绞线的每一根线依序放入 RJ-45 接头引脚内时，注意水晶头和排线的顺序的方向。

（3）用 RJ-45 压线钳压接水晶头的接头时，压线钳的压线槽一定要与水晶头的接头相吻合后，再用力压接水晶头，否则容易压破水晶头或者压坏压线钳的压线槽。

2.3.4　反转线制作过程

反转线（Rollover Cable）就是一端采用 T568A 或 T568B 布线标准，另一端把 T568A 或 T568B 的顺序刚好从第一根到最后一根反过来。有一种简便做反转线的方法，比如一端用 T568B 标准作好后，另一端也用正常的 T568B 的标准来排列线序，只需在线序插入水晶头时将水晶头翻转 180°，或者将线序翻转 180°再插入水晶头即可。

具体的线序制作方法是：以标准 T568B 来说，其中一边的顺序是 1-白橙、2-橙、3-白绿、4-蓝、5-白蓝、6-绿、7-白棕、8-棕，另一边则是 1-棕、2-白棕、3-绿、4-白蓝、5-蓝、6-白绿、7-橙、8-白橙。

反转线虽然不是用来连接各种以太网部件的，但它可以用来实现从主机到交换机、路由器控制台串行通信(COM)端口的连接。

第 3 章
CHAPTER 3
组建局域网实验

3.1 常用网络命令

3.1.1 ipconfig 命令

1. ipconfig 命令功能简介

ipconfig 实用程序和它的等价图形用户界面用于显示当前的 TCP/IP 配置的设置值。这些信息一般用来检验人工配置的 TCP/IP 设置是否正确。但是,如果你的计算机和所在的局域网使用了动态主机配置协议(Dynamic Host Configuration Protocol,DHCP),类似于拨号上网的动态 IP 分配,这个程序所显示的信息也许更加实用。这时,ipconfig 可以帮助你了解计算机是否成功地租用到一个 IP 地址,如果租用到则可以了解它目前分配到的是什么地址。了解计算机当前的 IP 地址、子网掩码和默认网关实际上是进行网络测试和故障分析的必要项目。

2. ipconfig 命令参数说明

在 DOS 窗口下输入"ipconfig/?"进行参数查询,如图 3.1 所示。ipconfig 命令各种参数的详细注释如下。

```
C:\Documents and Settings\Administrator>IPCONFIG /?

USAGE:
    ipconfig [/? | /all | /renew [adapter] | /release [adapter] |
             /flushdns | /displaydns | /registerdns |
             /showclassid adapter |
             /setclassid adapter [classid] ]
```

图 3.1 ipconfig 相关参数

ipconfig /all:显示本机 TCP/IP 配置的详细信息。

ipconfig /renew:DHCP 客户端手工向服务器刷新请求。

ipconfig /release:DHCP 客户端手工释放 IP 地址。

ipconfig /flushdns:清除本地 DNS 缓存内容。

ipconfig /displaydns：显示本地 DNS 内容。

ipconfig /registerdns：DNS 客户端手工向服务器进行注册。

ipconfig /showclassid：显示网络适配器的 DHCP 类别信息。

ipconfig /setclassid：设置网络适配器的 DHCP 类别。

ipconfig /renew"Local Area Connection"：更新"本地连接"适配器的由 DHCP 分配 IP 地址的配置。

ipconfig /showclassid Local ∗：显示名称以"Local"开头的所有适配器的 DHCP 类别 ID。

ipconfig /setclassid"Local Area Connection"TEST：将"本地连接"适配器的 DHCP 类别 ID 设置为 TEST。

3. ipconfig 命令常用选项

ipconfig /all：显示所有网络适配器(网卡、拨号连接)的完整 TCP/IP 配置信息。与不带参数的用法相比,它的信息更全更多,如 IP 是否动态分配、显示网卡的物理地址等。

ipconfig /batch 文件名：将 ipconfig 所显示信息以文本方式写入指定文件。此参数可以用来备份本机的网络配置。

ipconfig /release_all 和 release N：释放全部(或指定)适配器由 DHCP 分配的动态 IP 地址。此参数适用于 IP 地址非静态分配的网卡,通常与下文的 renew 参数结合使用。

ipconfig /renew_all 或 ipconfig / ipconfig /renew N：为全部(或指定)适配器重新分配 IP 地址。此参数同样仅适用于 IP 地址非静态分配的网卡,通常与上文的 release 参数结合使用。

实验注意事项：

如果你的网络连通发生故障,凑巧网卡的 IP 地址是自动分配的,就可以使用上面的 ipconfig 命令操作了。

4. 实验一：显示网络适配器信息

步骤 1：进入 DOS 窗口

打开"开始"程序菜单,打开"运行"对话框,按如图 3.2 所示输入"CMD"命令。

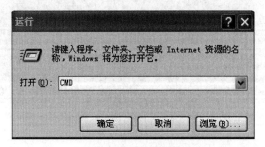

图 3.2 "运行"对话框

步骤 2：输入命令

确定(或按回车键)后在弹出的 DOS 窗口中输入命令"ipconfig /all",如图 3.3 所示。

```
C:\Documents and Settings\Administrator>ipconfig /all
```

图 3.3　显示网络配置信息的命令

步骤 3：显示信息

回车，显示如下信息：

```
Connection - specific DNS Suffix:
Description...Realtek RTL8139 Family PCI Fast Ethernet NIC    //网卡型号
Physical Address......:00 - 15 - 58 - 76 - 6C - E9        //网卡地址,即 MAC 地址
Dhcp Enabled......: No                                    //说明是静态指定的,否则是"Yes"
IP Address.......192.168.0.162                            //计算机的 IP 地址
Subnet Mask......255.255.255.0                            //子网掩码,具体有何用途不再解释
Default Gateway....192.168.0.1                            //网关地址,很重要,错了将没法上网
DNS Servers....: 61.153.177.200     //DNS,解析域名用错了,网页打不开……61.153.177.202——
                                    //其他 DNS,如果第一个不通,自动用第二个
```

5．实验二：导出网络配置信息

步骤 1：进入 DOS 窗口

打开"开始"程序菜单，打开"运行"对话框，按如图 3.4 所示输入"CMD"，按回车键，在弹出的 DOS 窗口中输入命令"ipconfig/all >文件名.扩展名"，如图 3.4 所示。

```
C:\Documents and Settings\Administrator>ipconfig /all>tcpip.txt
```

图 3.4　导出网络配置信息的命令

步骤 2：回车

文件名与扩展名由自己定义，在哪个目录下操作的 ipconfig/all 命令，导出的文件就在哪个目录下。

例如，在命令提示模式下的 C:\Documents and Settings\Administrator >目录下输入"ipconfig/all > tcpip. txt"，那么，导出的本机 TCP/IP 信息文件即在 C:\Documents and Settings\Administrator >目录下，即为 tcpip. txt 文件，打开资源管理器到该目录下即可找到该文件。如果找不到 tcpip. txt 文件的位置，可以在搜索中查找该文件。

3.1.2　Ping 命令

1. Ping 命令功能简介

在网络中，Ping 是一个十分好用的 TCP/IP 工具，它的主要功能是检测网络的连通情况和分析网络速度。

2. Ping 命令参数说明

在 Windows 中单击"开始"程序菜单，打开"运行"对话框，如图 3.5 所示，在 C:\>的后面输入"ping -help"，显示 Ping 的一些参数。

```
C:\Documents and Settings\Administrator>ping --help
Bad option --help.

Usage: ping [-t] [-a] [-n count] [-l size] [-f] [-i TTL] [-v TOS]
            [-r count] [-s count] [[-j host-list] | [-k host-list]]
            [-w timeout] target_name

Options:
    -t             Ping the specified host until stopped.
                   To see statistics and continue - type Control-Break;
                   To stop - type Control-C.
    -a             Resolve addresses to hostnames.
    -n count       Number of echo requests to send.
    -l size        Send buffer size.
    -f             Set Don't Fragment flag in packet.
    -i TTL         Time To Live.
    -v TOS         Type Of Service.
    -r count       Record route for count hops.
    -s count       Timestamp for count hops.
    -j host-list   Loose source route along host-list.
    -k host-list   Strict source route along host-list.
    -w timeout     Timeout in milliseconds to wait for each reply.
```

图 3.5　Ping 命令常用选项

-t：Ping 指定的计算机直到中断。

-a：将地址解析为计算机名。

-n count：发送 count 指定的 ECHO 数据包数。默认值为 4。

-l size：发送包含由 size 指定的数据量的 ECHO 数据包，默认为 32B；最大值是 65 527。

-f：在数据包中发送不要分段标志，数据包就不会被路由上的网关分段。

-i TTI：将生存时间字段设置为 TTI 指定的值。

-v TOS：将服务类型字段设置为 TOS 指定的值。

3. 实验举例

使用 Ping 命令检查网络连通性有以下 5 个步骤。

步骤 1：使用 ipconfig /all 观察本地网络设置是否正确，如图 3.6 所示。

```
C:\Documents and Settings\Administrator>ipconfig /all

Windows IP Configuration

        Host Name . . . . . . . . . . . . : WWW-C052B176CE0
        Primary Dns Suffix  . . . . . . . :
        Node Type . . . . . . . . . . . . : Unknown
        IP Routing Enabled. . . . . . . . : No
        WINS Proxy Enabled. . . . . . . . : No
```

图 3.6　ipconfig/all 命令

步骤 2：执行 ping 127.0.0.1 命令。127.0.0.1 是环回地址，Ping 环回地址是为了检查本地的 TCP/IP 有没有设置好，如图 3.7 所示。

步骤 3：Ping 本机 IP 地址，检查本机的 IP 地址是否设置有误，如图 3.8 所示。

步骤 4：Ping 本网网关或本网 IP 地址，检查硬件设备是否有问题，也可以检查本机与本地网络连接是否正常。

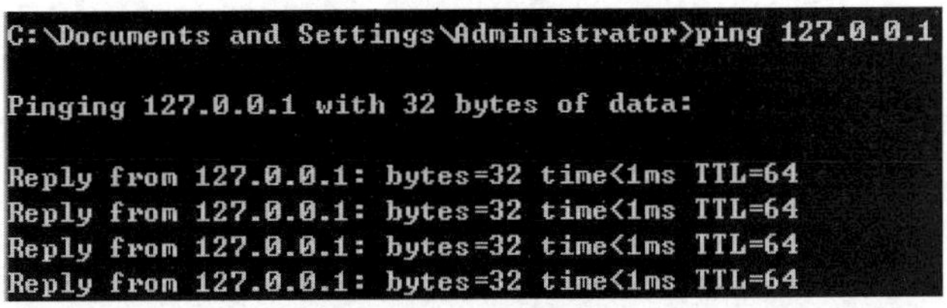

```
C:\Documents and Settings\Administrator>ping 127.0.0.1

Pinging 127.0.0.1 with 32 bytes of data:

Reply from 127.0.0.1: bytes=32 time<1ms TTL=64
Reply from 127.0.0.1: bytes=32 time<1ms TTL=64
Reply from 127.0.0.1: bytes=32 time<1ms TTL=64
Reply from 127.0.0.1: bytes=32 time<1ms TTL=64
```

图 3.7　Ping 环回地址

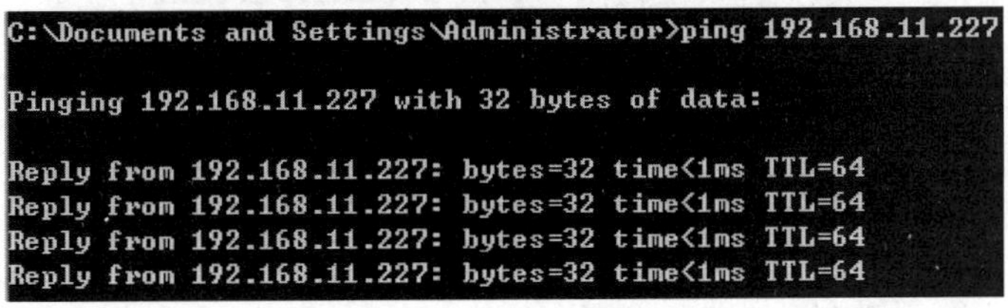

```
C:\Documents and Settings\Administrator>ping 192.168.11.227

Pinging 192.168.11.227 with 32 bytes of data:

Reply from 192.168.11.227: bytes=32 time<1ms TTL=64
Reply from 192.168.11.227: bytes=32 time<1ms TTL=64
Reply from 192.168.11.227: bytes=32 time<1ms TTL=64
Reply from 192.168.11.227: bytes=32 time<1ms TTL=64
```

图 3.8　Ping 本机 IP 地址

实验注意事项：

在非局域网中这一步骤可以忽略。

步骤 5：Ping 远程 IP 地址，检查本网或本机与外部的连接是否正常，如图 3.9 所示。

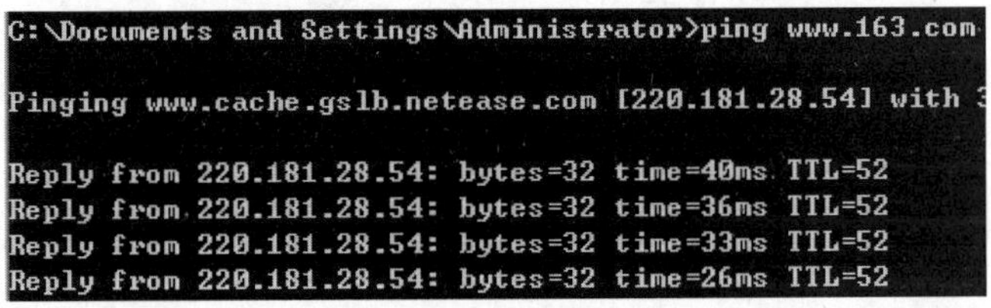

```
C:\Documents and Settings\Administrator>ping www.163.com

Pinging www.cache.gslb.netease.com [220.181.28.54] with 3

Reply from 220.181.28.54: bytes=32 time=40ms TTL=52
Reply from 220.181.28.54: bytes=32 time=36ms TTL=52
Reply from 220.181.28.54: bytes=32 time=33ms TTL=52
Reply from 220.181.28.54: bytes=32 time=26ms TTL=52
```

图 3.9　Ping 远程 IP 地址

3.2　局域网共享设置

局域网共享设置的具体实验步骤如下。

步骤 1：检查硬件是否连通。

在计算机的连机共享设置之前，首先要确认这两台计算机在网络上是否已经连接好了，也就是说硬件部分是否是连通的。可以打开“运行”对话框，输入 Ping 命令检测。将两台计算机分别手动设置好 IP（比如设置一台计算机 IP 地址为 192.168.1.1，子网掩码为 255.255.255.0；而另一台计算机 IP 地址为 192.168.1.2，子网掩码相同）。使用命令“ping 192.168.1.2”（在 IP 是 192.168.1.1 的计算机上使用）或使用“ping 192.168.1.1”（在 IP 是 192.168.1.2 的计算机上使用）看两台计算机是否已经连通。若连通了就完成了，若没连通那就要检查硬件的问题了，比如“网卡是不是好的？有没有插好？网线是不是好的？”一般这 3 种情况比较常见。

关于 IP 地址的具体设置步骤：单击“计算机”打开“控制面板”中的“网络连接”，打开“本地连接”，右击“属性”，在“常规”中找到“TCP/IP 协议”，依次单击“属性”“常规”和“使用下面的 IP 地址",然后填入 IP 和子网掩码即可。

步骤 2: 启用来宾账户。

单击"开始"菜单进入"控制面板",选择"用户账户"类别启用来宾账户,分别如图 3.10~图 3.12 所示。

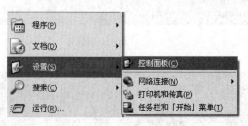

图 3.10 打开"控制面板"

图 3.11 选择用户账户

图 3.12 启用来宾账户

步骤 3: 安装 NetBEUI 协议。

查看"网上邻居"属性,查看"本地连接",依次单击"属性""安装",查看"协议",看其中NetBEUI 协议是否存在,如果不存在则安装这个协议,如果存在则表明已经安装了该协议。在 Windows 系统默认的情况下该协议是已经安装好了的,如图 3.13 所示。

步骤 4: 查看本地安全策略设置是否禁用了 Guest 账号。

打开"控制面板"中的"管理工具",然后单击"本地安全策略",进行"用户权利指派",查看"拒绝从网络访问这台计算机"项的属性里面是否有 Guest 账户,如果有就把它删除掉,如图 3.14~图 3.16 所示。

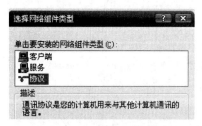

图 3.13 网络组件类型

图 3.14 管理工具

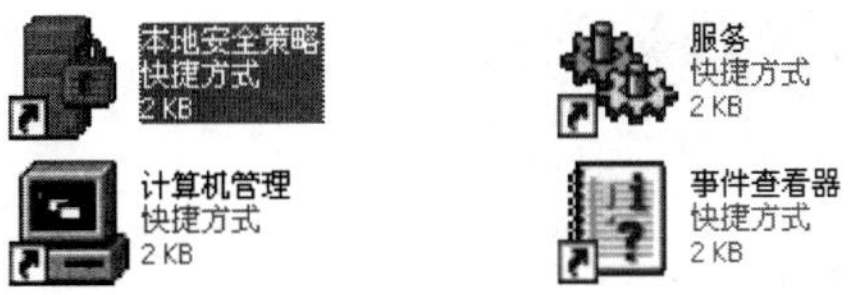

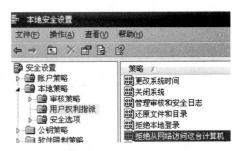

图 3.15　本地安全策略

图 3.16　用户权利指派

步骤 5：Guest 账户设置。

在"开始"程序菜单里打开"控制面板"，单击"管理工具"进行"本地安全策略"设置，将"安全选项"中"网络访问：本地账户的共享和安全模式"（默认是来宾）改为"经典"，如图 3.17所示。

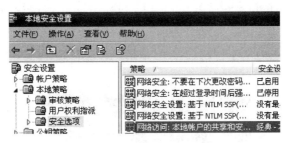

图 3.17　安全选项设置

步骤 6：设置共享文件夹。

如果不设置共享文件夹，网内的其他计算机就无法访问到本机。设置文件夹共享的方法有三种：第一种是打开"工具"菜单中的"文件夹选项"，选择"查看"面板，使用"简单文件夹共享"，这样其他用户只能以 Guest 用户的身份访问你共享的文件或者是文件夹；第二种方法是在"控制面板"上依次选择"管理工具""计算机管理"，再单击"文件夹共享"，在右击菜单中选择"新建共享"即可；第三种方法最简单，直接在想要共享的文件夹上右击，通过"共享和安全"选项即可设置共享。以第三种方法举例，如图 3.18 和图 3.19 所示。

图 3.18　文件共享设置

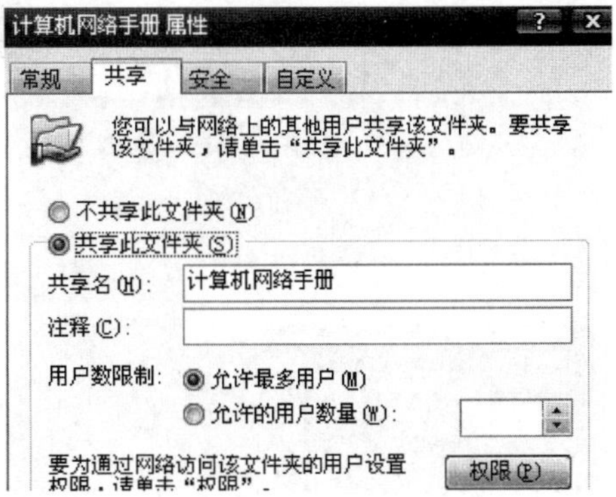

图 3.19　共享文件夹

步骤 7：修改账户策略。

在"开始"程序菜单里打开"控制面板"，选择"管理工具"中的"安全设置"，修改"账户策略"中的"密码策略"，如图 3.20 所示。

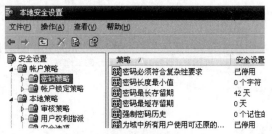

图 3.20　密码策略设置

步骤 8：本地账户的密码设置（必须设置）。

在"开始"程序菜单里打开"控制面板"，选择"管理工具"中的"计算机管理"，在"系统工具"中依次选择"本地用户和组""用户"。右击 Administrator 选择"设置密码"，如图 3.21～图 3.23 所示。

步骤 9：访问相邻的 PC。打开"运行"对话框，输入要访问的 PC 的 IP 地址，如图 3.24 和图 3.25 所示。

图 3.21　管理工具

图 3.22　用户设置

图 3.23　设置用户密码

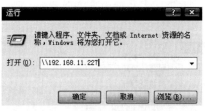

图 3.24　运行要访问的 PC 的 IP 地址

图 3.25 查看共享文件夹

3.3 局域网双机互连对等网实验

1. 实验目的

(1) 回顾交叉双绞线的制作及制作工具的使用。

(2) 回顾文件共享的设置方法。

(3) 掌握双机互连的配置方法。

2. 实验环境

(1) 计算机两台,双绞线 5m,RJ-45 水晶头若干。

(2) 双绞线压线钳 1 把,测试仪 1 套。

3. 实验步骤

步骤 1:将双绞线从头部开始将外部套层去掉 20mm 左右,并将 8 根导线理直。

步骤 2:按照图示将双绞线中的线色按顺序排列,如图 3.26 所示。

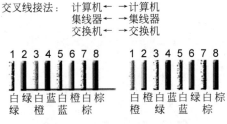

图 3.26 双绞线线色顺序排列

步骤 3:将非屏蔽 5 类双绞线的 RJ-45 接头点处切齐,并且使裸露部分保持在 12mm 左右;将双绞线整齐地插入 RJ-45 接头中(塑料扣的一面朝下,开口朝右);用 RJ-45 压线钳压实即可;注意在双绞线压接处不能拧、撕,防止有断线的伤痕;使用 RJ-45 压线钳连接时,要压实,不能有松动。

步骤 4:用测试仪测试制作好的交叉线。

步骤 5:利用制作好的交叉线连接两台 PC,如图 3.27 所示。

步骤 6:设置各台 PC 的计算机名称与工作组名称,如表 3.1 所示。

PC A
192.168.0.1

PC B
192.168.0.2

图 3.27　对机互连的对等网

表 3.1　计算机 IP 地址的设置

计算机名	IP 地址	子网掩码
PC A	192.168.0.1	255.255.255.0
PC B	192.168.0.2	255.255.255.0

步骤 7：完成双机互连及计算机的配置后，测试网络计算机的连通性，参考 3.1.1 节网络命令。

步骤 8：右击准备共享给对方的资源，在弹出的快捷菜单中选择"共享"，设定共享条件，对方能正常打开文件为成功，否则检测问题出处。

第二部分
网络设备配置模拟实验环境

第4章
CHAPTER 4 | 几种常见模拟软件

第二部分的网络设备模拟环境,将为准备 HCNA、HCNP 或 CCNA、CCNP 认证及计算机技术与软件专业技术资格(水平)考试——网络工程师资格考试却苦于没有实验设备、实验环境的备考者提供实践练习环境。

4.1 用 Office Visio 2013 画拓扑结构图

Microsoft Office Visio 2013 作为一个绘图平台软件,可供各个行业的使用者参考,特别适用于制造业、IT、电信等行业中从事流程图、网络拓扑图、人事管理图、建筑图等绘制工作的人员使用。

1. 通过安装 Microsoft Office 2013 安装 Visio 2013

在安装 Microsoft Office 2013 软件时,默认情况下,Visio 是没有被安装的,所以在所有程序中找不到 Microsoft Office Visio 2013,如图 4.1 所示。因此,在安装 Microsoft Office 2013 的时候,应该把 Visio 2013 勾选上。

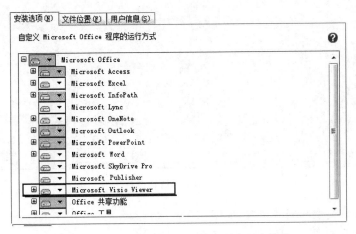

图 4.1　Microsoft Office 2013 所有程序模块

2. 通过下载独立的 Microsoft Office Visio 2013 软件安装 Visio 2013

（1）下载 Visio 2013 软件，如图 4.2 所示。

99D.COM_Visio2003...

图 4.2　Visio 2013 软件图标

（2）双击如图 4.2 所示的图标，开始安装，如图 4.3 所示。

图 4.3　开始安装初始化

（3）在用户信息窗口中，输入用户名和单位信息，如图 4.4 所示。

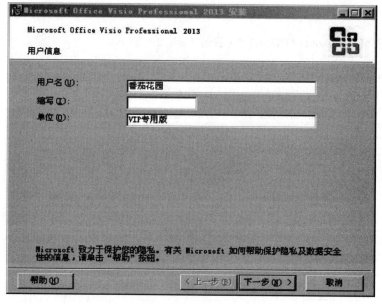

图 4.4　用户信息窗口

（4）选择安装类型和安装位置，如图 4.5 所示。

（5）安装进度如图 4.6 所示。

（6）安装完成，如图 4.7 所示。

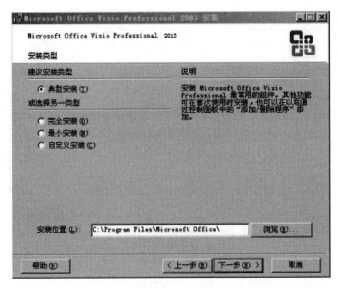

图 4.5　选择安装类型和安装位置

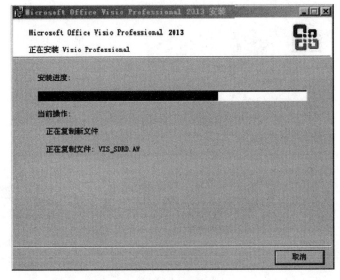

图 4.6　安装进度

（7）完成安装之后，重新启动计算机后即可使用。

3．画拓扑图的操作

（1）从"绘图类型"中选择"网络"，再选择"详细网络图"。

（2）软件左侧有"形状窗口"，选择"网络和外设"（若无"形状窗口"，可单击菜单中的"视图"，然后"形状窗口"就会显示）。

（3）拖动"网络和外设"滚动条，可以看见有路由器、交换机，直接拖动到右侧的绘图纸上即可。然后按照实验室拓扑图摆放成型。

（4）在"形状窗口"选择"批注"，其中有各种"标注"可以选择以供设备之间的连线。双击标注，能够在连线右方进行注释；或者取消原有注释，选择"批注"中的文本另外注释。

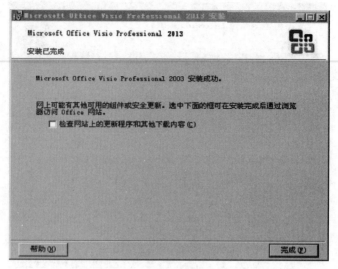

图 4.7　安装完成

操作步骤(3)、(4)分别如图 4.8~图 4.10 所示。

拖动路由器　至　绘图纸　释放

图 4.8　步骤(3)

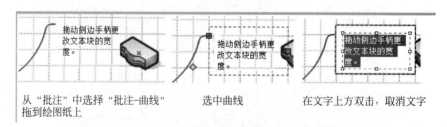

从"批注"中选择"批注-曲线"　　　选中曲线　　　在文字上方双击,取消文字
拖到绘图纸上

图 4.9　步骤(4)一

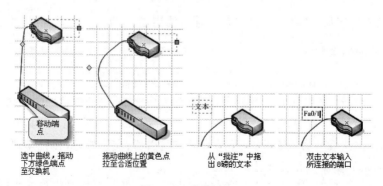

选中曲线,拖动　　拖动曲线上的黄色点　　从"批注"中拖　　双击文本输入
下方绿色端点　　拉至合适位置　　出 8 磅的文本　　所连接的端口
至交换机

图 4.10　步骤(4)二

4.2　Packet Tracer 模拟器

在 FTP 服务器上或者网络中下载并安装 Packet Tracer 5.0 软件，并打开。Packet Tracer 软件功能区域定义如图 4.11 所示，包括 Menu Bar(菜单栏)、Main Tool Bar(主工具栏)、Common Tools Bar(常见工具条)等区域，详细功能可参见表 4.1。

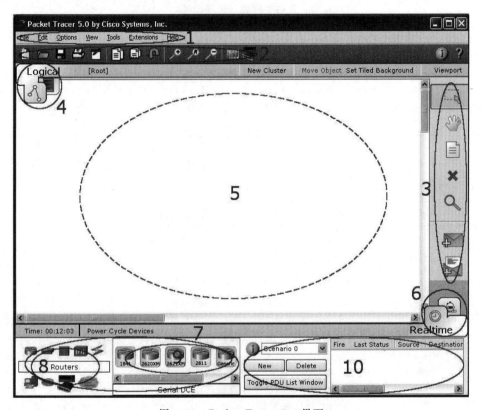

图 4.11　Packet Tracer 5.0 界面

表 4.1　Packet Tracer 软件功能区域介绍

任　　务	功　　能
Menu Bar(菜单栏)	此栏提供文件、编辑、选项、视图、工具、扩展名和帮助菜单
Main Tool Bar(主工具栏)	此栏提供文件和编辑菜单命令对应的快捷方式图标，以及缩放、绘图调色板、网络信息和设备模板管理器按钮
Common Tools Bar(常见工具条)	此栏提供常用的工作区操作工具，如选择、移动布局、地方注、删除、检查、添加简单 PDU 和添加复杂的 PDU
Logical/Physical Workspace and Navigation Bar(逻辑/物理工作区和导航栏)	此栏包含可相互切换的物理工作区和逻辑工作区。在逻辑工作区，允许浏览群集、创建新群集、移动对象、设置平铺背景和视区。在物理工作区，允许浏览物理位置、创建城市、大厦等多种对象并可移动和设置对象背景
Workspace(工作区)	设计工作区，可以创建网络，查看虚拟网络及各种统计信息

续表

任　　务	功　　能
Realtime/Simulation Bar(实时/模拟工具栏)	此工具栏可以切换实时模式和模拟模式,还提供动力循环按钮、播放控制按钮和事件列表切换按钮。此外,时钟显示标签可设置实时模式和模拟模式之间的相对时间
NetworkComponent Box(网络元件盒)	此组件框包含设备类型选择框和特殊设备选择框,可以选择设备和匹配连接件
Device-Type Selection Box(设备类型选择框)	此框包含设备类型和连接件选择
Device-Specific Selection Box(特殊设备选择框)	此框可以选择要放置在网络中的特殊设备和配套连接
User Created Packet Window *(用户创建数据包窗口)	此窗口管理模拟网络情景中的数据包,并查看模拟网络中的更多细节。此窗口可以自由调整,光标放在窗口边缘线上会自动变成一个"调整"光标,然后拖动光标向左或向右即可调整。也可把光标放置在窗口边缘,注意当调整光标出现,可将隐藏窗口从视图中拖动回来

在 Packet Tracer 软件窗口中,单击 ⚡ 图标,可根据网络设备连线需要,选择如表 4.2 所示的线缆类型。

表 4.2　Packet Tracer 软件线路类型选择表

任　　务	线路功能类型
Console（控制台线缆）	控制台线缆可以连接 PC 和路由器或交换机。若要选择控制台连线会话,某些条件必须得到满足,如从个人计算机连线到路由器工作,连接的两端端口速度必须是相同的
Copper Straight-through（直通线）	此电缆类型是标准的以太网介质,连接不同的 OSI 图层(如路由器或交换机到 PC、集线器到路由器或集线器)运行的设备。可连接的端口类型支持:10Mb/s 铜缆(以太网)、100Mb/s 铜缆(快速以太网)和1000Mb/s 铜缆(千兆位以太网)
Copper Cross-over（交叉线）	这种电缆类型是连接运行在 OSI 同一图层(如集线器到集线器,PC 到 PC 计算机上的打印机)的设备的以太网介质。可连接的端口类型支持:10Mb/s 铜缆(以太网)、100Mb/s 铜缆(快速以太网)和 1000Mb/s 铜缆(千兆位以太网)
Fiber(光纤)	光纤介质用于连接光纤端口,支持 100Mb/s 或 1000Mb/s 速率
Phone(电话线)	电话线路只可连接调制解调器端口之间的设备。通过电话线连接标准调制解调器,再连接 PC 或其他应用终端设备拨入网络云
Coaxial(同轴电缆)	同轴介质用于连接同轴电缆端口,如同轴电缆连接调制解调器,再与其他终端设备建立连接,实现数据包到网络云的传输
Serial DCE and DTE（DCE 和 DTE 串口线）	串行连接线缆,通常用于 WAN 中串行端口设备的连接。连接时请注意启用时钟线路协议,DCE 和 DTE 设备只能选择分布于连接线缆的一端

4.3　GNS3 图形化模拟器

1. 软件介绍

GNS3(Graphical Network Simulator 3,图形化网络模拟器)是一种能仿真复杂网络的图形化网络模拟软件。读者可能熟悉用来仿真不同操作系统的 VMware 或者 Virtual PC 软件,利用这些软件,可以在自己计算机的虚拟环境中运行如 Windows 8 专业版、Ubntu Linux 等操作系统。而 GNS3 允许在计算机中运行 Cisco 的 IOS(Internet Operating Systems,网络操作系统)。GNS3 其实是 Dynagen 的图形化前端环境工具软件,Dynagen 是 Cisco 模拟器的前端,更是仿真 IOS 的核心程序。它使用类似 Windows 下的 ini 配置文件来生成网络拓扑。

2. 软件下载

打开 IE 浏览器,访问官方网站 http://www.gns3.net,单击页面右边 Download 按钮,如图 4.12 所示。

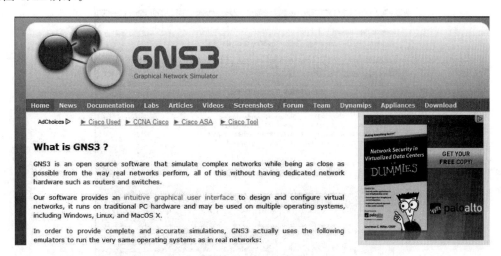

图 4.12　GNS3 官网

如在 Windows 平台下可安装使用 GNS v0.8.3.1 BETA2 standalone 64-bit。

3. 安装 GNS3

本书安装的是在 Windows 平台下的 GNS3-0.8.3.1-all-in-one 版本。

(1) 双击安装包文件,进入如图 4.13 所示界面,接着在如图 4.14 所示界面中单击 Next 按钮。

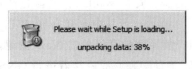

图 4.13　解压安装包

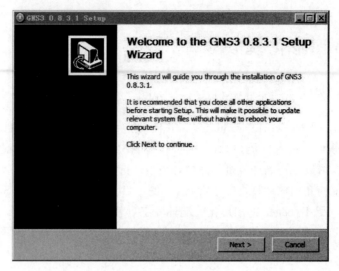

图 4.14　安装界面

（2）单击 I Agree 按钮，进入下一步，如图 4.15 所示。

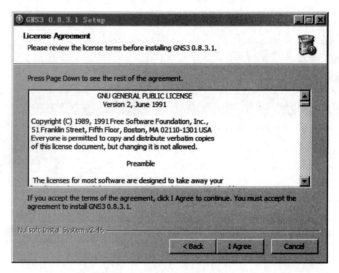

图 4.15　单击 I Agree 按钮

（3）单击 Next 按钮，如图 4.16 所示。

（4）选择与 GNS3 配套的工具，这里不进行增加或减少，当然也可以根据自身需要进行选择安装，然后单击 Next 按钮，如图 4.17 所示。

（5）选择安装路径，默认为 C:\Program\GNS3，此处修改为"D:\Program Files\GNS3"，也可以自己设定，然后单击 Install 按钮进行安装，如图 4.18 所示。

（6）此时会弹出之前选择的需要安装 WinPcap 工具的界面，这里直接单击 Next 按钮，中间不需要修改设置，如图 4.19 所示。若其中有弹出框，单击 Yes 按钮。

（7）在 Wireshark 工具的安装界面中直接单击 Next 按钮，如图 4.20 和图 4.21 所示。

（8）最后单击 Finish 按钮，工具安装完成后接着进行 GNS3 的安装，等待 GNS3 安装完成，如图 4.22 所示。

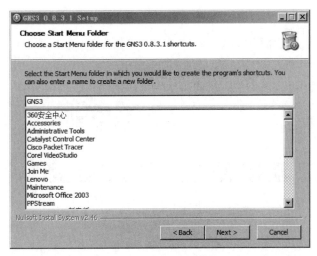

图 4.16　单击 Next 按钮

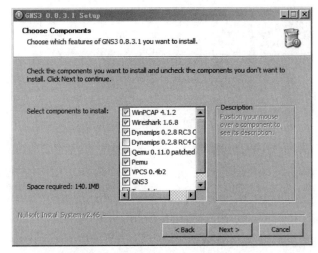

图 4.17　选择安装 GNS3 配套的工具

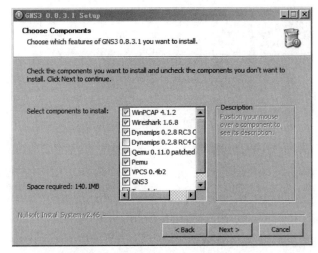

图 4.18　选择安装路径

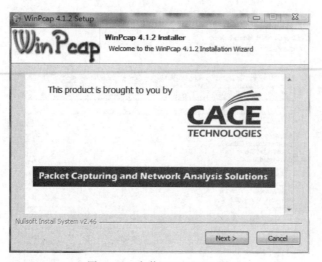

图 4.19　安装 WinPcap 工具

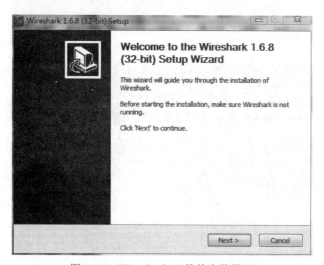

图 4.20　Wireshark 工具的安装界面

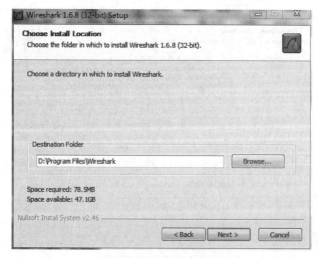

图 4.21　设定安装路径

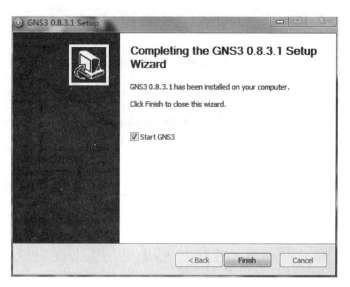

图 4.22 单击 Finish 按钮完成安装

4. GNS3 使用前的配置

（1）安装之后，首次运行 GNS3 时会弹出如图 4.23 所示的配置对话框，在对话框中选择 1。若需要打开该配置页面，可在"编辑"→"首选项"中打开。

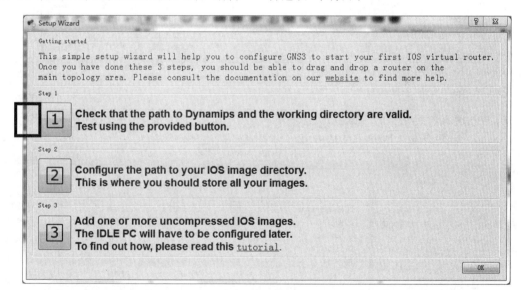

图 4.23 GNS3 配置对话框

（2）在弹出的对话框左边选择 General，可以看到右边有提供 Language 的选择，可以是中文或是英文，如图 4.24 所示。

（3）在如图 4.24 所示对话框中单击 Project Directory 中的"浏览"按钮，在弹出的对话框（即 GNS3 的安装目录）中新建一个文件夹，命名为"tuopu"，作为实验的默认保存目录，如图 4.25 所示。

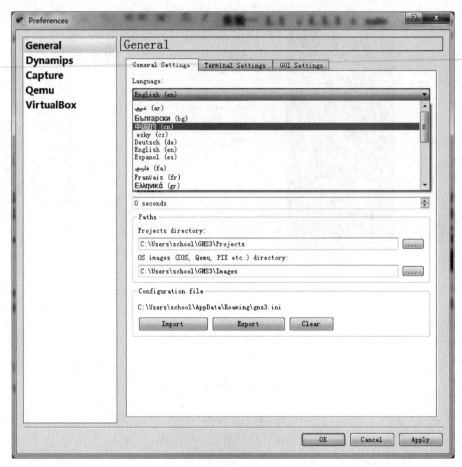

图 4.24　GNS3 的 General 选项卡

图 4.25　在浏览路径目录下创建文件夹

（4）在如图 4.24 所示对话框中单击下方的 IOS image directory 中的"浏览"按钮,在弹出的对话框(即 GNS3 的安装目录)中再新建一个文件夹,命名为"ios",作为存放路由器的操作系统镜像文件,如图 4.26 所示。

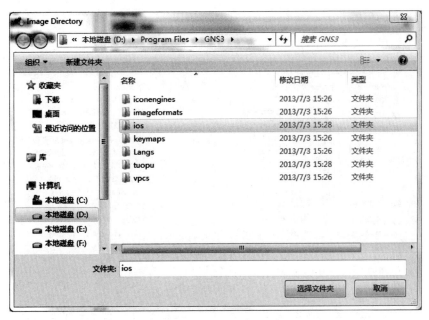

图 4.26　IOS image directory 浏览路径目录创建 ios 文件夹

（5）接着在图 4.24 所示对话框左边选择 Dynamips,如图 4.27 所示。

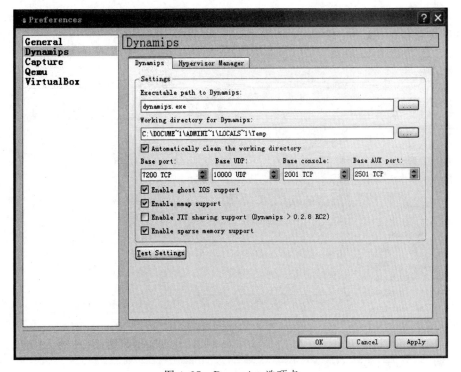

图 4.27　Dynamips 选项卡

（6）在如图 4.27 所示选项卡中单击右边 Settings 里面的 Executable path to Dynamips 中的"浏览"按钮，在弹出的对话框（即 GNS3 的安装目录）中找到 dynamips，选中后单击"打开"按钮，如图 4.28 所示。

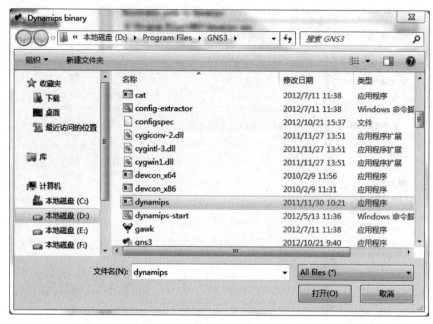

图 4.28　打开 dynamips 文件

（7）接着单击图 4.27 下面的 Working directory for Dynamips 中的"浏览"按钮，在弹出的对话框（即 GNS3 的安装目录）中新建一个文件夹，命名为"huancun"，作为 Dynamips 工作的缓存文件夹，如图 4.29 所示。

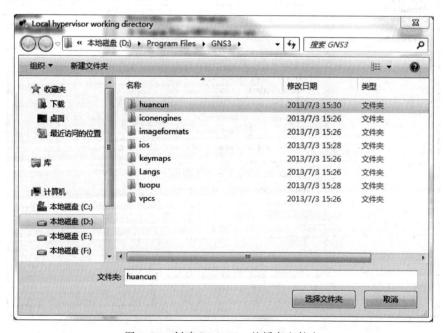

图 4.29　创建 Dynamips 的缓存文件夹

（8）接着单击图 4.27 下面的 Test Settings 按钮，进行测试，当提示为成功时，表示设置成功。先单击右下角的 Apply 按钮，再单击 OK 按钮。中间的 Base console 是该设备的控制台端口号，在后面的 SecureCRT 中将详解，如图 4.30 所示。

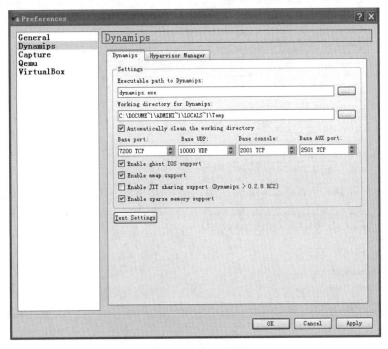

图 4.30　进行测试

（9）设置完成后关闭 GNS3，再次打开 GNS3，如图 4.31 所示。

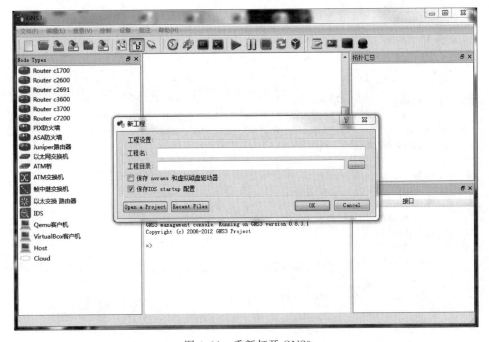

图 4.31　重新打开 GNS3

（10）在如图 4.31 所示对话框中，关闭"新工程"对话框，选择"编辑"，然后选择 IOS 和 Hypervisors，弹出如图 4.32 所示对话框。

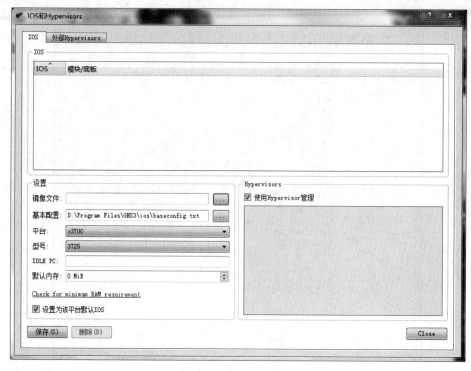

图 4.32　IOS 和 Hypervisors 对话框

（11）单击"镜像文件"后面的"浏览"按钮，打开如图 4.33 所示对话框。但是，发现该目录下无任何 IOS 镜像文件。

图 4.33　IOS 镜像文件路径

（12）此时需要将自己下载好的路由器的镜像文件复制到该目录下，然后选择打开，如图 4.34 所示。

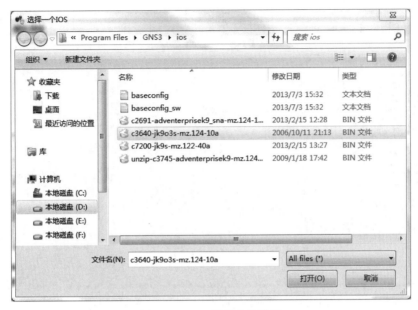

图 4.34　IOS 镜像文件路径

（13）在如图 4.34 所示对话框中单击"打开"按钮后，此时系统会自动检测出用户选择的镜像文件对应的平台和型号，如检测不正确，自己也可手动设定。单击"保存"按钮，会添加到上方的 IOS 栏中，如图 4.35 所示。

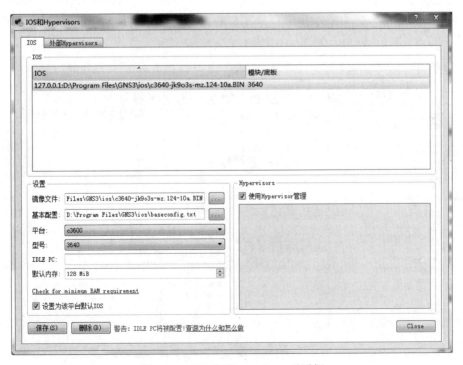

图 4.35　IOS 和 Hypervisors 对话框

（14）单击 Close 按钮，此时可以在 GNS3 界面的左端拖出 C3600 系列的路由器了。当然，如果没有添加 IOS 镜像文件，是无法拖出路由器的，如图 4.36 所示。

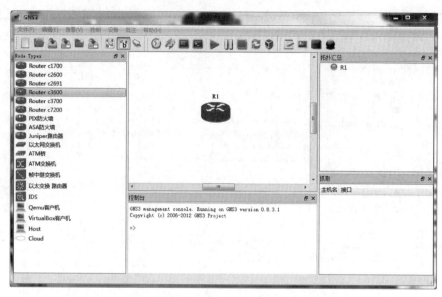

图 4.36　加载 IOS 镜像文件后的 GNS3 主窗口

5. GNS3 网络模拟软件基本使用

（1）在加载 IOS 镜像文件之后，可以在网络设备上右击，单击菜单上的"开始"（绿色三角形）按钮，即可启动路由器等网络设备。此时，若打开计算机的任务管理器，会发现 CPU 的利用率很高，这是因为 GNS3 采用的是真实的路由器镜像文件；为降低 CPU 利用率，在路由器上右击，选择 Idle PC，如图 4.37 所示。

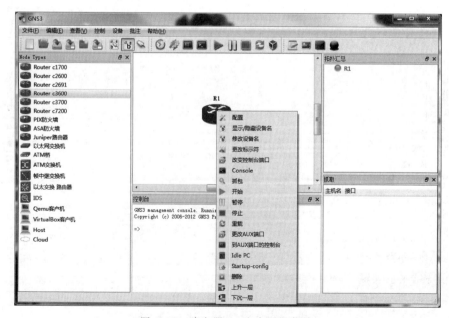

图 4.37　路由器 R1 右击属性菜单

(2) 经过几十秒的计算之后,会有如图 4.38 所示下拉菜单,首先选择带"＊"号的 PC 值,再单击 Apply 按钮,并查看自己的 CPU 利用率,若发现 CPU 利用率未下降,再选择其他的 PC 值;若均无效,Idle PC 值可重复多次计算,再次尝试。

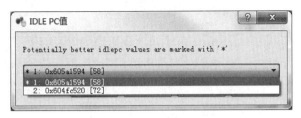

图 4.38　设置 Idle PC 值

(3) 至此,准备工作已经完成,接下来看如何对路由器进行配置。双击路由器,打开"节点配置"对话框,此版本的 GNS3 可以使用双击打开,也可以在路由器上右击,选择"配置"命令打开,如图 4.39 所示。

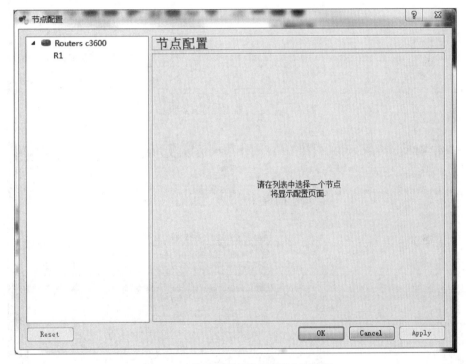

图 4.39　路由器的"节点配置"对话框

(4) 选择左边的路由器 R1,再选择窗口右边的 R1 节点插槽,可以看出 R1(即 3600 系列路由器)上最多支持 4 个适配卡,如图 4.40 所示。

(5) 此时根据模拟实验的需要,对适配卡类型进行选择。NM-1FE-TX 表示一个高速以太网端口模块;NM-4E 表示 4 个以太网端口模块;NM-16ESW 表示交换模块,提供 16 个高速以太网端口;NM-4T 表示 4 个串行端口模块,如图 4.41 所示。

(6) 在选择了交换模块后,会弹出如图 4.42 所示对话框,提示需要使用手动模式进行链路连接。

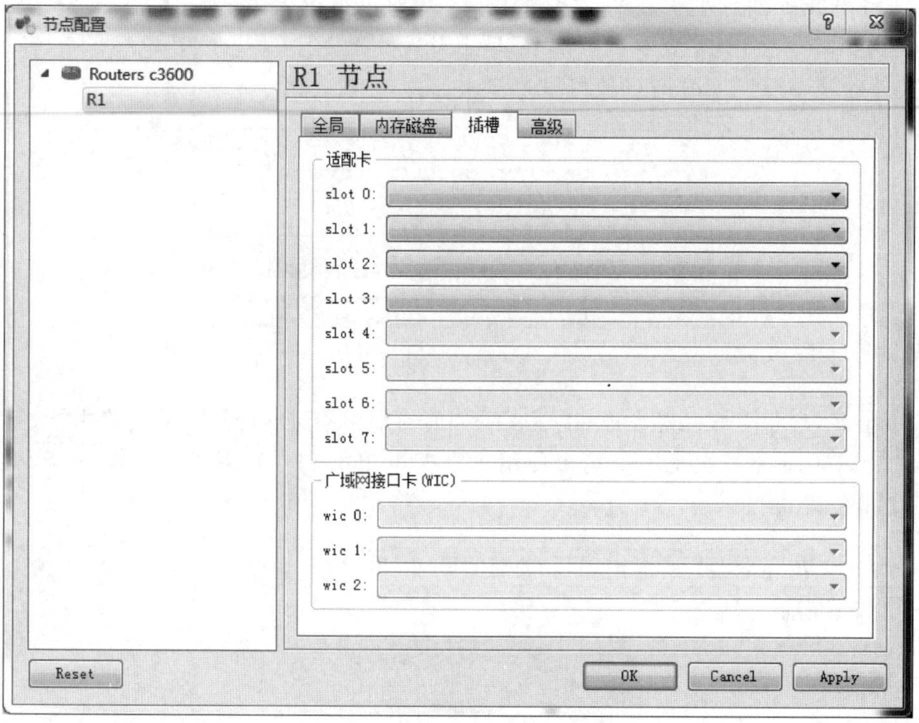

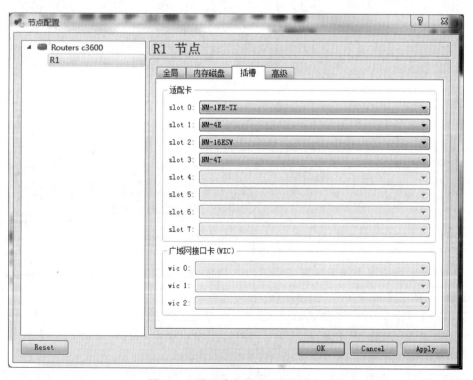

图 4.40　路由器 R1 的节点插槽

图 4.41　设置路由器 R1 的适配卡

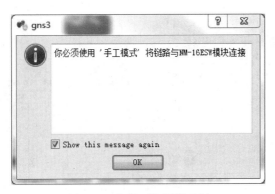

图 4.42　"手工模式"提示框

（7）单击如图 4.43 所示的"添加链接"按钮，在下拉框中选择 Manual 手动模式，进行链路连线。

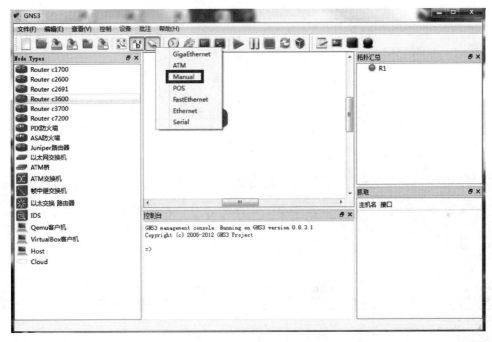

图 4.43　选择 Manual 手动模式

（8）在单击路由器时会发现有很多端口可供选择，这些路由器端口便是前面添加的 4 种端口模块，如图 4.44 所示。

（9）接着，再从左边拖出一台 3600 系列的路由器，同样添加端口模块，将两个路由器使用以太网端口和串行端口分别连接起来，红色线路代表串行链路，黑色线路代表以太网链路，如图 4.45 所示。

（10）单击工具栏上的绿色三角形，即可启动所选的路由器，如图 4.46 所示。

（11）单击"启动所有设备控制台"打开所有设备的控制台端口，如图 4.47 所示。

（12）默认控制台为 Putty(类似命令提示符的黑色窗口)，接下来便在 Putty 里通过命令行配置设备了，如图 4.48 所示。

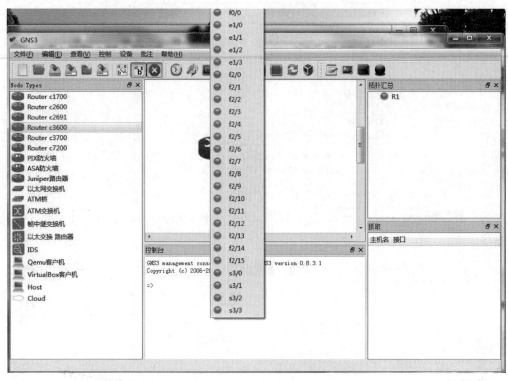

图 4.44 选择路由器端口

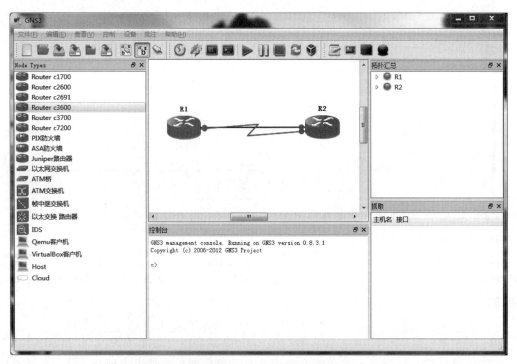

图 4.45 两台路由器之间用以太网端口连接

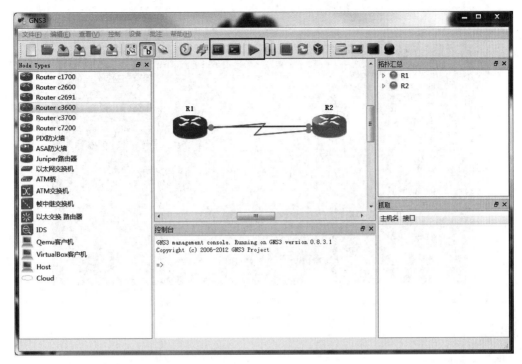

图 4.46　启动路由器

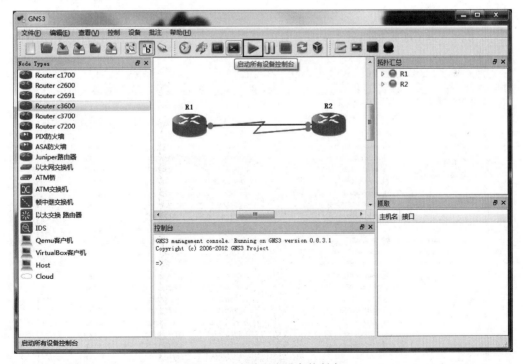

图 4.47　启动所有设备控制台

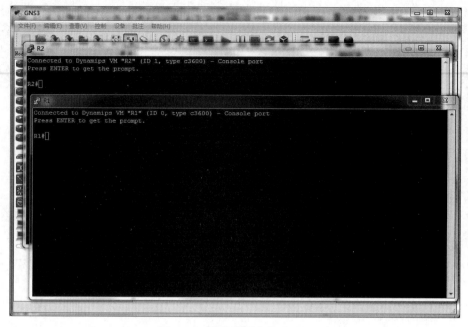

图 4.48 默认控制台为 Putty

6. SecureCRT

在这里还要介绍另一种网络设备的控制台软件,即 SecureCRT,下载完成之后解压文件包。

(1)启动 SecureCRT,如图 4.49 所示。

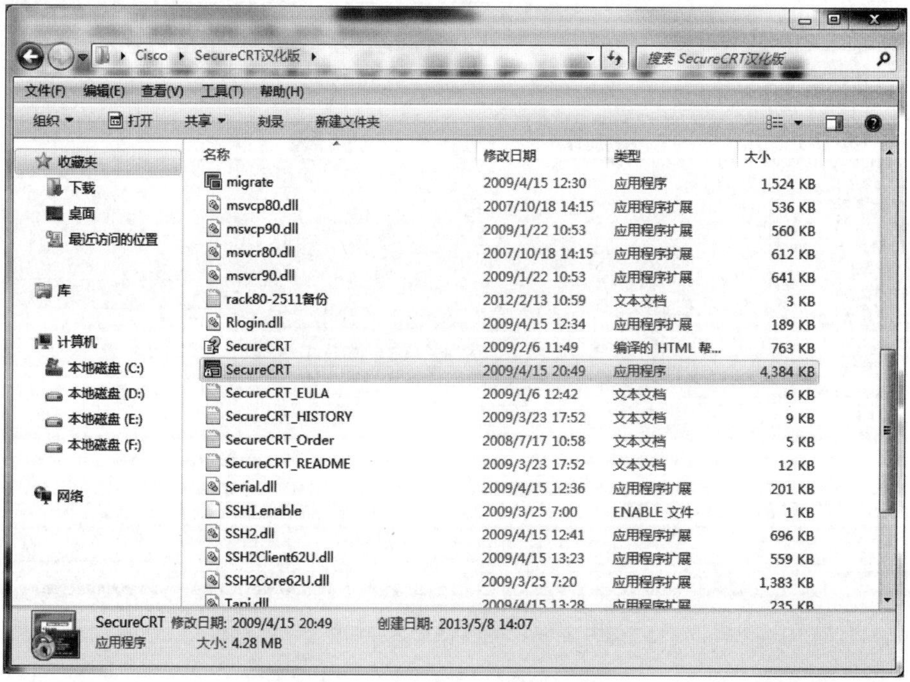

图 4.49 SecureCRT 解压文件包

（2）启动 SecureCRT 后，在弹出的对话框中，对"快速连接"进行设置，使之与 GNS3 里面的网络设备连接起来，如图 4.50 所示。

图 4.50　SecureCRT"快速连接"设置

（3）"快速连接"参数设置如图 4.51 所示。协议选择 Telnet，主机名设置为 127.0.0.1，端口设置为 2001，然后单击"连接"按钮，即可打开设备的配置窗口，如图 4.52 所示。

图 4.51　"快速连接"参数设置

（4）主机名所有的设备均设置为 127.0.0.1，端口号在 GNS3 里每一台设备均不相同，控制台是根据端口号与设备相连接的。GNS3 中一个新工程里拖出的第一台设备的端口号即 Base console 里的数字，后面每拖出一台设备，其端口号在此基础上加 1，如第一台设备 R1 为 2001，第二台设备 R2 就是 2002 了，可通过在设备上右击改变控制台端口查看该设备的端口号。

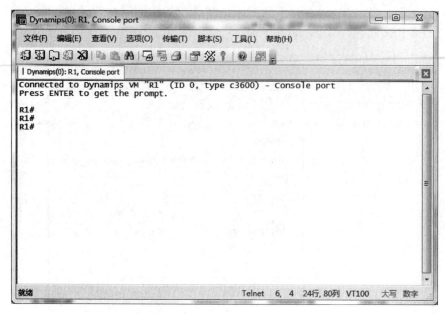

图 4.52　路由器 R1 的配置窗口

（5）接下来，添加路由器 R2 的连接，选择 SecureCRT 中的"文件"→"在标签页中连接"，有以下弹出框，选择菜单栏中的第三个，即"新建会话"，如图 4.53 所示。

图 4.53　在标签页中连接

（6）在弹出框中选择协议为 Telnet，单击"下一步"按钮，如图 4.54 所示。

（7）主机名设置为 127.0.0.1，R1 的端口为 2001，所以 R2 的端口即为 2002，故此时端口号为 2002，如图 4.55 所示。

（8）会话名称定义为 R2，如图 4.56 所示。

（9）R2 的连接已建立，即可单击"连接"按钮，打开 R2 的控制台。也可选择 R2，右击对其改名，如图 4.57 所示。

（10）此时 R1 和 R2 的控制台均打开了，若提示打开失败，查看对应设备的端口号是否匹配。控制台端口可以使用 Alt＋数字键 1,2,3…进行设备间的快速切换，如图 4.58 所示。

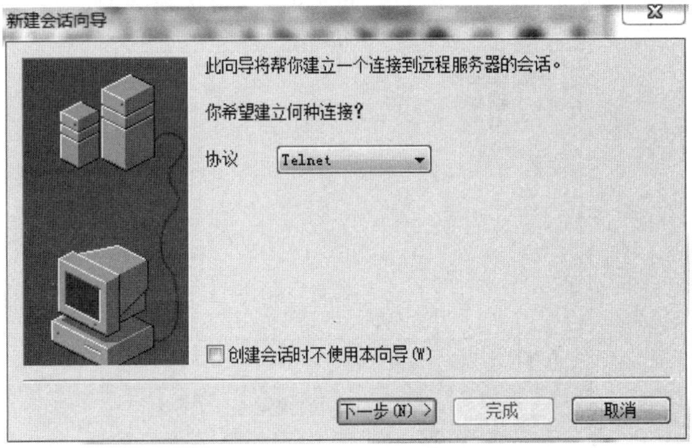

图 4.54　新建会话向导

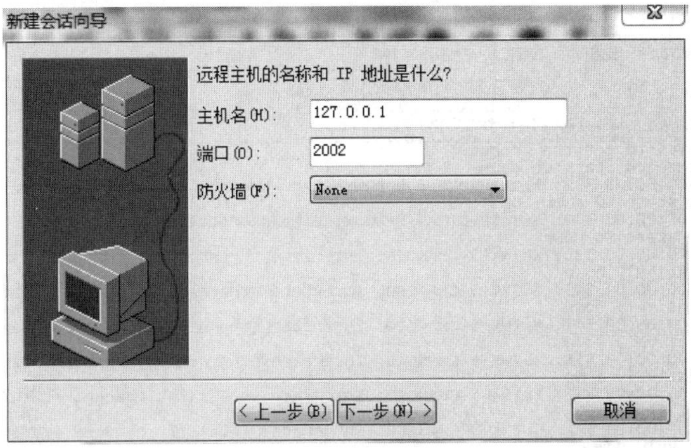

图 4.55　新建会话向导设置

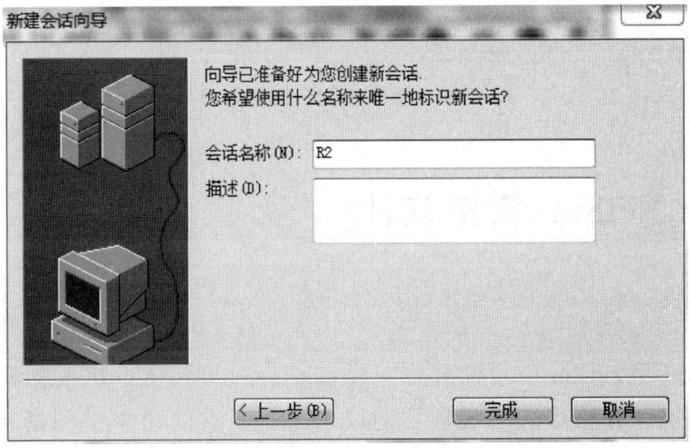

图 4.56　定义会话名称

图 4.57　路由器 R2 连接已经建立

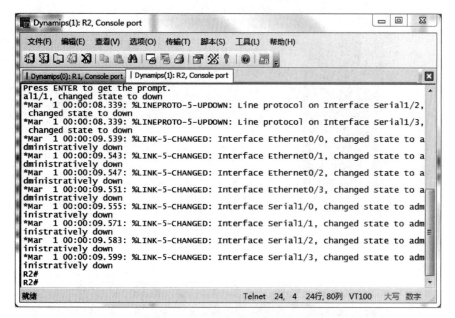

图 4.58　SecureCRT 控制台窗口

4.4　Boson NetSim 模拟软件

1. 软件介绍

　　Boson NetSim 是 Boson 公司推出的一款 Cisco 路由器、交换机模拟程序。Boson 算得上是目前最流行的、操作最接近真实环境的模拟工具。它的命令也和最新的 Cisco 的 IOS保持一致,可以模拟出 Cisco 的中端产品 35 系列交换机和 45 系列路由器。它还具备一项非常强大的功能,那就是自定义网络拓扑结构及连接。通过 Boson 软件,可以随意构建网络,PC、交换机、路由器都可以被模拟出来,而且它还能模拟出多种连接方式(如 PSTN、

ISDN、PPP 等)。

其主要有两个组成部分:实验拓扑图设计软件(Boson Network Designer)和实验环境
模拟器(Boson NetSim)。下面简略介绍 Boson NetSim 软件的安装、配置和使用技巧。

2. Boson NetSim 软件的安装

(1) 下载 Boson NetSim 软件并解压两个文件,如图 4.59 所示。双击 boson netsim. exe 程
序开始安装。选择安装路径后通过单击"下一步"按钮即可完成安装,如图 4.59~图 4.61
所示。

图 4.59 解压出 EXE 文件

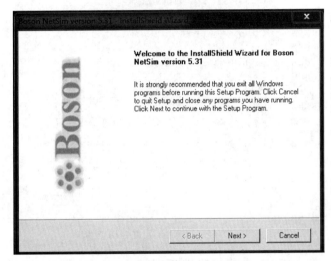

图 4.60 开始安装 Boson NetSim

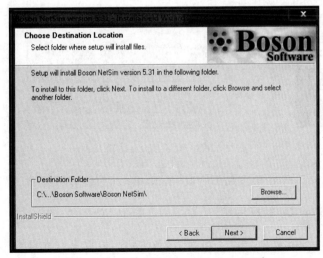

图 4.61 选择安装 Boson NetSim 路径

（2）获得使用 Boson NetSim 软件的 Your Unique Key。

安装完成后，双击桌面上的 Boson NetSim 图标，即可启动 Boson。需要注意的是，如果本机没有安装 Microsoft forms 2.0（大部分 Windows 2000 以上的操作系统都有该组件）和 Adobe Acrobat 程序（查看 PDF 文件的程序），Boson 是不能启动的。双击桌面上的 Boson NetSim 图标，启动模拟器，当出现图界面时，不要单击 Register Demo Now（8 秒后自动进入）。

进入后会出现两个窗口，其中一个是实验导航窗口，关闭。另一个就是 Boson NetSim 的 Control Panel 窗口。单击菜单栏上的 Ordering，选择 Enter Repair Key，复制红色区域的 Serial，如图 4.62 所示。

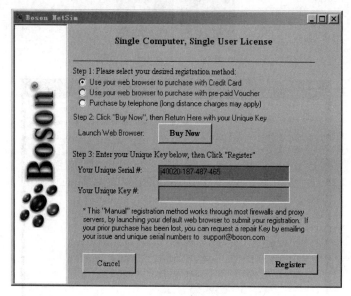

图 4.62 Boson NetSim 软件启动破解窗口

运行 Key.exe，在 Serial 栏单击复制，然后单击 Generate，即可产生 Key。复制 Key 栏中的内容，回到注册界面，如图 4.63 所示。

图 4.63 运行 Key.exe 窗口

在 Your Unique Key 栏中粘贴 Key，单击 Register 按钮即可完成，如图 4.64 所示。

3. Boson NetSim 软件的应用

通过 Boson NetSim 软件自定义的网络拓扑结构，可以更好地理解网络结构和深入掌握路由、交换设备的配置命令，利用它可以搭建出需要的网络。

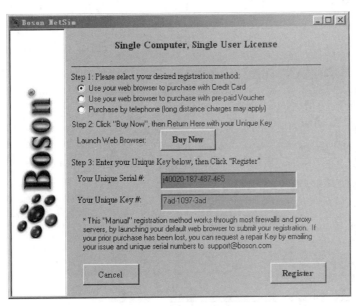

图 4.64　完成启动破解

（1）绘制网络拓扑图。

启动 Boson NetSim 后，单击 File 菜单下的 New NetMap，则 Boson Network Designer 被启动，在其中绘制拓扑图，如图 4.65 所示。

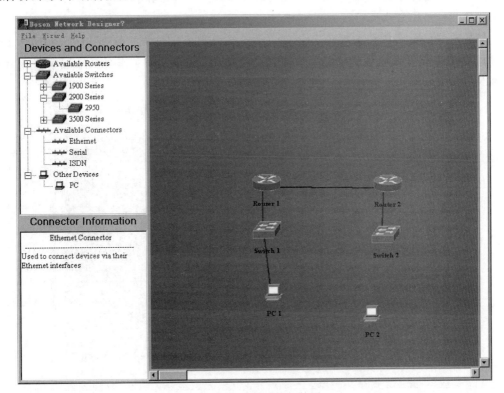

图 4.65　绘制网络拓扑图

其中,交换机采用 3550(根据需要可选任意型号的设备)。PC1 接在交换机的 Fast Ethernet 0/1 端口上,PC2 接在交换机的 Fast Ethernet 0/2 端口上,如图 4.66 所示;路由器之间连接用 Router 1 的 Serial 0 端口连接 Router 2 的 Serial 0 端口。

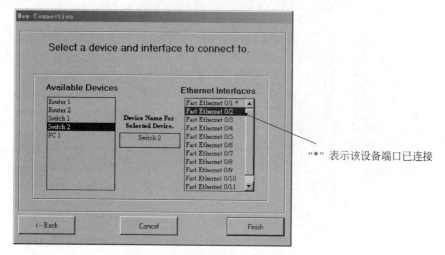

图 4.66　选择网络设备中的端口连接

实验注意事项:

用网线进行连接时,注意 RJ-45 线(Ethernet)与串口线(Serial)的区别。

拓扑图绘制好后,即完成了网络设备的添加和网络连接工作后,整个网络结构的构建就算完成了。必须把它装载到 Boson NetSim 中才能进行配置。

装载方法:这时只要在 Network Designer 界面中依次单击 File→Load NetMap into the Simulator,即可通过 Control Panel 加载刚刚设计的网络。我们在 Control Panel 中就可以输入配置指令进行网络调试了,如图 4.67 所示。

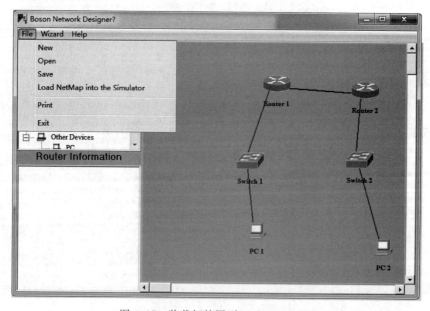

图 4.67　装载拓扑图到 Boson NetSim

（2）配置计算机本地连接相关信息。

下面以配置 PC1 的 IP 地址、子网掩码、默认网关为例介绍 Boson NetSim 网络模拟软件的操作方法。

步骤 1：在 eStations 下拉菜单中选择 PC1，如图 4.68 所示。

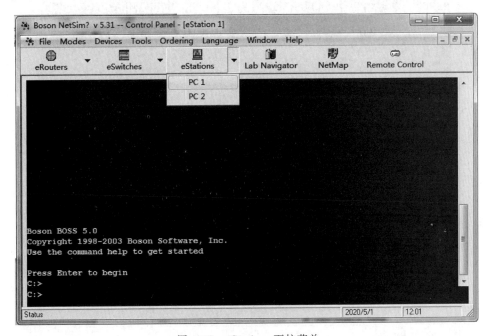

图 4.68　eStations 下拉菜单

步骤 2：配置 PC1 的 IP 地址、子网掩码及默认网关，如图 4.69 所示。

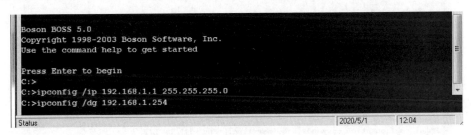

图 4.69　配置 PC1

步骤 3：验证配置是否成功，在如图 4.70 所示窗口中输入"ipconfig /all"命令，即可显示出 PC1 的所有本地连接的相关信息。

4. 配置网络设备

下面以配置路由器 R1 的 S0 端口与路由器 R2 的 S1 端口的 IP 地址为例介绍 Boson NetSim 网络模拟软件的操作方法。

步骤 1：配置路由器 R1。

在 eRouters 菜单中选择 Router 1，如图 4.71 所示。路由器 R1 的 S0 端口的 IP 地址配置命令，如图 4.72 所示。

```
C:>ipconfig /all

HELP
   Manipulates ip address for Workstation.

   IPCONFIG [/ip] [/dg]
   /ip          Adds the ip address and subnet mask to the workstation
   /dg          Adds the default gateway to the workstation

Examples:
   ¢    ipconfig /ip  157.1.1.12 255.0.0.0
   ¢    ipconfig /dg 157.1.1.1

Boson BOSS 5.0 IP Configuration
   Ethernet adapter Local Area Connection:
      Connection-specific DNS Suffix  . : boson.com
      IP Address. . . . . . . . . . . . : 192.168.1.1
      Subnet Mask . . . . . . . . . . . : 255.255.255.0
      Default Gateway . . . . . . . . . : 192.168.1.254


You can also use winipcfg to configure the IP Address

Ethernet adapter Local Area Connection:

--MORE--
```

图 4.70　验证 PC1 的配置信息

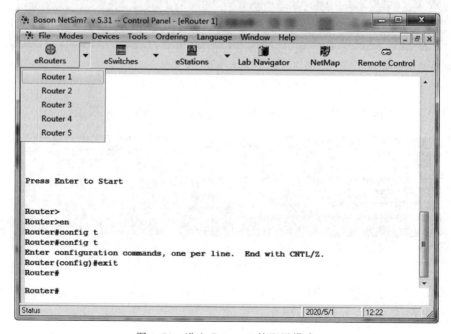

图 4.71　进入 Router 1 的配置模式

```
Router>en
Router#config t
Enter configuration commands, one per line.  End with CNTL/Z.
Router(config)#int s0
Router(config-if)#ip add 192.168.10.1 255.255.255.0
Router(config-if)#no shutdown
%LINK-3-UPDOWN: Interface Serial0, changed state to up
Router(config-if)#exit
```

图 4.72　Router 1 的 S0 端口 IP 地址配置

步骤 2：配置路由器 R2。

在 eRouters 菜单中选择 Router 2，如图 4.73 所示。路由器 R2 的 S1 端口的 IP 地址配置命令，如图 4.74 所示。

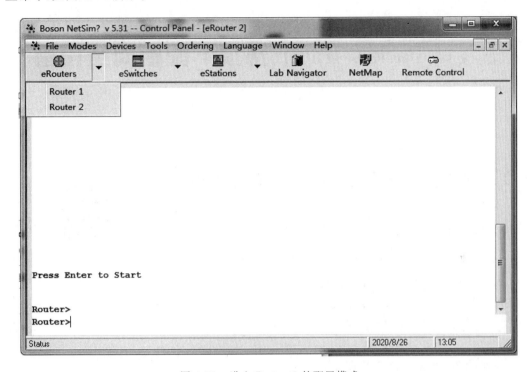

图 4.73　进入 Router 2 的配置模式

```
Router>
Router>
Router>en
Router#config t
Enter configuration commands, one per line.  End with CNTL/Z.
Router(config)#int s1
Router(config-if)#ip add 192.168.9.1 255.255.255.0
Router(config-if)#no shutdown
%LINK-3-UPDOWN: Interface Serial1, changed state to up
Router(config-if)#exit
```

图 4.74　Router 2 的 S1 端口 IP 地址配置

5. 实验总结

由于篇幅有限，不能把所有的配置命令和调试网络的命令都写出来，读者可以依照教材所介绍的方法自己动手练习一下。当两台路由器的 E0 端口和相关的路由协议配置完成后，就可以在 PC1 计算机上 Ping 通 PC2 计算机的 IP 地址了。

Boson NetSim 的功能已经非常强大了，不过在网络拓扑结构复杂、设备繁多的情况下，它可能会出现不够稳定的现象。

第5章
CHAPTER 5

Packet Tracer 环境下配置网络设备

5.1 单交换机上划分 VLAN 配置实验

1. 实验目的

(1) 掌握单交换机上的 VLAN 的建立和删除。
(2) 验证 VLAN 划分后的效果。
(3) 学习使用 Packet Tracer 软件工具。

2. 实验拓扑

本实验拓扑结构如图 5.1 所示。

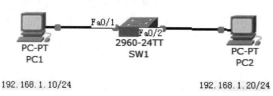

图 5.1 单交换机上划分 VLAN 的实验拓扑结构图

3. 实验所需设备

(1) 思科 2960 系列交换机一台。
(2) PC 两台。

4. 实验步骤

步骤 1：在 Packet Tracer 模拟器界面左下角单击选中"交换机"系列设备，并在右边单击拖出 2960 系列的交换机至实验模拟窗口处，如图 5.2 所示。

步骤 2：单击选择终端设备之后，在右边单击拖出两台主机至实验窗口处，如图 5.3 所示。

步骤 3：单击选择线缆系列，主机和交换机间使用直通线，选择黑色的直通线，如图 5.4 所示。

图 5.2　选择 2960 系列交换机

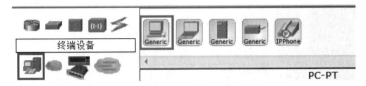

图 5.3　选择两台计算机

图 5.4　选择直通线

步骤 4：选定线缆后，单击主机图标，在弹出的两种端口上选择 FastEthernet 端口，如图 5.5 所示。

图 5.5　选择 FastEthernet 端口

步骤 5：选定主机端口后，再单击交换机，在弹出的如图 5.6 所示的一系列端口中选择 FastEthernet0/1。

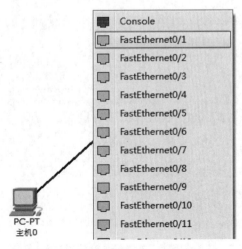

图 5.6　选择 FastEthernet0/1 端口

步骤6：另外一台主机和交换机的连接方法同以上步骤1～5。此时，注意交换机的 FastEthernet0/1端口已经被主机 PC1 占用，可选择 FastEthernet0/2 端口，完成拓扑图中的端口和线缆的连接。

步骤7：配置主机 IP 地址。双击主机，在弹出框的左上角选择"桌面"，如图 5.7 和图 5.8 所示。

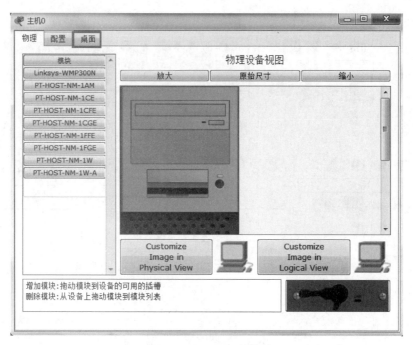

图 5.7　双击主机界面

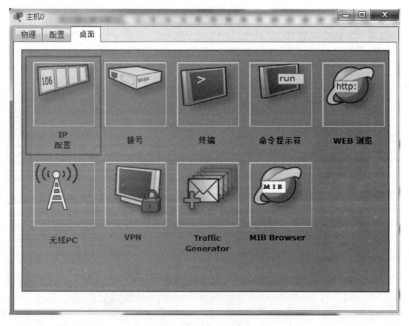

图 5.8　"桌面"界面

　　然后,在"桌面"界面中双击"IP 配置",在弹出的"IP 配置"对话框中填入拓扑图中提供的 IP 地址和子网掩码,如图 5.9 所示。

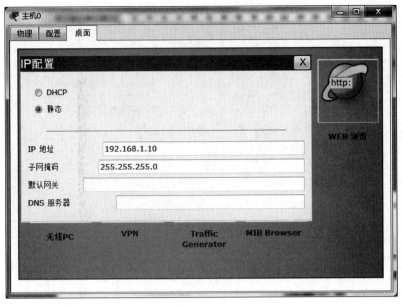

图 5.9　"IP 配置"对话框

　　关闭此主机的"IP 配置"对话框之后,接着,再打开 PC2 主机,重复以上操作,完成 IP 地址的配置。

　　步骤 8:未划分 VLAN 之前的验证。在 PC1 上 Ping PC2。双击 PC1 主机,在弹出框的左上角选择"桌面",如图 5.10 和图 5.11 所示。

图 5.10　双击主机界面

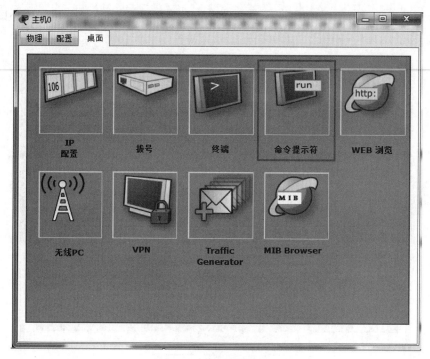

图 5.11 "桌面"界面

然后,在"桌面"界面中双击"命令提示符",弹出"命令提示符"对话框,光标处输入"ping 192.168.1.20",并回车,对两台主机间的连通性进行验证,如图 5.12 所示。

光标处输入Ping命令

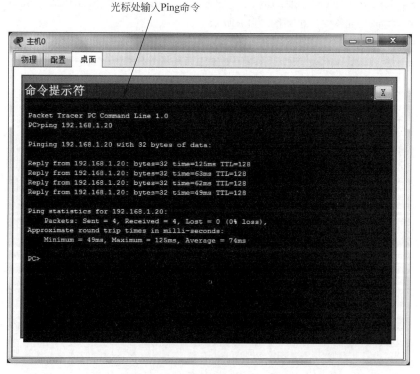

图 5.12 "命令提示符"对话框

以上如图 5.12 所示提示符的输出表明 PC1 和 PC2 主机在未进行 VLAN 划分之前是可以通信的。

步骤 9：在 SW1 交换机上创建 VLAN 10 和 VLAN 20。双击交换机图标，即进入 SW1，如图 5.13 所示。在弹出框中选择"命令行"选项卡，如图 5.14 所示。

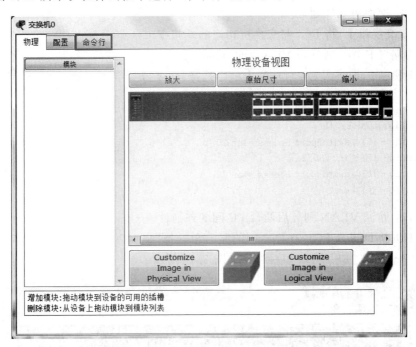

图 5.13　交换机 SW1 属性窗口

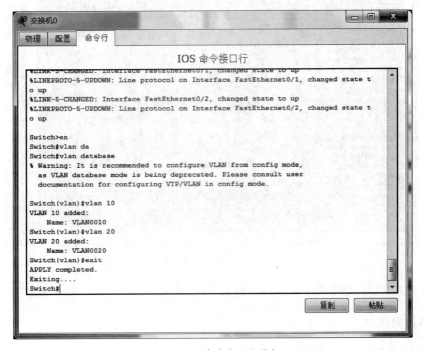

图 5.14　"命令行"选项卡

在"IOS 命令端口行"框里的光标处输入以下命令创建 VLAN 10 和 VLAN 20,如图 5.14 所示。

实验注意事项:

若要将创建的 VLAN 信息删除,只需在相同的模式下,在配置命令前面加上 No 即可。

步骤 10:交换机端口划分。

在 SW1 交换机上,将 PC1 与交换机相连的端口 Fa0/1 划分至 VLAN 10 下,PC2 与交换机相连的端口 Fa0/2 划分至 VLAN 20 下。

双击交换机 0,即进入 SW1,在弹出框中选择"命令行",参照步骤 9,在光标处输入以下配置命令。

```
SW1(config)#int Fa0/1
SW1(config-if)#switchport access vlan 10
SW1(config-if)#int Fa0/2
SW1(config-if)#switchport access vlan 20
SW1(config-if)#exit
```

步骤 11:验证 VLAN 划分后两台 PC 间的连通性。

单击主机 0,即进入 PC1,在弹出框的左上角选择"桌面",选择"命令提示符"。参照步骤 8 输入"ping 192.168.1.20",并回车,如图 5.15 所示。

图 5.15 "命令提示符"对话框

如图 5.15 所示,命令提示符的输出结果表明,此时 PC1 与 PC2 间已无法进行通信。

5. 实验调试

参照以上实验步骤 9,单击交换机 0,在弹出框中选择"命令行"选项卡,在"IOS 命令端口行"框里的光标处输入以下 show vlan 命令。

```
Switch# show vlan
VLAN Name                    Status    Ports
-------- --------    -----    --------------------------------
1    default             active    Fa0/3, Fa0/4, Fa0/5, Fa0/6
                                   Fa0/7, Fa0/8, Fa0/9, Fa0/10
                                   Fa0/11, Fa0/12, Fa0/13, Fa0/14
                                   Fa0/15, Fa0/16, Fa0/17, Fa0/18
                                   Fa0/19, Fa0/20, Fa0/21, Fa0/22
                                   Fa0/23, Fa0/24, Gig1/1, Gig1/2
10   VLAN0010            active    Fa0/1     表明：交换机的 Fa0/1 和 Fa0/2
                                             端口已经分别划入虚拟局域网
20   VLAN0020            active    Fa0/2     VLAN 10 和 VLAN 20 中
1002 fddi - default              act/unsup
1003 token - ring - default      act/unsup
1004 fddinet - default           act/unsup
1005 trnet - default             act/unsup
...
```

6. 实验总结

以上输出表明,Fa0/1 和 Fa0/2 分别划分到 VLAN 10 和 VLAN 20 中,其中,VLAN 1 是交换机上的默认 VLAN,默认是所有端口均属于 VLAN 1。

5.2　跨交换机划分 VLAN 和 Trunk 干道配置实验

1. 实验目的

(1) 掌握跨交换机划分 VLAN 的配置。
(2) 理解 Trunk 干道模式在跨交换划分 VLAN 上的作用。

2. 实验拓扑

本实验的拓扑结构如图 5.16 所示。

实验拓扑结构图说明：主机 0、1、2、3 分别对应 PC1、2、3、4；交换机 0、1 分别对应 SW1、SW2。

3. 实验所需设备

(1) Cisco 2960 系列交换机两台。
(2) 计算机四台。

4. 实验步骤

步骤 1：在 Packet Tracer 模拟器界面左下角单击选中"交换机"系列设备,并在右边单

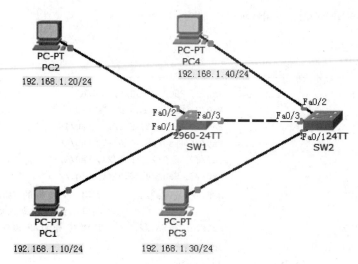

图 5.16   实验拓扑结构图

击拖出两台 2960 系列的交换机至实验模拟窗口处,如图 5.17 所示。

图 5.17   选择 2960 系列交换机

步骤 2:再单击选择终端设备,并在右边单击拖出 4 台主机至空白处,如图 5.18 所示。

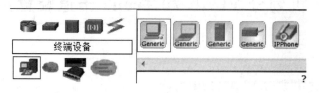

图 5.18   选择 4 台主机

步骤 3:选择"线缆"系列,主机和交换机间使用直通线连接,选择黑色的直通线,如图 5.19 所示。

图 5.19   选择直通线

接着,两台交换机之间使用交叉线连接,选择黑色的虚线交叉线,如图 5.20 所示。

步骤 4:选定"线缆"后,按照拓扑图中的端口和线缆将设备连接起来。

步骤 5:未划分 VLAN 前的验证。在 PC1 上分别 Ping PC2 和 PC3。单击"主机",在弹出框中选择"桌面",然后再选择"命令提示符",如图 5.21 所示。

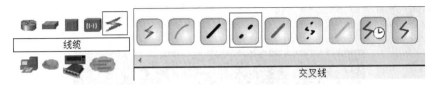

图 5.20　选择交叉线

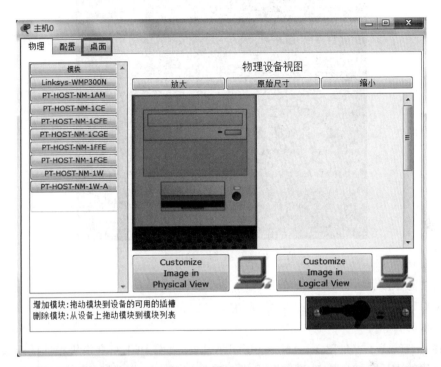

图 5.21　主机"桌面"

在"桌面"界面双击"命令提示符",在命令提示符中输入"ping 192.168.1.20"后回车,再输入"ping 192.168.1.30"后回车,有以下输出结果,如图 5.22 所示。

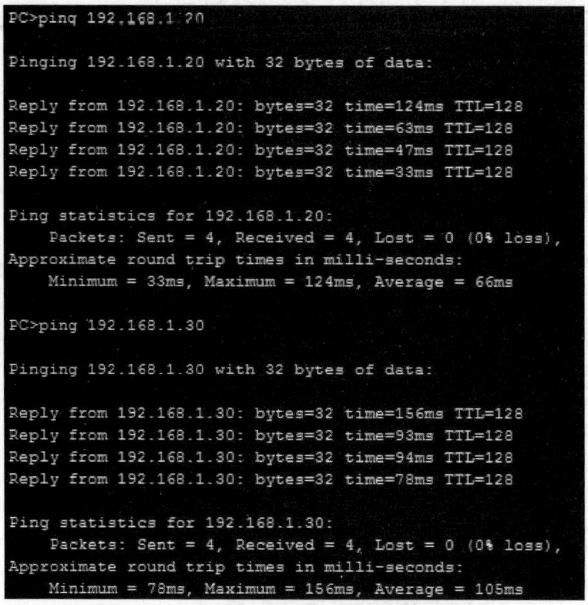

```
PC>ping 192.168.1.20

Pinging 192.168.1.20 with 32 bytes of data:

Reply from 192.168.1.20: bytes=32 time=124ms TTL=128
Reply from 192.168.1.20: bytes=32 time=63ms TTL=128
Reply from 192.168.1.20: bytes=32 time=47ms TTL=128
Reply from 192.168.1.20: bytes=32 time=33ms TTL=128

Ping statistics for 192.168.1.20:
    Packets: Sent = 4, Received = 4, Lost = 0 (0% loss),
Approximate round trip times in milli-seconds:
    Minimum = 33ms, Maximum = 124ms, Average = 66ms

PC>ping 192.168.1.30

Pinging 192.168.1.30 with 32 bytes of data:

Reply from 192.168.1.30: bytes=32 time=156ms TTL=128
Reply from 192.168.1.30: bytes=32 time=93ms TTL=128
Reply from 192.168.1.30: bytes=32 time=94ms TTL=128
Reply from 192.168.1.30: bytes=32 time=78ms TTL=128

Ping statistics for 192.168.1.30:
    Packets: Sent = 4, Received = 4, Lost = 0 (0% loss),
Approximate round trip times in milli-seconds:
    Minimum = 78ms, Maximum = 156ms, Average = 105ms
```

图 5.22　Ping 命令输出结果

实验注意事项:

以上输出表明在未划分 VLAN 前,所有的 PC 相当于连在同一个交换机上,是全部可以进行通信的。

步骤 6: 在 SW1 上创建 VLAN 10 和 VLAN 20,并将 PC1 与交换机相连的端口 Fa 0/1 划分至创建的 VLAN 10 下,PC2 与交换机相连的端口 Fa 0/2 划分至 VLAN 20 下。操作方法如下。

(1) 单击打开"交换机 0",在弹出框中选择"命令行"选项卡,如图 5.23 所示。

(2) 在命令行中输入命令如下。

```
SW1#vlan database
SW1(vlan)#vlan 10
VLAN 10 added:
  Name: VLAN0010
SW1(vlan)#vlan 20
VLAN 20 added:
  Name: VLAN0020
SW1(vlan)#exit
APPLY completed.
Exiting...
SW1#conf t
Enter configuration commands, one per line.   End with CNTL/Z.
SW1(config)#int Fa0/1
SW1(config-if)#switchport access vlan 10
SW1(config-if)#int Fa0/2
SW1(config-if)#switchport access vlan 20
SW1(config-if)#exit
```

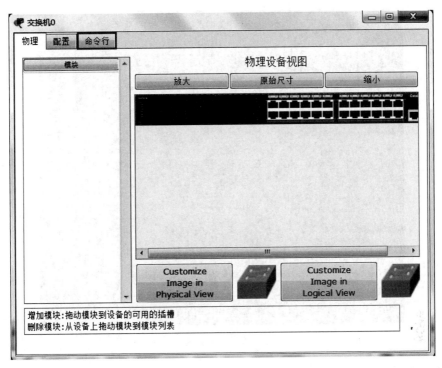

图 5.23 交换机 0 界面

步骤 7: 在 SW2 上创建 VLAN 10 和 VLAN 20, 并将 PC3 与交换机相连的端口 Fa 0/1 划分至创建的 VLAN 10 下, PC4 与交换机相连的端口 Fa 0/2 划分至 VLAN 20 下。

单击交换机 1, 即 SW2, 选择命令行, 输入以下命令。

```
SW2#vlan database
% Warning: It is recommended to configure VLAN from config mode,
  as VLAN database mode is being deprecated. Please consult user
  documentation for configuring VTP/VLAN in config mode.

SW2(vlan)#vlan 10
VLAN 10 added:
    Name: VLAN0010
SW2(vlan)#vlan 20
VLAN 20 added:
    Name: VLAN0020
SW2(vlan)#exit
APPLY completed.
Exiting...
SW2#conf t
Enter configuration commands, one per line.  End with CNTL/Z.
SW2(config)#int Fa0/1
SW2(config-if)#sw
SW2(config-if)#switchport ac
SW2(config-if)#switchport access vlan 10
SW2(config-if)#int Fa0/2
SW2(config-if)#sw
SW2(config-if)#switchport ac
SW2(config-if)#switchport access vlan 20
SW2(config-if)#exit
```

步骤 8: 划分 VLAN 结束后, 验证 PC1 和 PC2、PC3 的连通性。

单击主机 0, 即进入 PC1, 输入图示的两条命令进行验证, 如图 5.24 所示。

```
PC>ping 192.168.1.20

Pinging 192.168.1.20 with 32 bytes of data:

Request timed out.
Request timed out.
Request timed out.
Request timed out.

Ping statistics for 192.168.1.20:
    Packets: Sent = 4, Received = 0, Lost = 4 (100% loss),

PC>ping 192.168.1.30

Pinging 192.168.1.30 with 32 bytes of data:

Request timed out.
Request timed out.
Request timed out.
Request timed out.

Ping statistics for 192.168.1.30:
    Packets: Sent = 4, Received = 0, Lost = 4 (100% loss),
```

图 5.24　Ping 命令输出结果

实验思考题：

以上实验输出结果表明，此时，PC1 和 PC2、PC3 均不能通信。为什么会出现这样的结果呢？

步骤 9：在 SW1 和 SW2 相连的端口上，将端口模式配置为 Trunk 模式。

单击交换机 0，即进入 SW1，选择命令行，输入以下命令。

```
SW1(config) # int Fa0/3
SW1(config - if) # switchport mode trunk
```

步骤 10：在 SW2 和 SW1 相连的端口上，将端口模式配置为 Trunk 模式。

单击交换机 1，进入 SW2，选择命令行，输入以下命令。

```
SW2(config)#int Fa0/3
SW2(config-if)#sw
SW2(config-if)#switchport m
SW2(config-if)#switchport mode tr
SW2(config-if)#switchport mode trunk
SW2(config-if)#exit
```

5. 实验测试

验证 PC1 分别和 PC2、PC3 的连通性。单击主机 0，即可进入 PC1，选择"命令提示符"，输入如图 5.25 所示的两条命令来进行验证。

6. 实验总结

以上输出表明，PC1 此时是和 PC3 连通的，和连接在同一个交换机上的 PC2 是无法进行通信的。

```
PC>ping 192.168.1.30

Pinging 192.168.1.30 with 32 bytes of data:

Reply from 192.168.1.30: bytes=32 time=93ms TTL=128
Reply from 192.168.1.30: bytes=32 time=94ms TTL=128
Reply from 192.168.1.30: bytes=32 time=94ms TTL=128
Reply from 192.168.1.30: bytes=32 time=93ms TTL=128

Ping statistics for 192.168.1.30:
    Packets: Sent = 4, Received = 4, Lost = 0 (0% loss),
Approximate round trip times in milli-seconds:
    Minimum = 93ms, Maximum = 94ms, Average = 93ms

PC>ping 192.168.1.20

Pinging 192.168.1.20 with 32 bytes of data:

Request timed out.
Request timed out.
Request timed out.
Request timed out.

Ping statistics for 192.168.1.20:
    Packets: Sent = 4, Received = 0, Lost = 4 (100% loss),
```

图 5.25　Ping 命令输出结果

5.3　利用三层交换机实现不同 VLAN 间通信

1. 实验目的

(1) 掌握跨交换机划分 VLAN 的配置。

(2) 掌握在三层交换机上实现不同 VLAN 之间通信。

2. 实验拓扑结构图

本实验的拓扑结构如图 5.26 所示。

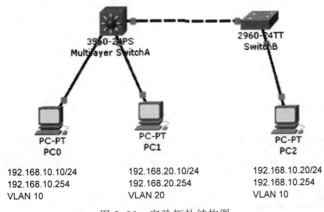

图 5.26　实验拓扑结构图

3. 绘制模拟实验环境

首先,打开 Packet Tracer 5.0 模拟软件,按照如图 5.27 和图 5.28 所示的操作进行。

图 5.27　拖取实验设备

图 5.28　拖取 PC

然后,按照拓扑图连接实验设备,如图 5.29 所示。

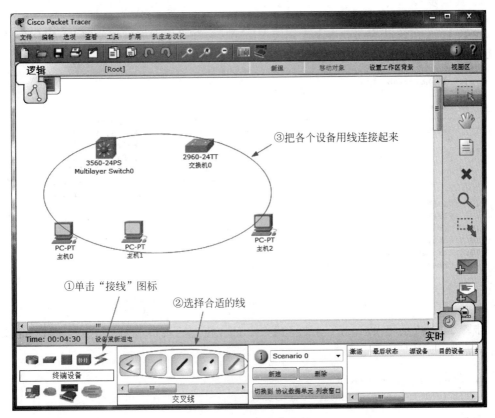

图 5.29　连线实验设备

最后,所有工作做完后就可以配置设备了,打开配置窗口方法如图 5.30 所示。

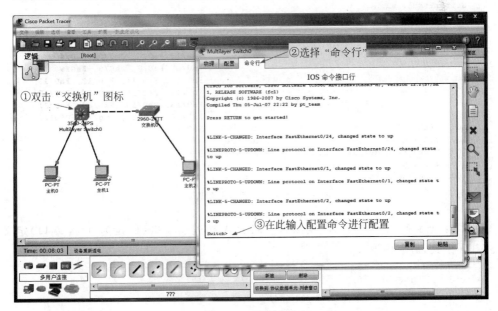

图 5.30　配置窗口

4. 实验步骤

步骤 1：在交换机 SwitchA 上先创建 VLAN 10，并将 0/5 端口划分到 VLAN 10 中，再创建 VLAN 20，并将 0/15 端口划分到 VLAN 20 中，如图 5.31 所示。

```
SwitchA#show vlan

VLAN Name                             Status    Ports
---- -------------------------------- --------- -------------------------------
1    default                          active    Fa0/1, Fa0/2, Fa0/3, Fa0/4
                                                Fa0/6, Fa0/7, Fa0/8, Fa0/9
                                                Fa0/10, Fa0/11, Fa0/12, Fa0/13
                                                Fa0/14, Fa0/16, Fa0/17, Fa0/18
                                                Fa0/19, Fa0/20, Fa0/21, Fa0/22
                                                Fa0/23, Fa0/24, Gig0/1, Gig0/2
10   VLAN0010                         active    Fa0/5
20   VLAN0020                         active    Fa0/15
1002 fddi-default                     active
1003 token-ring-default               active
1004 fddinet-default                  active
1005 trnet-default                    active
```

图 5.31 SwitchA 显示配置结果

步骤 2：把交换机 SwitchA 与交换机 SwitchB 相连的端口（假设为 0/24 端口）定义为 Tag Vlan 模式，命令如下。

```
SwitchA(config)# int Fa0/24
SwitchA(config-if)# switchport mode trunk
```

步骤 3：在交换机 SwitchB 上创建 VLAN 10，并将 0/5 端口划分到 VLAN 10 中，如图 5.32 所示。

```
SwitchB#show vlan

VLAN Name                             Status    Ports
---- -------------------------------- --------- -------------------------------
1    default                          active    Fa0/1, Fa0/2, Fa0/3, Fa0/4
                                                Fa0/6, Fa0/7, Fa0/8, Fa0/9
                                                Fa0/10, Fa0/11, Fa0/12, Fa0/13
                                                Fa0/14, Fa0/15, Fa0/16, Fa0/17
                                                Fa0/18, Fa0/19, Fa0/20, Fa0/21
                                                Fa0/22, Fa0/23, Gig1/1, Gig1/2
10   VLAN0010                         active    Fa0/5
1002 fddi-default                     active
1003 token-ring-default               active
1004 fddinet-default                  active
1005 trnet-default                    active
```

图 5.32 SwitchB 显示配置结果

步骤 4：把交换机 SwitchB 与交换机 SwitchA 相连的端口（假设为 0/24 端口）定义为 Tag Vlan 模式，命令如下。

```
SwitchB(config)# int Fa0/24
SwitchB(config-if)# switchport mode trunk
```

步骤 5：验证 PC0 与 PC2 能互相通信，但 PC1 与 PC2 不能互相通信，验证测试窗口如

图 5.33 所示。验证结果如图 5.34 所示。

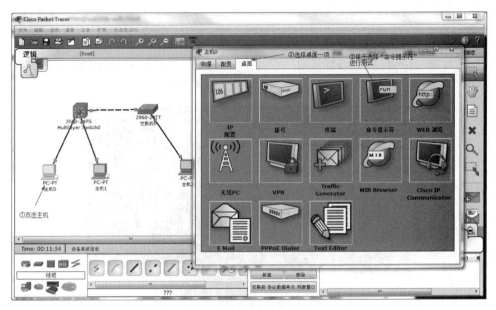

图 5.33　验证测试窗口

```
PC>ping 192.168.10.10

Pinging 192.168.10.10 with 32 bytes of data:

Reply from 192.168.10.10: bytes=32 time=15ms TTL=128
Reply from 192.168.10.10: bytes=32 time=15ms TTL=128
Reply from 192.168.10.10: bytes=32 time=0ms TTL=128
Reply from 192.168.10.10: bytes=32 time=15ms TTL=128

Ping statistics for 192.168.10.10:
    Packets: Sent = 4, Received = 4, Lost = 0 (0% loss),
Approximate round trip times in milli-seconds:
    Minimum = 0ms, Maximum = 15ms, Average = 11ms

PC>ping 192.168.20.10

Pinging 192.168.20.10 with 32 bytes of data:

Request timed out.
Request timed out.
Request timed out.
Request timed out.

Ping statistics for 192.168.20.10:
    Packets: Sent = 4, Received = 0, Lost = 4 (100% loss),
```

图 5.34　实验验证结果

如图 5.34 所示，实验验证结果表明 VLAN 之间还没有连通。

步骤 6：设置三层交换机 VLAN 间通信

```
SwitchA # conf t
SwitchA(config) # int vlan 10
SwitchA(config-if) # no shut
```

```
SwitchA(config-if)#ip add 192.168.10.254 255.255.255.0
SwitchA(config-if)#int vlan 20
SwitchA(config-if)#no shut
SwitchA(config-if)#ip add 192.168.20.254 255.255.255.0
```

步骤 7：将 PC0 和 PC2 的默认网关设置为 192.168.10.254，将 PC1 的默认网关设置为 192.168.20.254，并再次验证步骤 5，最终实验验证结果如图 5.35 所示。

```
PC>ping 192.168.20.10

Pinging 192.168.20.10 with 32 bytes of data:

Reply from 192.168.20.10: bytes=32 time=62ms TTL=127
Reply from 192.168.20.10: bytes=32 time=63ms TTL=127
Reply from 192.168.20.10: bytes=32 time=63ms TTL=127
Reply from 192.168.20.10: bytes=32 time=47ms TTL=127

Ping statistics for 192.168.20.10:
    Packets: Sent = 4, Received = 4, Lost = 0 (0% loss),
Approximate round trip times in milli-seconds:
    Minimum = 47ms, Maximum = 63ms, Average = 58ms
```

图 5.35　最终验证结果

实验验证结果表明 VLAN 之间还没有连通。

5.4　VTP 的基本配置

1. 实验目的

（1）掌握 VTP 的基本配置命令。
（2）了解 Trunk 干道在 VTP 中的作用。
（3）查看和调用 VTP 的相关信息。

2. 实验拓扑

本实验拓扑的结构如图 5.36 所示。

图 5.36　VTP 实验拓扑结构图

3. 实验步骤

步骤 1：搭建实验环境
（1）在 Packet Tracer 模拟软件界面左下角单击选中"交换机"系列设备，并在右边单击拖出 3 台 2960 系列交换机至实验模拟窗口处，如图 5.37 所示。
（2）选择"线缆"，交换机之间使用交叉线，选择黑色的虚线交叉线，如图 5.38 所示。

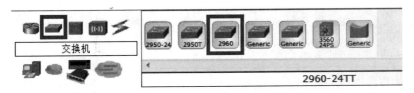

图 5.37　选择 2960 系列交换机

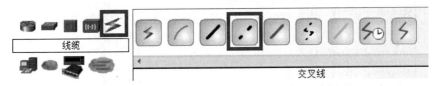

图 5.38　选择交叉线

(3) 按照如图 5.36 所示拓扑图中的端口将交换机连接起来。

步骤 2：配置交换机

(1) 配置交换机 0。

单击交换机 0，即 SW1，在弹出框中选择"命令行"选项卡，配置 SW1 为 Server 模式，VTP 域名为"VTP-TEST"，VTP 密码为"cisco"。配置 SW1 的 FastEthernet0/1 端口为 Trunk 模式，如图 5.39 所示。

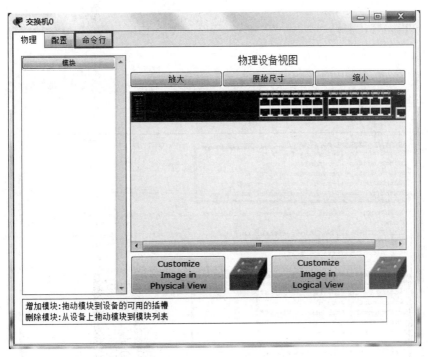

图 5.39　交换机 SW1 属性界面

在命令行中输入以下命令，如图 5.40 所示。

(2) 配置交换机 1。

对于交换机 1，即 SW2 进行命令行配置。配置 SW2 为 Transparent 模式，VTP 域名为

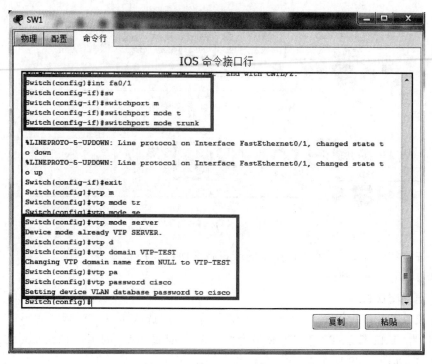

图 5.40　交换机 SW1 配置命令

"VTP-TEST"，VTP 密码为"cisco"。配置 SW2 的 FastEthernet0/1 和 0/2 端口为 Trunk
模式，如图 5.41 所示。

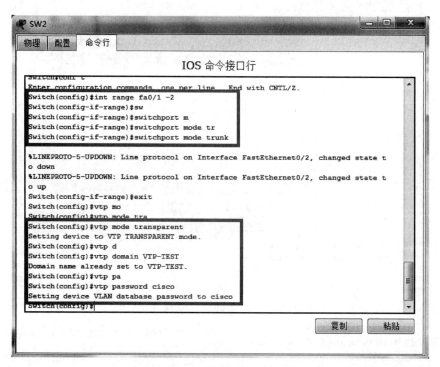

图 5.41　交换机 SW2 配置命令

（3）配置交换机 2。

对于交换机 2，即 SW3 进行命令行配置。配置 SW3 为 Client 模式，VTP 域名为"VTP-TEST"，VTP 密码为"cisco"。配置 SW3 的 FastEthernet0/1 端口为 Trunk 模式，如图 5.42 所示。

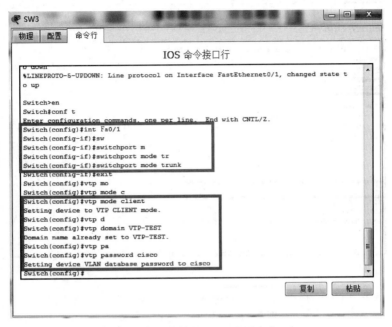

图 5.42　交换机 SW3 配置命令

步骤 3：验证 VTP。通过在 Server 交换机上创建或是删除 VLAN 提高 VTP 的修订号，使 VLAN 信息传递到 Client 交换机上。

在 Server 交换机（SW1）上创建 VLAN 10，如图 5.43 所示。

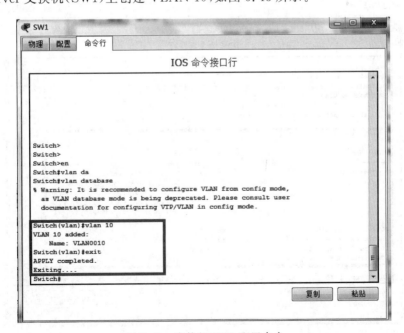

图 5.43　交换机 SW1 配置命令

在 SW3 上查看 VLAN 信息。进入命令行,使用 show vlan 命令,如图 5.44 所示。

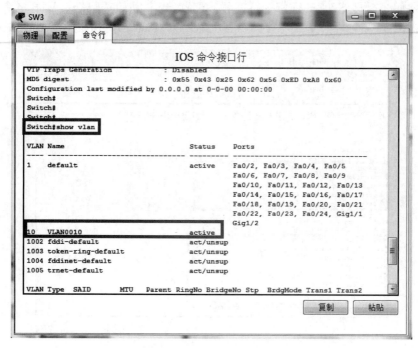

图 5.44　交换机 SW3 配置信息

以上输出结果表明,在 Server 交换机上创建的 VLAN 信息通过 Trunk 干道传递到 Client 交换机上。

在 SW2 上同样使用 show vlan 命令,有如图 5.45 所示输出结果。

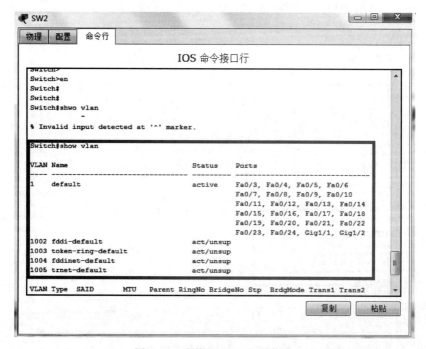

图 5.45　交换机 SW2 配置信息

实验注意事项：

以上输出结果表明，在 Transparent 模式的交换机上未学习到 Server 交换机上创建的 VLAN 信息，但是 Transparent 模式的交换机作为中继将 Server 上的 VLAN 信息传递给 Client 模式的交换机了。

4. 实验调试

在 SW1 交换机上使用 show vtp status 命令，查看 VTP 的相关信息，如图 5.46 所示。

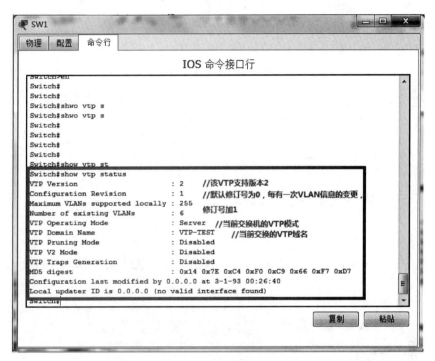

图 5.46　SW1 交换机查看 VTP 信息

5.5　RIP 的基本配置实验

1. 实验目的

（1）掌握 RIPv2 的基本配置命令。
（2）了解在路由器上启动 RIP 的路由进程。
（3）查看和调试 RIP 的相关信息。

2. 实验拓扑

本实验的拓扑结构如图 5.47 所示。

3. 实验步骤

步骤 1：搭建实验环境。

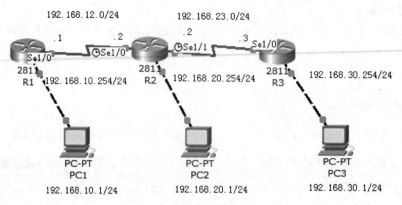

图 5.47　RIP 实验拓扑结构图

（1）在 Packet Tracer 5.0 模拟器界面左下角单击选中"路由器"系列设备，并在右边单击拖出 3 台 2811 系列路由器至实验模拟窗口处，如图 5.48 所示。

图 5.48　选择 2811 系列交换机

（2）单击选择"终端设备"，并在右边单击拖出 4 台主机至实验模拟窗口处，如图 5.49 所示。

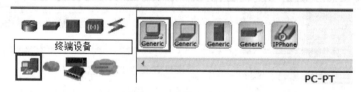

图 5.49　选择 4 台主机

（3）选择"线缆"系列，主机和路由器间使用交叉线，选择黑色的虚线交叉线，按照拓扑图中的线路，将主机和路由器连接起来。主机选择 FastEthernet 端口，路由器选择 FastEthernet 0/0 端口，如图 5.50 所示。

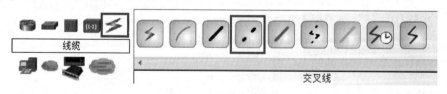

图 5.50　选择连接线缆

（4）给路由器添加串行端口模块。单击路由器 0，即 R1，在弹出框中添加 NM-4A/S 串行模块，如图 5.51 所示。

（5）给 3 台路由器执行同样的操作，添加同样的模块，均达到如图 5.52 所示效果。

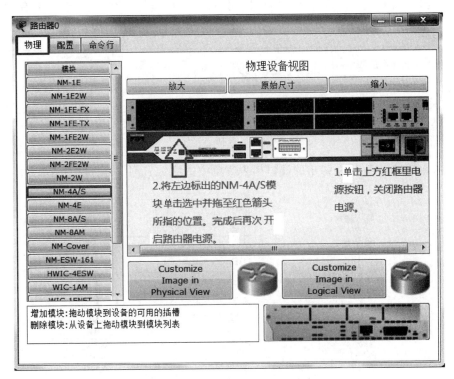

图 5.51　路由器 0 物理设备视图

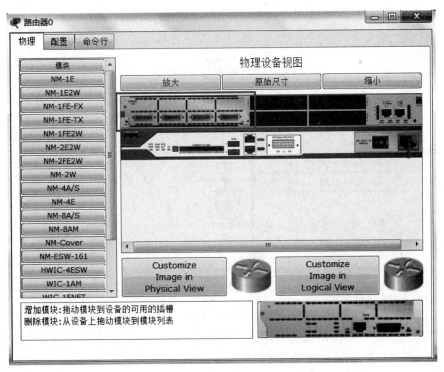

图 5.52　路由器物理设备视图

(6) 选择"线缆"系列,路由器和路由器间使用 DCE 串行线路,选择红色带有时钟标志的转折线,如图 5.53 所示。

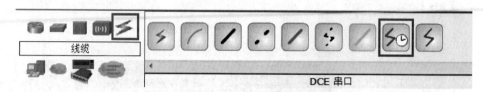

图 5.53　选择连接线缆

首先,单击路由器 1,在弹出的端口列表菜单中选择 Serial1/0 端口,如图 5.54 所示。

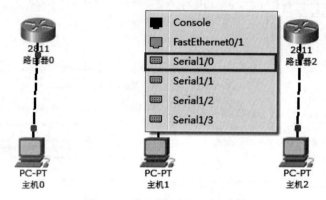

图 5.54　路由器 1 端口列表菜单

然后,单击路由器 0,同样在弹出的端口列表菜单中选择 Serial1/0 端口,如图 5.55 所示。

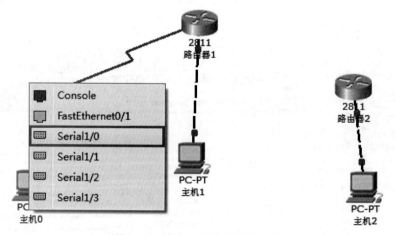

图 5.55　路由器 0 端口列表菜单

重复上述操作,将路由器 1 和路由器 2 连接起来。注意先单击路由器 1,此时路由器 1 上选择的端口是 Serial1/1,路由器 2 选择的端口是 Serial1/0。因为是先选择路由器 1 的,则路由器 1,即 R2 作为 DCE 端提供时钟频率。

步骤 2:配置 PC0 的 IP 地址。

(1) 单击主机 0,选择"桌面",如图 5.56 所示。

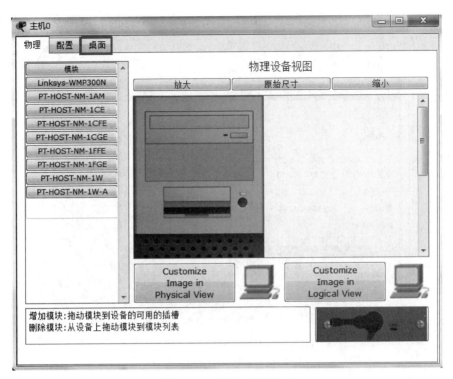

图 5.56　主机 0 属性窗口

（2）再选择"IP 配置"，如图 5.57 所示。

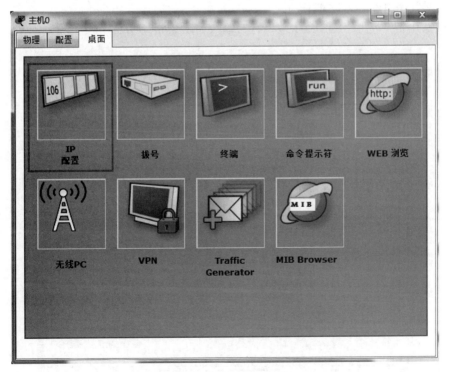

图 5.57　主机 0"桌面"窗口

（3）输入本实验的拓扑结构图中所示的 IP 地址、掩码及默认网关，如图 5.58 所示。

图 5.58   主机 0"IP 配置"窗口

（4）拓扑图中其他两台主机按照上述同样的操作，配置 IP 地址、掩码及默认网关。

步骤 3：配置路由器。

（1）配置路由器 0（R1）的 IP 地址。

单击路由器 0，选择"IOS 命令端口行"，输入如图 5.59 所示的配置命令。

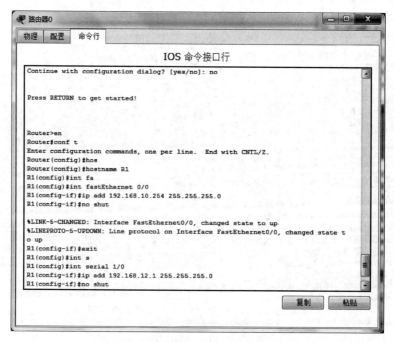

图 5.59   路由器 0 的 IP 地址配置命令

（2）同样，在路由器 1，即 R2 中，输入下列配置命令。

```
Router＞en
Router＃conf t
Router(config)＃hostname R2
R2(config)＃int fastEthernet 0/0
R2(config－if)＃ip add 192.168.20.254   255.255.255.0
R2(config－if)＃no shut
R2(config－if)＃exit
R2(config)＃int serial 1/0
R2(config－if)＃ip add 192.168.12.2   255.255.255.0
R2(config－if)＃clock rate 128000              //指定 R2 的该端口工作的时钟频率
R2(config－if)＃no shut
R2(config)＃int serial 1/1
R2(config－if)＃ip add 192.168.23.2   255.255.255.0
R2(config－if)＃clock rate 128000              //指定 R2 的该端口工作的时钟频率
R2(config－if)＃no shut
```

（3）同样，在路由器 2，即 R3 中，输入下列配置命令。

```
Router＞en
Router＃conf t
Router(config)＃hostname R3
R3(config)＃int fastEthernet 0/0
R3(config－if)＃ip add 192.168.30.254   255.255.255.0
R3(config－if)＃no shut
R3(config－if)＃exit
R3(config)＃int serial 1/0
R3(config－if)＃ip add 192.168.23.3   255.255.255.0
R3(config－if)＃no shut
```

步骤 4：在 R1，R2，R3 路由器"IOS 命令端口行"下，配置 R1，R2，R3 的 RIPv2 路由。
（1）在命令行下，配置 R1 的 RIPv2 路由，输入以下命令。

```
R1(config)＃router rip
R1(config－router)＃version 2
R1(config－router)＃net 192.168.10.0
R1(config－router)＃net 192.168.12.0
```

（2）在命令行下，配置 R2 的 RIPv2 路由，输入以下命令。

```
R2(config)＃router rip
R2(config－router)＃version 2
R2(config－router)＃net 192.168.12.0
R2(config－router)＃net 192.168.23.0
R2(config－router)＃net 192.168.20.0
```

（3）在命令行下，配置 R3 的 RIPv2 路由，输入以下命令。

```
R3(config)＃router rip
R3(config－router)＃version 2
R3(config－router)＃net 192.168.23.0
R3(config－router)＃net 192.168.30.0
```

4. 实验验证

验证 PC 间的连通性,在 PC1 上 Ping PC2 和 PC3。

(1) 单击主机 0,即 PC1,选择"桌面",再选择"IOS 命令端口行",在弹出的框中输入 "ping 192.168.20.1"后回车,再输入"ping 192.168.30.1"后回车,如图 5.60 所示结果。

```
PC>ping 192.168.20.1

Pinging 192.168.20.1 with 32 bytes of data:

Request timed out.
Reply from 192.168.20.1: bytes=32 time=50ms TTL=126
Reply from 192.168.20.1: bytes=32 time=60ms TTL=126
Reply from 192.168.20.1: bytes=32 time=50ms TTL=126

Ping statistics for 192.168.20.1:
    Packets: Sent = 4, Received = 3, Lost = 1 (25% loss),
Approximate round trip times in milli-seconds:
    Minimum = 50ms, Maximum = 60ms, Average = 53ms

PC>ping 192.168.30.1

Pinging 192.168.30.1 with 32 bytes of data:

Request timed out.
Reply from 192.168.30.1: bytes=32 time=70ms TTL=125
Reply from 192.168.30.1: bytes=32 time=70ms TTL=125
Reply from 192.168.30.1: bytes=32 time=76ms TTL=125

Ping statistics for 192.168.30.1:
    Packets: Sent = 4, Received = 3, Lost = 1 (25% loss),
Approximate round trip times in milli-seconds:
    Minimum = 70ms, Maximum = 76ms, Average = 72ms
```

图 5.60　验证 PC 间的连通性

(2) 以上输出表明,PC1 与 PC2、PC3 间是能够通信的。

5. 实验调试

(1) 在路由器 1,即 R2 的"IOS 命令端口行"中,输入 show ip route 命令。

```
R2#show ip route
Codes: C - connected, S - static, I - IGRP, R - RIP, M - mobile, B - BGP
       D - EIGRP, EX - EIGRP external, O - OSPF, IA - OSPF inter area
       N1 - OSPF NSSA external type 1, N2 - OSPF NSSA external type 2
       E1 - OSPF external type 1, E2 - OSPF external type 2, E - EGP
       i - IS-IS, L1 - IS-IS level-1, L2 - IS-IS level-2, ia - IS-IS inter area
       * - candidate default, U - per-user static route, o - ODR
       P - periodic downloaded static route

Gateway of last resort is not set

R    192.168.10.0/24 [120/1] via 192.168.12.1, 00:00:06, Serial1/0
C    192.168.12.0/24 is directly connected, Serial1/0
C    192.168.20.0/24 is directly connected, FastEthernet0/0
C    192.168.23.0/24 is directly connected, Serial1/1
R    192.168.30.0/24 [120/1] via 192.168.23.3, 00:00:25, Serial1/1
```

（2）在路由器 1，即 R2 的"IOS 命令端口行"中，输入 show ip protocols 命令。

```
R2#show ip protocols
Routing Protocol is "rip"
Sending updates every 30 seconds, next due in 16 seconds
Invalid after 180 seconds, hold down 180, flushed after 240
Outgoing update filter list for all interfaces is not set
Incoming update filter list for all interfaces is not set
Redistributing: rip
Default version control: send version 2, receive 2
  Interface          Send  Recv  Triggered RIP  Key-chain
  Serial1/0           2     2
  Serial1/1           2     2
  FastEthernet0/0     2     2
Automatic network summarization is in effect
Maximum path: 4
Routing for Networks:
        192.168.12.0
        192.168.20.0
        192.168.23.0
Passive Interface(s):
Routing Information Sources:
        Gateway        Distance      Last Update
        192.168.12.1      120        00:00:21
        192.168.23.3      120        00:00:14
Distance: (default is 120)
```

实验注意事项：

（1）以上 show ip route 命令输出显示结果中，R 代表的路由是由 RIP 通告而来的，C 代表的是直连路由。

（2）以上 show ip protocols 命令输出显示结果中可以查看到关于本台路由器运行的路由器协议的相关信息。

5.6　EIGRP 路由的配置

1. 实验目的

（1）掌握 EIGRP 的基本配置命令。

（2）了解在路由器上启动 EIGRP 的路由进程。

（3）查看和调试 EIGRP 的相关信息。

2. 实验拓扑结构图

本实验拓扑结构如图 5.61 所示。

3. 实验步骤

步骤 1：绘制拓扑图。

（1）首先打开 Packet Tracer 5.0，按照如图 5.62 和图 5.63 所示操作。

实验注意事项：

因为 2621XM 路由器没有串行端口，所以需要为其手动添加串行端口，并且切记一定要先断电再添加模块，添加完成后再打开电源，操作方法如图 5.64 和图 5.65 所示。

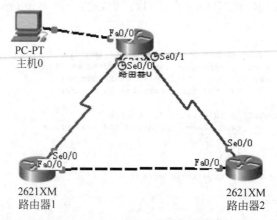

图 5.61　EIGRP 实验拓扑结构图

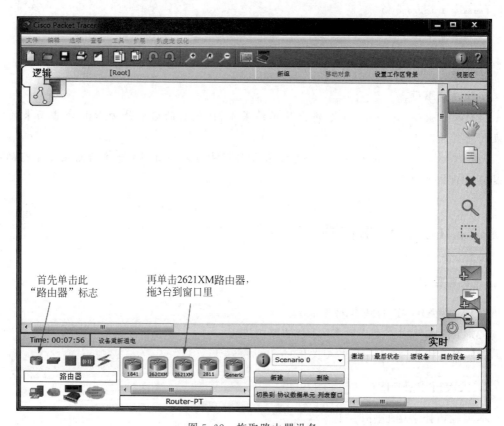

图 5.62　拖取路由器设备

　　为了搭建实验给出的拓扑图,路由器 1 和路由器 2 中只需要添加一个串行端口。路由器 0 分别和路由器 1、路由器 2 间使用串行口数据线,路由器 1 和路由器 2 间用交叉线将以太网端口连接起来。此时,路由器 1 和路由器 2 之间不需要配置时钟频率。

　　(2) 接下来,把各个网络设备用相应的线缆连接起来,如图 5.66 所示。

步骤 2: 配置路由器。

　　(1) 进入路由器配置界面的步骤如图 5.67 所示。

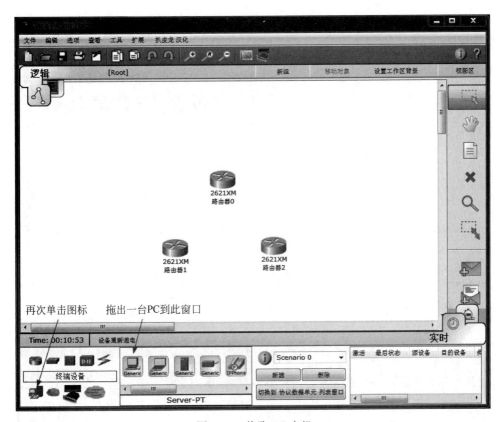

图 5.63　拖取 PC 主机

图 5.64　打开电源

图 5.65　添加串行端口

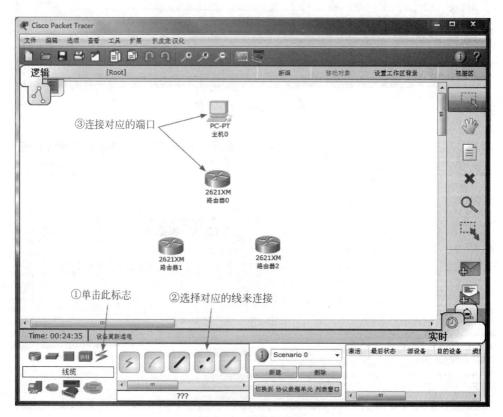

图 5.66　设备间接线

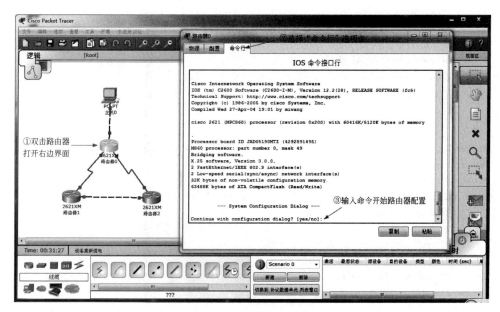

图 5.67　路由器配置界面

（2）配置 Router 0，Router 1 和 Router 2 的 IP 地址。

Router 0

Router > en

Router # conf t

Enter configuration commands, one per line.　End with CNTL/Z.

Router(config) # host Router 0

Router 0(config) # int Fa0/0

Router 0(config - if) # ip add 10.1.1.1 255.255.255.0

Router 0(config - if) # no shut

Router 0(config - if) # int s0/0

Router 0(config - if) # ip add 201.1.12.1 255.255.255.252

Router 0(config - if) # clock rate 56000　　　//配置时钟频率

Router 0(config - if) # no shut

Router 0(config - if) # int s0/1

Router 0(config - if) # ip add 201.1.12.1 255.255.255.252

% 201.1.12.0 overlaps with Serial0/0

Router 0(config - if) # ip add 201.1.13.1 255.255.255.252

Router 0(config - if) # clock rate 56000

Router 0(config - if) # no shut

实验注意事项：

Router 0 作为 DCE 端口提供时钟频率。

（3）Router 1 的配置。

Router 1

Router > en

Router # conf t

Enter configuration commands, one per line.　End with CNTL/Z.

Router(config) # host Router 1

```
Router 1(config)#int Fa0/0
Router 1(config-if)#ip add 200.1.1.2 255.255.255.0
Router 1(config-if)#no shut
Router 1(config-if)#int s0/0
Router 1(config-if)#ip add 201.1.12.2 255.255.255.252
Router 1(config-if)#no shut
```

（4）Router 2 的配置。

Router 2

```
Router>en
Router#conf t
Enter configuration commands, one per line.   End with CNTL/Z.
Router(config)#host Router 2
Router 2(config)#int Fa0/0
Router 2(config-if)#ip add 200.1.1.3 255.255.255.0
Router 2(config-if)#no shut
Router 2(config-if)#int s0/0
Router 2(config-if)#ip add 201.1.13.2 255.255.255.252
Router 2(config-if)#no shut
```

步骤 3：配置主机 0 的 IP 地址、子网掩码、网关等信息。

给主机 0 配置 IP 地址方法如图 5.68 和图 5.69 所示。

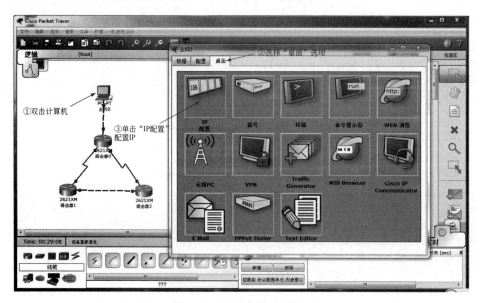

图 5.68   配置主机 IP 图一

步骤 4：配置 EGRP 路由并验证。

（1）配置 Router 0 的 EGRP 路由并验证。

```
Router 0(config)#router eigrp 100
Router 0(config-router)#no auto-summary
Router 0(config-router)#network 10.1.1.0 0.0.0.255
Router 0(config-router)#network 201.1.12.0 0.0.0.3
Router 0(config-router)#network 201.1.13.0 0.0.0.3
```

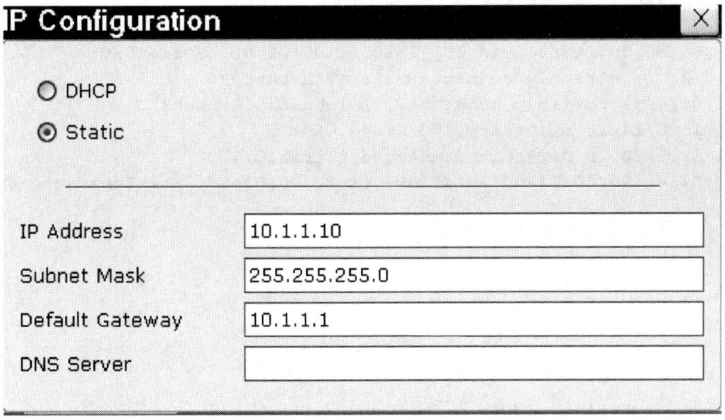

```
IP Configuration                               X

   ○ DHCP
   ⦿ Static

   IP Address          10.1.1.10
   Subnet Mask         255.255.255.0
   Default Gateway     10.1.1.1
   DNS Server
```

图 5.69　配置主机 IP 图二

```
Router0#show ip route
Codes: C - connected, S - static, I - IGRP, R - RIP, M - mobile, B - BGP
       D - EIGRP, EX - EIGRP external, O - OSPF, IA - OSPF inter area
       N1 - OSPF NSSA external type 1, N2 - OSPF NSSA external type 2
       E1 - OSPF external type 1, E2 - OSPF external type 2, E - EGP
       i - IS-IS, L1 - IS-IS level-1, L2 - IS-IS level-2, ia - IS-IS inter area
       * - candidate default, U - per-user static route, o - ODR
       P - periodic downloaded static route

Gateway of last resort is not set

     10.0.0.0/8 is variably subnetted, 2 subnets, 2 masks
D       10.0.0.0/8 is a summary, 00:02:13, Null0
C       10.1.1.0/24 is directly connected, FastEthernet0/0
D    200.1.1.0/24 [90/20514560] via 201.1.12.2, 00:02:10, Serial0/0
                  [90/20514560] via 201.1.13.2, 00:02:03, Serial0/1
     201.1.12.0/24 is variably subnetted, 2 subnets, 2 masks
D       201.1.12.0/24 is a summary, 00:02:13, Null0
C       201.1.12.0/30 is directly connected, Serial0/0
     201.1.13.0/24 is variably subnetted, 2 subnets, 2 masks
D       201.1.13.0/24 is a summary, 00:02:04, Null0
C       201.1.13.0/30 is directly connected, Serial0/1
```

实验注意事项：

单纯配置一台路由器设备的路由协议，通过 show ip route 命令查看配置信息是查看不到路由表的，必须几台路由协议均配置完毕，才能查看到。

（2）配置 Router 1 的 EGRP 路由并验证。

```
Router 1(config)#router eigrp 100
Router 1(config-router)#no auto-summary
Router 1(config-router)#network 200.1.1.0 0.0.0.255
Router 1(config-router)#network 201.1.12.0 0.0.0.3

Router1#show ip route
Codes: C - connected, S - static, I - IGRP, R - RIP, M - mobile, B - BGP
       D - EIGRP, EX - EIGRP external, O - OSPF, IA - OSPF inter area
       N1 - OSPF NSSA external type 1, N2 - OSPF NSSA external type 2
       E1 - OSPF external type 1, E2 - OSPF external type 2, E - EGP
       i - IS-IS, L1 - IS-IS level-1, L2 - IS-IS level-2, ia - IS-IS inter area
       * - candidate default, U - per-user static route, o - ODR
       P - periodic downloaded static route
```

```
Gateway of last resort is not set

D    10.0.0.0/8 [90/20514560] via 201.1.12.1, 00:02:02, Serial0/0
C    200.1.1.0/24 is directly connected, FastEthernet0/0
     201.1.12.0/24 is variably subnetted, 2 subnets, 2 masks
D       201.1.12.0/24 is a summary, 00:02:48, Null0
C       201.1.12.0/30 is directly connected, Serial0/0
D    201.1.13.0/24 [90/20514560] via 200.1.1.3, 00:03:26, FastEthernet0/0
```

(3) 配置 Router 2 的 EGRP 路由并验证。

Router 2(config)#router eigrp 100

Router 2(config – router)#no auto – summary

Router 2(config – router)#network 200.1.1.0 0.0.0.255

Router 2(config – router)#network 201.1.13.0 0.0.0.3

```
Router2#show ip route
Codes: C - connected, S - static, I - IGRP, R - RIP, M - mobile, B - BGP
       D - EIGRP, EX - EIGRP external, O - OSPF, IA - OSPF inter area
       N1 - OSPF NSSA external type 1, N2 - OSPF NSSA external type 2
       E1 - OSPF external type 1, E2 - OSPF external type 2, E - EGP
       i - IS-IS, L1 - IS-IS level-1, L2 - IS-IS level-2, ia - IS-IS inter area
       * - candidate default, U - per-user static route, o - ODR
       P - periodic downloaded static route

Gateway of last resort is not set

D    10.0.0.0/8 [90/20514560] via 201.1.13.1, 00:02:15, Serial0/0
C    200.1.1.0/24 is directly connected, FastEthernet0/0
D    201.1.12.0/24 [90/20514560] via 200.1.1.2, 00:03:09, FastEthernet0/0
     201.1.13.0/24 is variably subnetted, 2 subnets, 2 masks
D       201.1.13.0/24 is a summary, 00:02:15, Null0
C       201.1.13.0/30 is directly connected, Serial0/0
```

4. 验证整个网络的连通性

在"IOS 命令端口行"中进行验证,打开方法如图 5.70 所示。

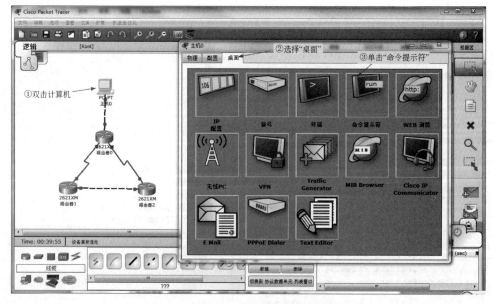

图 5.70   打开命令行

从如图 5.71 所示测试结果看,两台主机之间都能相互用 Ping 命令测试连通性,说明该网络拓扑图的网络配置实验已完成。

```
PC>ping 200.1.1.3

Pinging 200.1.1.3 with 32 bytes of data:

Reply from 200.1.1.3: bytes=32 time=78ms TTL=254
Reply from 200.1.1.3: bytes=32 time=63ms TTL=254
Reply from 200.1.1.3: bytes=32 time=78ms TTL=254
Reply from 200.1.1.3: bytes=32 time=63ms TTL=254

Ping statistics for 200.1.1.3:
    Packets: Sent = 4, Received = 4, Lost = 0 (0% loss),
Approximate round trip times in milli-seconds:
    Minimum = 63ms, Maximum = 78ms, Average = 70ms

PC>ping 201.1.13.2

Pinging 201.1.13.2 with 32 bytes of data:

Reply from 201.1.13.2: bytes=32 time=62ms TTL=254
Reply from 201.1.13.2: bytes=32 time=63ms TTL=254
Reply from 201.1.13.2: bytes=32 time=63ms TTL=254
Reply from 201.1.13.2: bytes=32 time=49ms TTL=254

Ping statistics for 201.1.13.2:
    Packets: Sent = 4, Received = 4, Lost = 0 (0% loss),
Approximate round trip times in milli-seconds:
    Minimum = 49ms, Maximum = 63ms, Average = 59ms
```

图 5.71　测试结果

第6章
CHAPTER 6

GNS 环境下配置网络设备

6.1 静态路由的基本配置

1. 实验目的

(1) 掌握静态路由的基本配置命令。
(2) 了解在路由器上启动静态路由的过程。
(3) 查看和调试静态路由的相关信息。
(4) 掌握用 GNS3 模拟器搭建实验环境。

2. 实验拓扑

本实验的拓扑结构如图 6.1 所示。

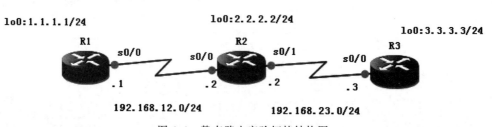

lo0:1.1.1.1/24   lo0:2.2.2.2/24

lo0:3.3.3.3/24

R1   s0/0   s0/0   R2   s0/1   s0/0   R3

.1   .2   .2   .3

192.168.12.0/24   192.168.23.0/24

图 6.1　静态路由实验拓扑结构图

3. 实验环境

本实验采用 GNS3 模拟软件完成,模拟实验的软件版本为 0.8.3.1,不同版本略有差异。

4. 实验步骤

步骤 1:在 GNS3 模拟器主界面的左边选择 Router c3600 系列路由器,并拖出 3 台路由器至右边编辑窗口处,如图 6.2 所示。

步骤 2:为设备添加模块和端口。

(1) 在图 6.2 中双击 R1,在弹出的"节点配置"对话框中,选中 R1,如图 6.3 所示。

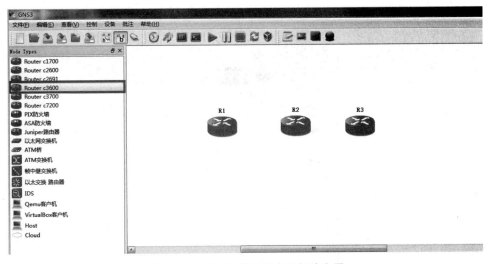

图 6.2　在 GNS3 模拟器中选择路由器

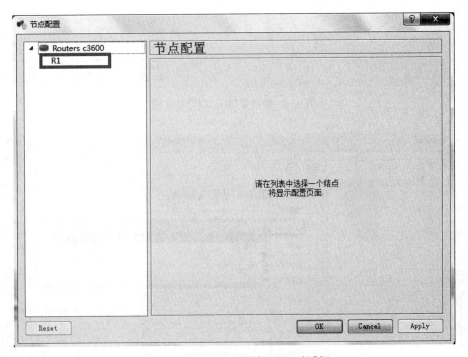

图 6.3　路由器 R1"节点配置"对话框

（2）选中后，在"R1 节点"对话框里面选择"插槽"选项卡，如图 6.4 所示。

（3）选择在"适配卡"框中的 slot 0，在下拉框中选择对应端口的模块，这里选择最后一个模块 NM-4T，如图 6.5 所示。

（4）选择完毕后，先单击右下角的 Apply 按钮，再单击 OK 按钮，如图 6.6 所示。

步骤 3：其他两台路由器 R2，R3 添加相同的模块，操作方法与 R1 相同。

步骤 4：设备连线。

（1）选择菜单栏里面的"添加链接"标志，在下拉菜单中选择 Manual 手动连线方式，如图 6.7 所示。

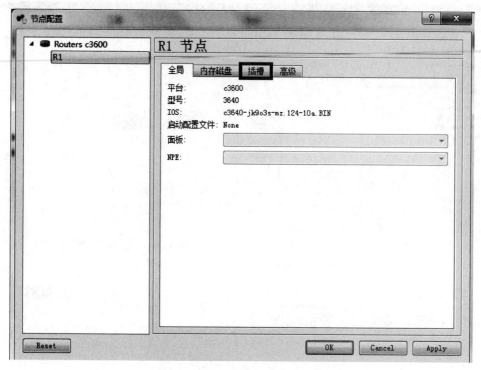

图 6.4　路由器"R1 节点"对话框

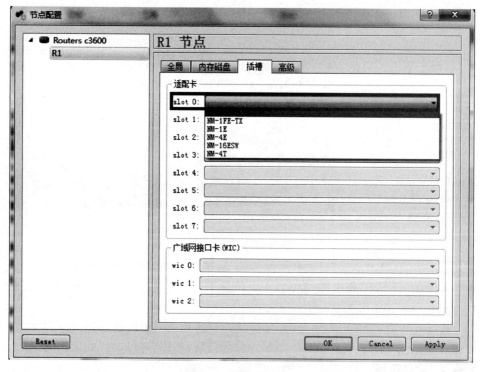

图 6.5　适配卡 slot 0

图 6.6　路由器 R1"插槽"模块设置

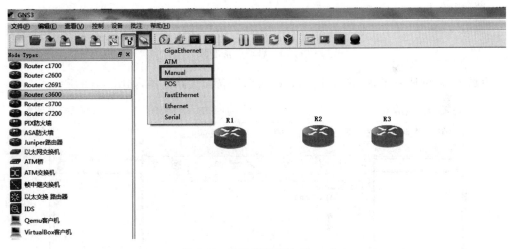

图 6.7　在菜单中选择 Manual

（2）单击 R1，在弹出的菜单中选择 s0/0 端口，如图 6.8 所示。

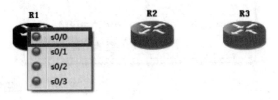

图 6.8　选择 s0/0 端口

（3）然后，再选择 R2，在 R2 的下拉菜单中选择 s0/0 端口，如图 6.9 所示。

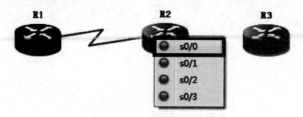

图 6.9   连接 R2 的 s0/0 端口

步骤 5：R2 和 R3 之间的操作类似，方法与步骤 4 相同。

步骤 6：连线完毕后，打开设备"端口标签"和"设备名"，并启动所有设备电源，当所有端口上的红点变成绿色时，表明设备启动完毕，如图 6.10 所示。

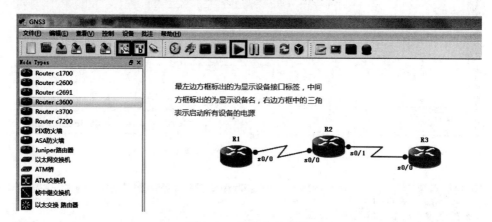

图 6.10   启动设备电源

步骤 7：启动所有设备，并打开 SecureCRT，准备配置路由器，如图 6.11 所示。

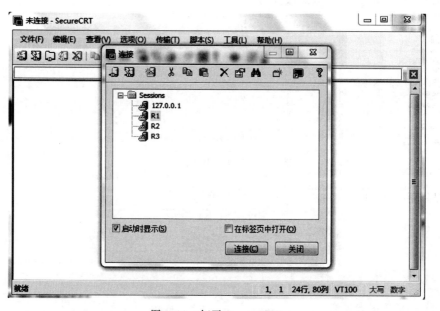

图 6.11   打开 SecureCRT

步骤 8：新建 R1、R2、R3 连接，并打开。当如图 6.12 所示的方框标识中 R1、R2、R3 旁边的小竖条为绿色时，表明路由器 R1,R2,R3 之间成功连接，为红色时表明连接失败。

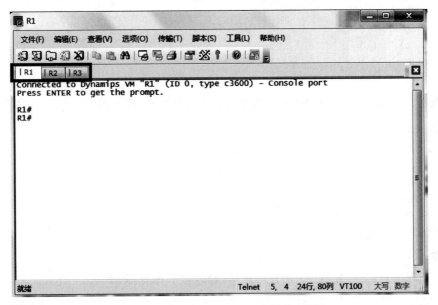

图 6.12　路由器 R1,R2,R3 之间成功连接

步骤 9：对 R1 进行命令配置，配置 R1 的 IP 地址，具体地址参照拓扑图中提供的数据。配置命令如图 6.13 所示。

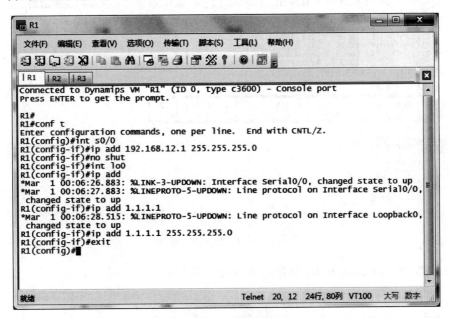

图 6.13　R1 配置命令

步骤 10：切换至 R2 的配置页面，配置 R2 的端口地址，输入以下命令。

```
R2(config)# int s0/0
R2(config-if)# ip add 192.168.12.2   255.255.255.0
```

```
R2(config-if)#no shut
R2(config-if)# int s0/1
R2(config-if)# ip add 192.168.23.2   255.255.255.0
R2(config-if)#no shut
R2(config-if)# exit
R2(config)# int lo0
R2(config-if)# ip add 2.2.2.2 255.255.255.0
R2(config-if)# exit
```

步骤 11：切换至 R3 的配置页面，配置 R3 的端口地址，输入以下命令。

```
R3(config)# int s0/0
R3(config-if)# ip add 192.168.23.3   255.255.255.0
R3(config-if)# no shut
R3(config-if)# exit
R3(config)# int lo0
R3(config-if)# ip add 3.3.3.3   255.255.255.0
R3(config-if)# exit
```

步骤 12：配置路由。

（1）在配置页面中，配置 R1 的静态路由，输入以下命令，如图 6.14 所示。

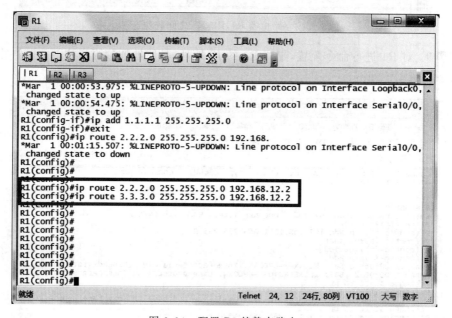

图 6.14　配置 R1 的静态路由

（2）在配置页面中，配置 R2 的静态路由，输入以下命令。

```
R2(config)# ip route 1.1.1.0   255.255.255.0   192.168.12.1
R2(config)# ip route 3.3.3.0   255.255.255.0   192.168.23.3
```

（3）在配置页面中，配置 R3 的静态路由，输入以下命令。

```
R3(config)# ip route 2.2.2.0   255.255.255.0   192.168.23.2
R3(config)# ip route 1.1.1.0   255.255.255.0   192.168.23.2
```

5．实验调试

在 R3 的特权模式上，使用 show ip route 命令进行路由配置情况的查看，如图 6.15 所示。

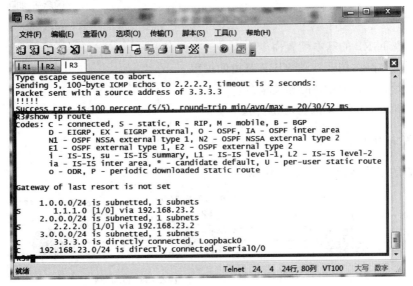

图 6.15　在 R3 上查看路由配置情况

以上输出中，S 代表的路由即静态路由条目，C 代表的是直连路由条目。

6．实验测试

（1）测试设备间的连通性。在 R3 上使用 ping 1.1.1.1 source 3.3.3.3 和 ping 2.2.2.2 source 3.3.3.3 命令，并回车，如图 6.16 所示。

（2）实验测试结论：以上如图 6.16 所示的输出结果，可以表明三台路由器设备间已连通。

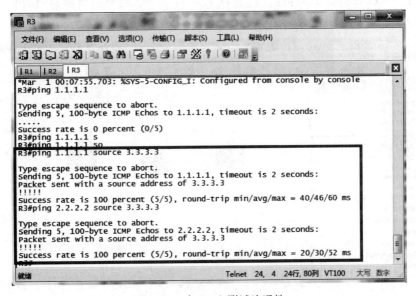

图 6.16　在 R3 上测试连通性

6.2   IGRP 的基本配置

1. 实验目的

（1）掌握 IGRP 的基本配置命令。
（2）了解在路由器上启动 IGRP 路由的进程。
（3）查看和调试 IGRP 的相关信息。
（4）掌握用 GNS3 模拟器搭建实验环境。

2. 实验拓扑

本实验的拓扑结构如图 6.17 所示。

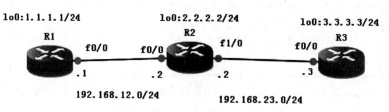

图 6.17   IGRP 实验拓扑结构图

3. 实验环境

本实验采用 GNS3 模拟软件完成，模拟实验的软件版本为 0.8.3.1，不同版本略有差异。

4. 实验步骤

步骤 1：在 GNS3 模拟器界面左边选择 Router c7200 系列路由器，并拖出 3 台路由器至右边编辑窗口处，如图 6.18 所示。

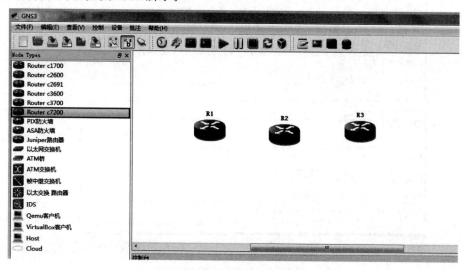

图 6.18   在 GNS3 模拟器中选择路由器

步骤 2：为设备添加模块和端口。

（1）双击 R1，在弹出的"节点配置"对话框中，选中 R1，如图 6.19 所示。

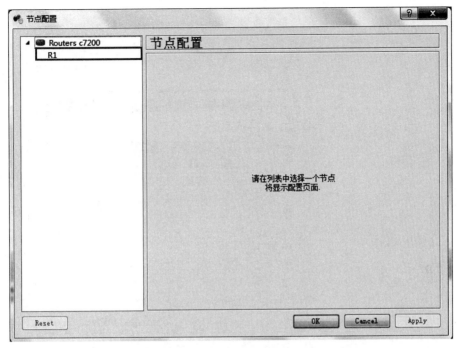

图 6.19 "节点配置"对话框

（2）选中 R1 后，然后在右边的"R1 节点"里面选择"插槽"选项卡，如图 6.20 所示。

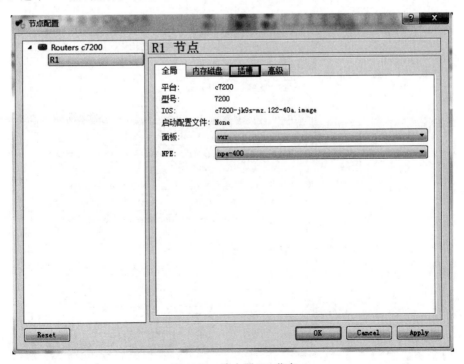

图 6.20 路由器 R1 节点

（3）选择在"适配卡"框中的 slot 0，在下拉菜单中选择对应端口的模块，这里选择第一个模块 C7200-IO-FE，如图 6.21 所示。

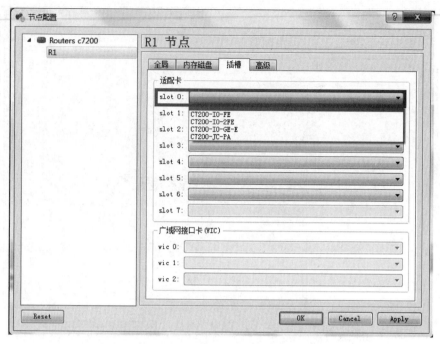

图 6.21 路由器 R1"适配卡"选项

（4）选择模块 C7200-IO-FE 后，先单击右下角的 Apply 按钮，再单击 OK 按钮，如图 6.22 所示。

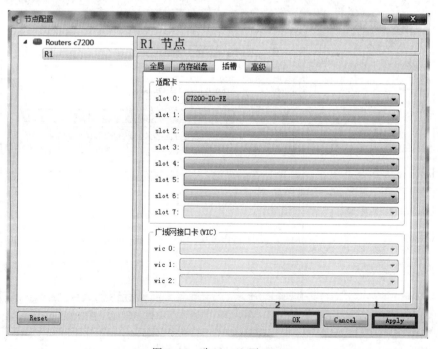

图 6.22 先 Apply 再 OK

步骤 3：R2，R3 两台路由器用步骤 2 的操作方法，其中，R2 添加的模块类型是 C7200-IO-2FE，如图 6.23 所示。

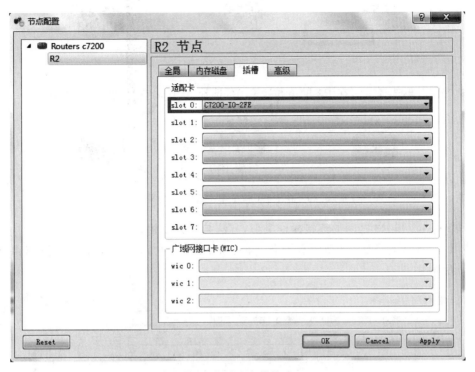

图 6.23　路由器 R2 的适配卡模块为 C7200-IO-2FE

步骤 4：设备连线。

（1）选择菜单栏里面的"添加连接"标志，在下拉菜单中选择 Manual 手动连线方式，如图 6.24 所示。

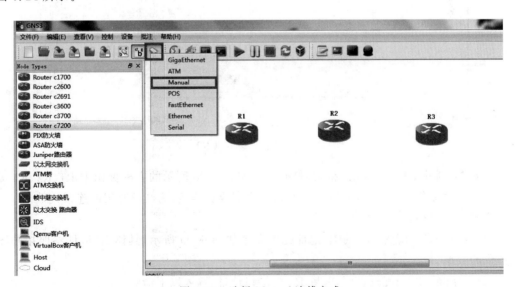

图 6.24　选择 Manual 连线方式

（2）单击 R1，在弹出菜单中选择 f0/0 端口，如图 6.25 所示。

图 6.25   选择 f0/0 端口

（3）然后，再选择 R2，在 R2 的下拉菜单中，选择 f0/0 端口，如图 6.26 所示。

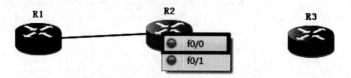

图 6.26   在 R2 下拉菜单中选择 f0/0 端口

步骤 5：R2 和 R3 之间的连接操作类似，方法与步骤 4 相同。

步骤 6：连线完毕后，启动所有设备，并打开 SecureCRT，接下来准备配置路由器，如图 6.27 所示。

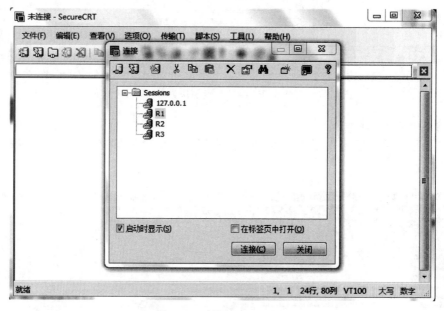

图 6.27   打开 SecureCRT

步骤 7：新建 R1、R2、R3 连接，并打开。当如图 6.28 所示的方框标识中 R1、R2、R3 旁边的小竖条为绿色时，表明路由器 R1，R2，R3 之间成功连接，为红色时表明连接失败。

步骤 8：配置路由器。

（1）对 R1 进行配置，R1 的 IP 地址配置命令如图 6.29 所示，具体 IP 地址参照拓扑图中提供的数据。

（2）切换至 R2 的配置页面，配置 R2 的端口地址，输入以下命令。

```
R2(config)#int Fa0/0
```

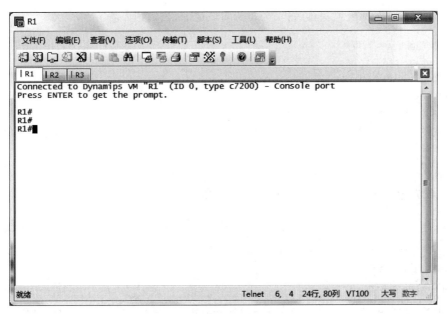

图 6.28　路由器 R1 配置窗口

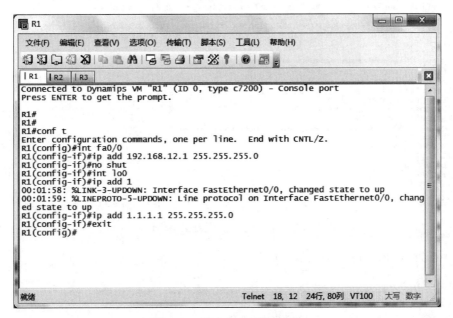

图 6.29　路由器 R1 配置命令

R2(config-if)♯ip add 192.168.12.2　255.255.255.0

R2(config-if)♯no shut

R2(config-if)♯int Fa0/1

R2(config-if)♯ip add 192.168.23.2　255.255.255.0

R2(config-if)♯no shut

R2(config-if)♯exit

R2(config)♯int lo0

R2(config-if)♯ip add 2.2.2.2　255.255.255.0

R2(config-if)♯exit

（3）切换至 R3 的配置页面，配置 R3 的端口地址，输入以下命令。

```
R3(config)#int Fa0/0
R3(config-if)#ip add 192.168.23.3  255.255.255.0
R3(config-if)#no shut
R3(config-if)#exit
R3(config)#int lo0
R3(config-if)#ip add 3.3.3.3  255.255.255.0
R3(config-if)#exit
```

步骤 9：配置 IGRP 路由器。

（1）配置 R1 的 IGRP，输入如图 6.30 所示命令。

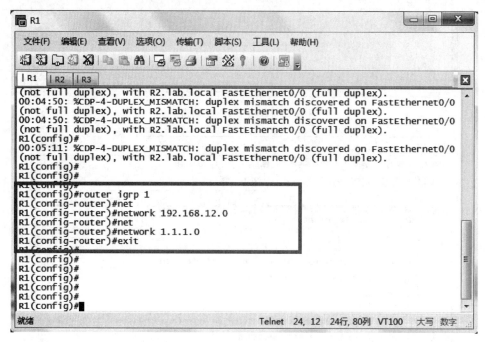

图 6.30　路由器 R1 配置 IGRP

（2）配置 R2 的 IGRP，输入以下命令。

```
R2(config)#router igrp 1
R2(config-router)#network 192.168.12.0
R2(config-router)#network 192.168.23.0
R2(config-router)#network 2.2.2.0
R2(config-router)#exit
```

（3）配置 R3 的 IGRP，输入以下命令。

```
R3(config)#router igrp 1
R3(config-router)#network 192.168.23.0
R3(config-router)#network 3.3.3.0
R3(config-router)#exit
```

5．实验调试

（1）查看路由。

在 R3 的特权模式上，使用 show ip route 命令查看路由，如图 6.31 所示。

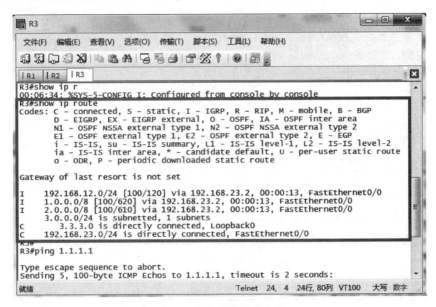

图 6.31　查看配置的路由

以上输出中，I 代表的路由即静态路由条目，C 代表的是直连路由条目。

（2）查看当前正在运行的路由协议的详细信息。

在 R3 的特权模式上，使用 show ip protocols 命令查看当前正在运行的路由协议的详细信息，如图 6.32 所示。

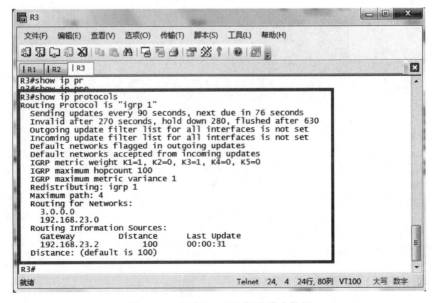

图 6.32　查看 R3 上运行的路由协议

6. 实验验证

验证设备间的连通性,在 R3 上使用 ping 1.1.1.1 和 ping 2.2.2.2 命令,并按回车键。如图 6.33 所示的输出结果可以表明,3 台路由器设备间已连通。

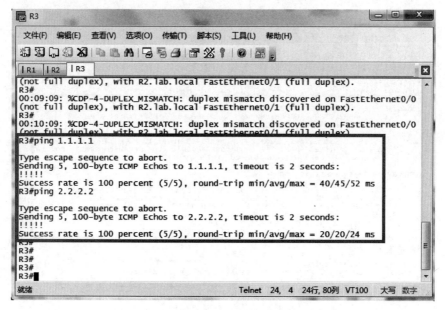

图 6.33　测试连通性

第三部分

网络设备的基本配置

第 7 章
CHAPTER 7 | Cisco 交换机的基本配置

7.1 交换机简介

交换机是局域网中最重要的设备,交换机是基于 MAC 地址进行工作的。与路由器类似,交换机也有 IOS,两者 IOS 的基本使用方法是一样的。本章将简单介绍 Cisco 交换机的基本配置方法、交换机独特的 IOS 恢复步骤、交换机不同配置模式转换,以及交换机的密码丢失解决方案。

7.1.1 Cisco 交换机面板介绍

1. Cisco 2950 交换机前面板

此款交换机的型号是 Cisco Catalyst 2900 系列,属于二层交换机。Cisco 2950 包括 24 个自适应的 10/100Mb/s 以太网端口,如图 7.1 所示。

图 7.1　Cisco 2900 交换机前面板示意图

(1) Cisco 交换机 Mode 按钮的作用。

① 当按下 Mode 按钮 UTIL 灯亮起的时候,右侧的那些端口灯就变成了系统繁忙程度的标尺,橙色的灯表示总的标尺度量,绿色则表示当前的负荷程度,通过它们用户可以方便地看到交换机的负载情况。

② 当按下 Mode 按钮 DUPLX 灯亮起的时候,右侧那些灯又发生了变化,绿色代表全双工模式,不亮的代表半双工模式。

③ 当按下 Mode 按钮 SPEED 灯亮起的时候,绿色代表 100Mb/s,不亮的代表 10Mb/s。

④ 当按下 Mode 按钮 STAT 灯亮起的时候,绿色代表 100Mb/s 正常,橙色代表 10Mb/s,

不亮代表没接通。

一般情况下,SYSTEM 表示整体系统的状态,绿灯正常,橙色不正常。RPS 表示多余的电源,即有 1 个以上电源的时候来表示电源的状态。

(2) Mode 按钮的三种状态。

① STAT(状态,States)。

② UTL(利用率,Utilization)。

③ FDUP(全双工,Full Duplex)。

(3) 24 个以太网端口从左到右依次命名为 FastEthernet0/1、FastEthernet0/2、…、FastEthernet0/24。

2. Cisco 2950 交换机后面板

Cisco 2950 交换机后面板如图 7.2 所示。

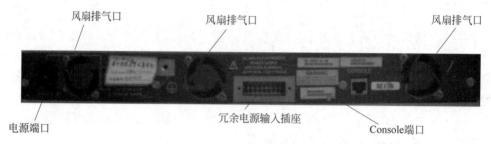

图 7.2　Cisco 2950 交换机后面板

3. Cisco 3550 交换机前面板

Cisco 3550 交换机前面板如图 7.3 所示。

图 7.3　Cisco 3550 交换机前面板

(1) 以太网端口。

24 个以太网端口编号是从上到下,从左到右依次命名为 FastEthernet0/1、FastEthernet0/2、…、FastEthernet0/24。

(2) GBIC 插槽。

GBIC 是 Gigabit Interface Converter 的缩写,是将千兆位电信号转换为光信号的端口器件,设计上可以为热插拔使用。GBIC 是一种符合国际标准的可互换产品。采用 GBIC 端口设计的千兆位交换机由于互换灵活,在市场上占有较大的市场份额。

如图 7.3 所示的 GBIC 插槽中是两个千兆以太网端口,从左到右依次命名为 GigabitEthernet0/1、GigabitEthernet0/2。

4. Cisco 3550 交换机后面板

Cisco 3550 交换机后面板如图 7.4 所示。

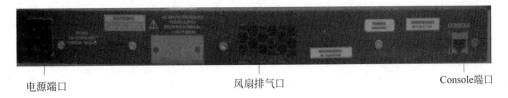

电源端口　　　　　　　　　　　　　风扇排气口　　　　　　　　　　Console端口

图 7.4　Cisco 3550 交换机后面板

7.1.2　交换机工作原理

1. 交换机的概念

交换(Switching)是按照通信两端传输信息的需要,用人工或设备自动完成的方法,把要传输的信息送到符合要求的相应路由上的技术的统称。那么,交换机的定义是什么? 广义的交换机(Switch)就是指一种在通信系统中完成信息交换功能的设备。根据工作位置的不同,可以分为广域网交换机和局域网交换机。

为了弄清楚交换机的工作原理,先来了解集线器(Hub)的工作原理。集线器的工作机理是基于广播方式传送,无论是从哪一个端口接收到什么类型的信息包,都以广播的形式将信息包发送给其余的所有端口,由连接在这些端口上的网卡(NIC)判断处理这些信息,符合的留下处理,否则丢弃掉,这样很容易产生广播风暴,当网络规模较大时网络性能会受到很大的影响。从它的工作状态看,集线器的执行效率比较低在于它是将信息包发送到了所有端口,安全性差在于所有的网卡都能接收到,只是非目的地网卡丢弃了信息包。而且一次只能处理一个信息包,在多个端口同时出现信息包的时候就出现碰撞,信息包按照串行进行处理,不适合用于较大的网络主干中。也就是说,在这种工作方式下,同一时刻网络上只能进行一组数据帧的通信,如果发生碰撞还得重试。这种方式是一种共享网络带宽模式。

2. 交换机的工作原理

在计算机网络系统中,交换概念的提出改进了共享工作模式。交换机是工作在 OIS 模型当中的数据链路层。交换机拥有一条很高带宽的背部总线和内部交换矩阵。交换机的所有端口都挂接在这条背部总线上,控制电路收到数据包以后,处理端口会查找内存中的地址对照表以确定目标 MAC(网卡的硬件地址)的 NIC(网卡)挂接在哪个端口上,通过内部交换矩阵迅速将数据包传送到目标端口,目标 MAC 若不存在,则广播到所有的端口。接收端口回应后交换机会"学习"新的地址,并把它添加到内部 MAC 地址表中。使用交换机也可以把网络"分段",通过对照 MAC 地址表,交换机只允许必要的网络流量通过交换机。通过交换机的过滤和转发,可以有效地减少冲突域,但它不能划分网络层广播,即广播域。交换机在同一时刻可进行多个端口对之间的数据传输。每一端口都可视为独立的网段,连接在其上的网络设备独自享有全部的带宽,无须同其他设备竞争使用。假使你使用的是一个 10Mb/s 的以太网交换机,那么该交换机这时的总流通量就等于 $2 \times 10\text{Mb/s} = 20\text{Mb/s}$,而使用 10Mb/s 的共享式集线器时,一个集线器的总流通量也不会超出 10Mb/s。总之,交换机是一种基于 MAC 地址识别,能完成封装转发数据包功能的网络设备。交换机可以"学习"MAC 地址,并把其存放在内部地址表中,通过在数据帧的始发者和目标接收者之间建立临时的交换路径,使数据帧直接由源地址到达目的地址。

7.1.3 局域网交换机 IOS 简介

Cisco Catalyst 系列交换机所使用的操作系统是 IOS 或 COS(Catalyst Operating System)。其中以 IOS 使用最为广泛,该操作系统和路由器所使用的操作系统都基于相同的内核和 Shell。COS 的优点在于命令体系比较易用。

IOS 是一种特殊的软件,可以利用 IOS 操作系统所提供的命令,实现对 Cisco 交换机和路由器的配置与管理,令其将信息从一个网络路由或桥接至另外一个网络。IOS 是思科路由器和交换机产品的"力量之源"。正是由于 IOS 的存在,才使得思科路由器和交换机有了强大的生命力。

7.1.4 超级终端的安装

超级终端是一个通用的串口交互软件,很多嵌入式应用的系统有与之交换的相应程序,通过这些程序可以通过超级终端与嵌入式系统或者通信设备系统进行交互,使超级终端成为这些系统的"显示器"。默认情况下,Windows 2013 不会安装超级终端,需要自己手动进行安装。

安装超级终端的方法如下。

1. 用光盘安装

将 Windows 2013 系统光盘放入光驱,单击"开始"→"所有程序"→"控制面板"→"添加删除程序"→"添加删除 Windows 组件"→"附件和工具"→"详细信息"→"通信"→"详细信息"→勾选"超级终端",按提示安装即可。

2. 直接用超级终端软件安装

单击"开始"→"所有程序"→"控制面板"→"添加删除程序"→"添加删除 Windows 组件"→"附件和工具"→"详细信息"→"通信"→"详细信息"→勾选"超级终端",按提示选择超级终端软件的存储位置安装即可。

7.2　交换机基本管理方法

网络设备的管理方式可以简单地分为带内管理和带外管理两种管理模式。带内管理，是指网络的管理控制信息与用户网络的承载业务信息通过同一个逻辑信道传送，简言之，就是占用业务带宽；而在带外管理模式中，网络的管理控制信息与用户网络的承载业务信息在不同的逻辑信道传送，也就是设备提供专门用于管理的带宽。

7.2.1　通过交换机带外管理（交换机 Console 端口配置）

目前很多高端的交换机都带有带外网管端口，使网络管理的带宽和业务带宽完全隔离，互不影响，构成单独的网管网。通过交换机 Console 口管理是最常用的带外管理方式，通常用户会在首次配置交换机或者无法进行带内管理时使用带外管理方式。带外管理方式也是使用频率最高的管理方式。带外管理的时候，可以采用 Windows 操作系统自带的超级终端程序来连接交换机，当然，用户也可以采用自己熟悉的终端程序。Console 口也叫配置口，用于接入交换机内部对交换机做配置；Console 线即交换机包装箱中的标配线缆，用于连接 Console 口和配置终端。

1. 操作步骤

步骤 1：认识交换机端口。

步骤 2：连接 Console 线。

将 PC 的串口和交换机的 Console 口用 Console 线（反转线）按如图 7.5 所示连接，拔插 Console 线时注意保护交换机的 Console 口和 PC 的串口，避免带电拔插。

步骤 3：使用超级终端连入交换机。

（1）打开微软视窗系统，单击"开始"→"程序"→"附件"→"通信"→"超级终端"。

（2）为建立的超级终端连接取名字。

单击"超级终端"后，出现如图 7.6 所示界面，输入新建连接的名称，系统会为用户把这个连接保存在附件中的通讯栏中，以便于用户的下次使用，输入名称后单击"确定"按钮。

图 7.5　交换机配置连接图

图 7.6　超级终端的启动

（3）选择所使用的端口号。

第一行的"DCS-3926S"是上一个对话框中填入的"名称"，最后一行的"连接时使用"的默认设置是连接在 COM1 口上，单击下拉菜单，还有其他的选项，视用户实际连接的端口而定，如图 7.7 所示。

（4）设置端口属性。

单击图 7.8 右下方的"还原为默认值"按钮，每秒位数为 9600，数据位为 8，奇偶校验为"无"，停止位为 1，数据流控制为"无"。

图 7.7　选择串行端口

图 7.8　COM1 属性设置

（5）如果 PC 串口与交换机的 Console 口连接正确，只要在超级终端中按 Enter 键，将会看到如图 7.9 所示界面，此界面表示已经进入了交换机配置窗口，此时已经可以对交换机输入指令进行查看了。

（6）用户已经成功进入交换机的配置界面，可以对交换机进行必要的配置。例如，show version 命令可以查看交换机的软硬件版本信息。

（7）使用 show running 命令可查看交换机当前配置情况。

2．课后练习

（1）如果你的笔记本电脑上没有能连接 Console 线的串口，那么可以在计算机配件市场上购买一根 USB 转串口的线缆，在自己的计算机上安装该线缆的驱动程序，使用计算机的 USB 口对交换机进行带外管理。

（2）熟悉常用命令。

```
show                    //显示命令
show version            //显示交换机版本信息
show flash              //显示保存在 Flash 中的文件及大小
show arp                //显示 ARP 映射表
show history            //显示用户最近输入的历史命令
show rom                //显示启动文件及大小
```

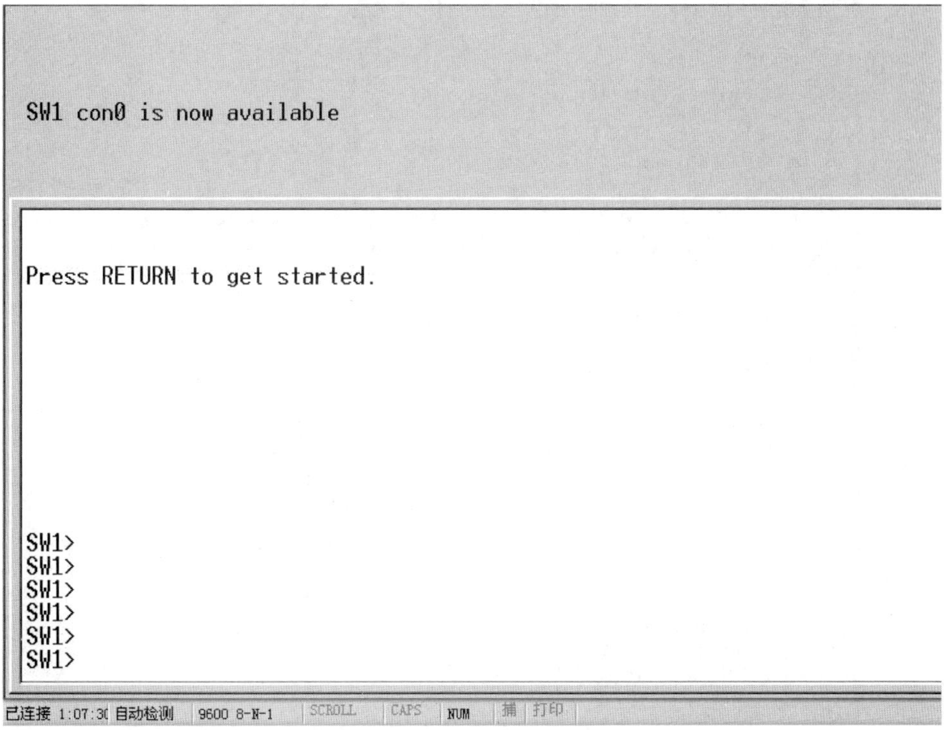

图 7.9　交换机配置界面

```
show running-config          //显示当前运行状态下生效的交换机参数配置
show startup-config          //显示当前运行状态下写在 Flash Memory 中的交换机参数配置,
                             //通常也是交换机下次上电启动时所用的配置文件
show switchport interface    //显示交换机端口的 VLAN 端口模式和所属 VLAN 号及交换机
                             //端口信息
show interface ethernet 0/0/1  //显示指定交换机端口的信息
```

3. 相关配置命令详解

1) show running-config

功能：显示当前运行状态下生效的交换机参数配置。

默认情况：对于正在生效的配置参数,如果与默认工作参数相同,则不显示。

命令模式：特权用户配置模式。

使用指南：当用户完成一组配置后,需要验证是否配置正确,则可以执行 show running-config 命令来查看当前生效的参数。

举例：

在如图 7.9 所示窗口中输入 Switch♯show running-config 命令,如图 7.10 所示。

2) show version

功能：显示交换机版本信息。

命令模式：特权用户配置模式。

使用指南：通过查看版本信息可以获知硬件和软件所支持的功能特性。

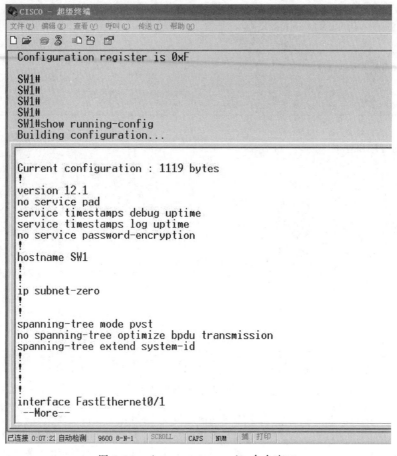

图 7.10 show running-config 命令窗口

举例：

switch♯show version 命令，如图 7.11 所示。

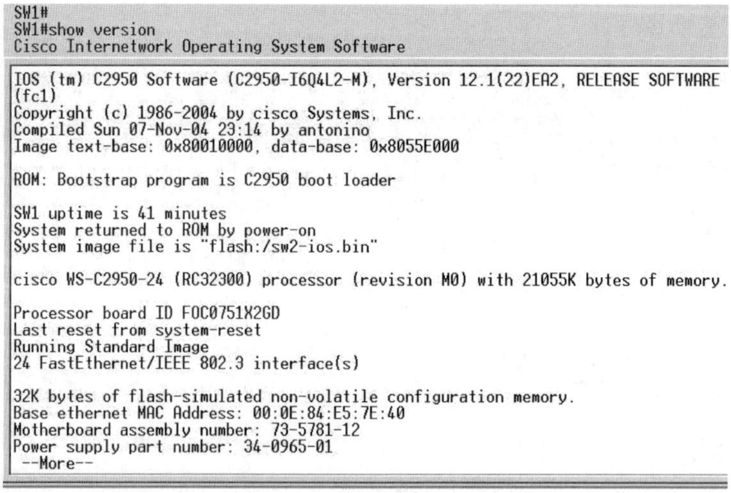

图 7.11 show version 命令窗口

7.2.2　通过 Telnet 方式配置

Telnet 方式和 7.2.3 节实验中的 Web 方式都是交换机的带内管理方式。提供带内管理方式可以使连接在交换机中的某些设备具备管理交换机的功能。当交换机的配置出现变更,导致带内管理失效时,必须使用带外管理对交换机进行配置管理。

1. 应用环境

假如学校有 20 台交换机支撑着校园网的运营,这 20 台交换机分别放置在学校的不同位置。作为网络管理员需要对这 20 台交换机进行管理,通过前面学习的知识,我们可以通过带外管理的方式也就是通过 Console 口去管理,那么管理员需要捧着自己的笔记本电脑,并且带着 Console 线去学校的不同位置调试每台交换机,十分麻烦。校园网既然是互联互通的,在网络的任何一个信息点都应该能访问其他的信息点,为什么不通过网络的方式调试交换机呢? 所以,通过 Telnet 方式或者 Web 方式,网络管理员就可以坐在办公室中调试全校所有的交换机。

2. 通过 Telnet 方式配置所需的前提条件

(1) 按照设计拓扑图连接网络。
(2) PC 和交换机的 24 口用网线相连。
(3) 设置交换机的管理 IP 地址,如 192.168.1.100/24。
(4) 设置 PC 网卡 IP 地址,如 192.168.1.101/24。

3. 利用 Telent 登录到以太网交换机的操作步骤

步骤 1:通过 Telnet 登录以太网交换机之前,需要通过控制台端口在交换机配置想登录 VTY 的用户名和认证口令,如图 7.12 所示。

```
SW1(config)#
SW1(config)#line vty 0 4
SW1(config-line)#password zheda
SW1(config-line)#exec-timeout 15 0
SW1(config-line)#login
SW1(config-line)#exit
SW1(config)#enable password xyz
SW1(config)#exit
SW1#
01:55:06: %SYS-5-CONFIG_I: Configured from console by console
```

图 7.12　配置登录用户名和认证口令

步骤 2:配置 VLAN,使用 VLAN 端口的 IP 地址,如图 7.13 所示。
步骤 3:建立配置环境,将 PC 以太网端口同局域网与以太网交换机的以太网端口连接。
步骤 4:设置 PC 的 TCP/IP 属性,在本实验中要与交换机的 IP 地址在同一个网段,如图 7.14 所示。
步骤 5:验证主机与交换机的连通性。

```
SW1#
SW1#
SW1#config
Configuring from terminal, memory, or network [terminal]?
Enter configuration commands, one per line.  End with CNTL/Z.
SW1(config)#int vlan 1
SW1(config-if)#exit
SW1(config)#interface vlan 1
SW1(config-if)#ip address 192.168.1_100 255.255.255.0

% Invalid input detected at '^' marker.

SW1(config-if)#ip address 192.168.1.100 255.255.255.0
SW1(config-if)#no shutdown
SW1(config-if)#exit
SW1(config)#
01:44:17: %LINK-3-UPDOWN: Interface Vlan1, changed state to up
01:44:18: %LINEPROTO-5-UPDOWN: Line protocol on Interface Vlan1, changed state t
o up
SW1(config)#exit
SW1#
01:44:22: %SYS-5-CONFIG_I: Configured from console by console
```

图 7.13   配置 VLAN 及端口 IP 地址

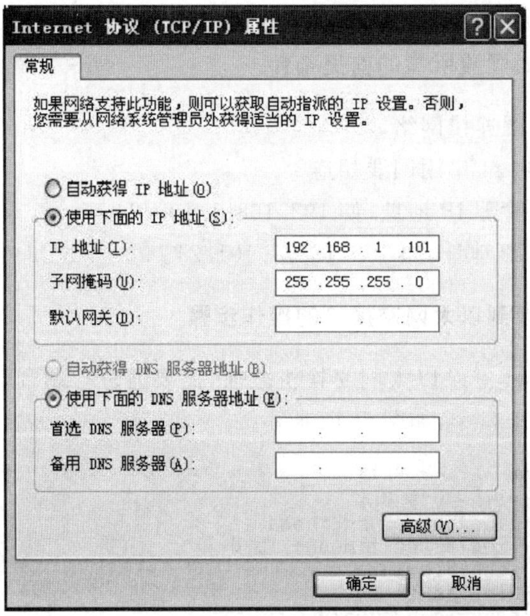

图 7.14   设置 PC 的 TCP/IP 属性

方法一：在 PC 的 DOS 命令行中 Ping 以太网交换机，出现以下显示表示已经连通，如图 7.15 所示。

方法二：在以太网交换机中 Ping 主机，快速出现五个"!"表示已经连通，如图 7.16 所示。

步骤 6：利用 Telent 登录以太网交换机进行其他相关配置操作。

方法一：可以利用超级终端进行远程登录。

打开 PC，选择"开始"→"程序"→"附件"→"通信"→"超级终端"，弹出"连接描述"对话框，在"名称"文本框中输入连接名称，如图 7.17 所示。

```
C:\Documents and Settings\Administrator>ping 192.168.1.100

Pinging 192.168.1.100 with 32 bytes of data:

Reply from 192.168.1.100: bytes=32 time=3ms TTL=255
Reply from 192.168.1.100: bytes=32 time=2ms TTL=255
Reply from 192.168.1.100: bytes=32 time=1ms TTL=255
Reply from 192.168.1.100: bytes=32 time=1ms TTL=255

Ping statistics for 192.168.1.100:
    Packets: Sent = 4, Received = 4, Lost = 0 (0% loss),
Approximate round trip times in milli-seconds:
    Minimum = 1ms, Maximum = 3ms, Average = 1ms

C:\Documents and Settings\Administrator>
```

图 7.15　DOS 命令窗口

```
SW1>
SW1>en
Password:
Password:
SW1#ping 192.168.1.100

Type escape sequence to abort.
Sending 5, 100-byte ICMP Echos to 192.168.1.100, timeout is 2 seconds:
!!!!!
Success rate is 100 percent (5/5), round-trip min/avg/max = 1/3/4 ms
SW1#
```

图 7.16　测试连通性

图 7.17　"连接描述"对话框

单击"确定"按钮后，再弹出"连接到"对话框，在"连接时使用"选项中选择 TCP/IP
(Winsock)选项，并在 PC 地址中输入 VLAN1 所设置的 IP 地址，如图 7.18 所示。

确定之后，在屏幕上会出现 User Access Verification 提示，要求输入口令。这里输入
"zheda"，此时口令不显示，如图 7.19 所示。远程登录后进入特权模式时，输入"Enable"后
还要输入"xyz"(不显示)口令，这样在 PC 上就可以对该交换机进行配置了，与通过控制台
端口进行配置一样。

方法二：利用 Telnet 程序进行登录。

打开 Windows 系统程序，单击"开始"菜单打开"运行"对话框，运行 Windows 自带的
Telnet 客户端程序，并指定 Telnet 的目标地址，如图 7.20 所示。

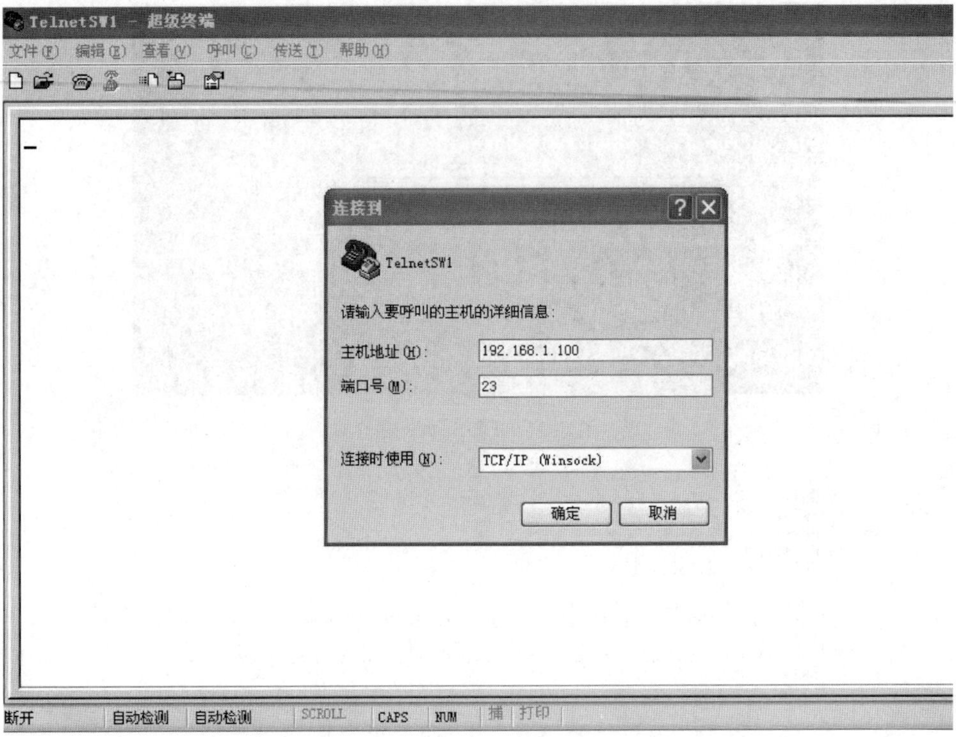

图 7.18　"连接到"对话框

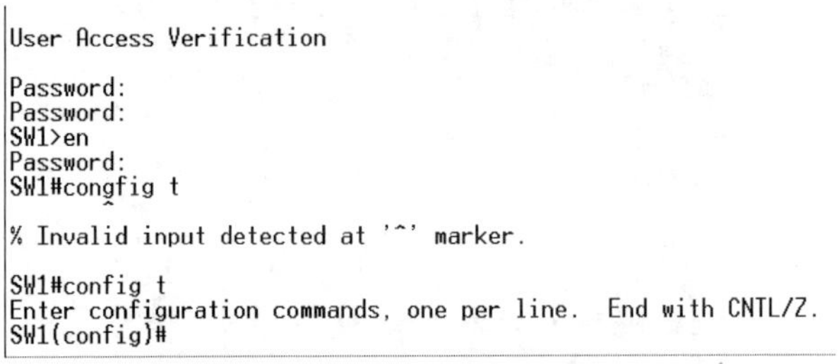

```
User Access Verification

Password:
Password:
SW1>en
Password:
SW1#congfig t
             ^
% Invalid input detected at '^' marker.

SW1#config t
Enter configuration commands, one per line.  End with CNTL/Z.
SW1(config)#
```

图 7.19　超级终端成功登录窗口

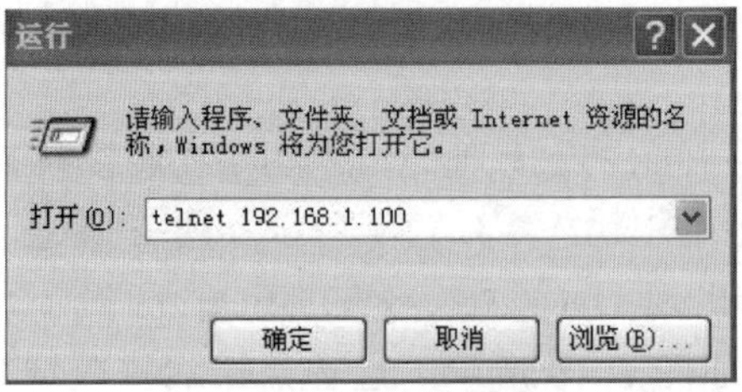

图 7.20　"运行"对话框

　　同样,确定之后,在屏幕上会出现 User Access Verification 提示,要求输入口令,这里输入"zheda",此口令不显示,如图 7.21 所示。远程登录后进入特权模式时,输入"Enable"后还要输入"xyz"(不显示)口令,这样在 PC 上就可以对该交换机进行配置了,与通过控制台端口进行配置一样。

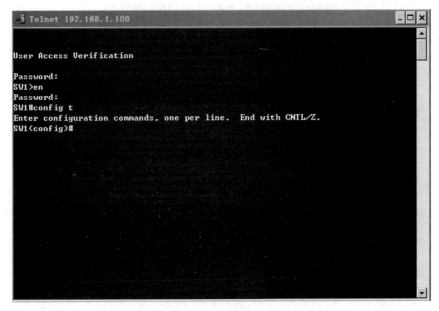

图 7.21　Telnet 成功登录窗口

实验注意事项：

若输入 3 次口令都不正确，则无法进入特权配置模式对交换机做相关配置。

7.2.3　通过 Web 方式配置

Web 方式，也叫作 HTTP 方式，与 Telnet 方式一样都属于交换机的带内管理方式，都可以使网络管理员坐在办公室中不动地方地调试全校所有的交换机。Web 方式比较简单，如果不习惯 CLI 界面的配置方式，就可以采用 Web 方式配置。不过，CLI 界面还是主流的配置方式，建议读者要重视学习 CLI 界面。

利用 Web 登录到以太网交换机的操作步骤如下。

步骤 1：给交换机配置管理 IP 地址（参考"通过 Telnet 方式配置"步骤 1）。

步骤 2：启动交换机 Web 服务器。

步骤 3：设置交换机授权 HTTP 用户。

步骤 4：配置 PC 的 IP 地址（参考"通过 Telnet 方式配置"步骤 4）。

实验注意事项：

本实验中要与交换机的 IP 地址在一个网段。

步骤 5：验证 PC 与交换机是否连通（参考"通过 Telnet 方式配置"步骤 5）。

方法一：在交换机 IOS 中，使用 Ping 命令测试与主机的连通性。

方法二：在 PC 的 DOS 命令中，使用 Ping 命令测试与交换机的连通性。

步骤 6：使用 Web 方式登录。

打开 Windows 系统程序，单击"开始"菜单打开"运行"对话框，运行 Windows 自带的 Telnet 客户端程序，并指定 Telnet 的目标地址，如图 7.22 所示。

同样，确定之后，进入如图 7.23 所示的登录界面，要求输入用户名和口令。

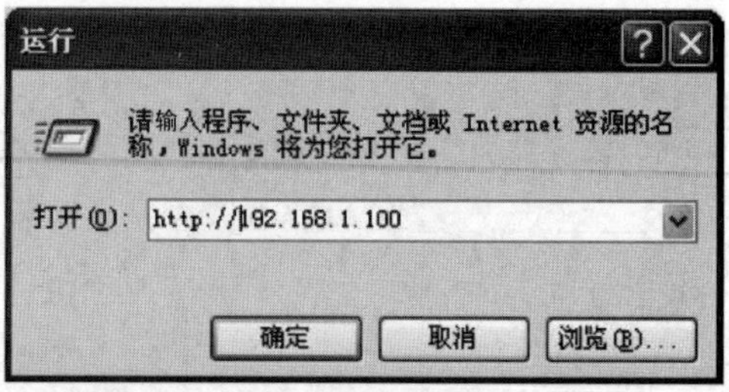

图 7.22 "运行"对话框

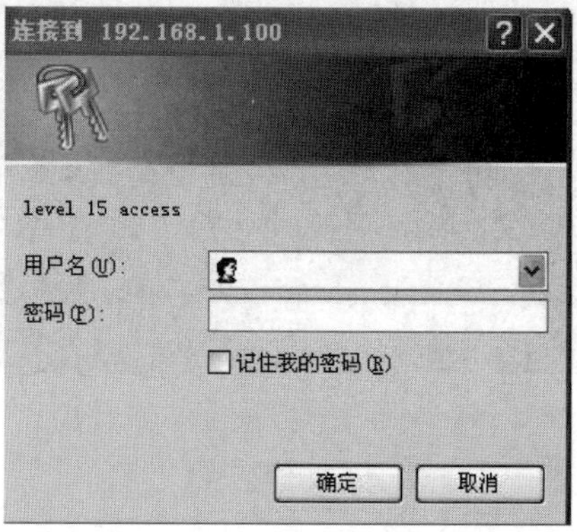

图 7.23 Web 登录连接

　　输入账号口令远程登录后,就可以基于 Web 方式对该交换机进行配置了,与通过控制台端口进行配置与管理一样,如图 7.24 所示。

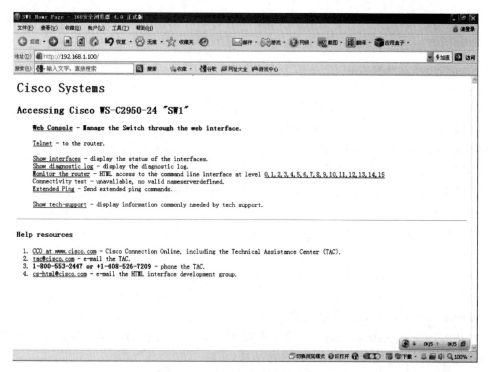

图 7.24 Web 方式成功登录窗口

7.3　交换机恢复出厂设置

1. 应用环境

1）实际环境下

假如某学院教学楼的一台汇聚层交换机坏了,网络管理员把实验楼的一台汇聚层交换机拿过去先用着。这台交换机配置时是按照实验楼实际环境设置的,管理员需要改成教学楼的环境,一条一条修改配置比较麻烦,也不能保证正确,不如清空交换机的所有相关配置,于是恢复到刚刚出厂的状态,就需要用到相关的操作。

再如,网络管理员在配置一台型号为 DCS-2950 的交换机,做了很多功能的配置,完成之后发现它不能正常工作。问题出在哪里了? 检查了很多遍都没有发现问题的所在之处。排错的难度远远大于重新做配置,不如清空交换机的所有配置,恢复到刚刚出厂的状态。

2）实验环境下

7.2 节网络实验室课的同学们刚刚做完网络配置实验,已经离开实验室。桌上的交换机他们已经配置过了,实验老师通过 show running-config 命令发现他们对交换机做了很多的配置,有些能看明白,有些看不明白。为了不影响接下来的实验课,必须把他们做的配置都删除,最简单的方法就是清空配置,恢复到刚刚出厂的状态,让交换机的配置成为一张白纸,这样同学们就能按照自己的思路进行网络配置实验,也能更清楚地了解自己的配置是否生效,是否正确。

清空交换机的配置方法如下。

```
Sw1 > enable                        !进入特权用户配置模式
Sw1 #
Sw1 # cofig t                       !进入全局模式
Sw1(config) #
Sw1(config) # erase startup - config  !先删除配置文件
Sw1(config) # reload                !重启交换机
```

2. 实验目的

（1）了解思科交换机的文件管理。

（2）了解思科交换机恢复出厂设置的方法。

3. 实验设备

（1）思科 2950 交换机一台。

（2）计算机一台。

（3）Console 反转线一根。

4. 实验拓扑图

本实验拓扑图如图 7.25 所示。

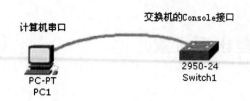

计算机串口　　　　　　交换机的Console接口

2950-24
Switch1

PC-PT
PC1

通过Console接口配置交换

图 7.25　交换机复位实验拓扑图

5. 实验要求

(1) 先给交换机设置 Enable 密码，验证密码设置成功。

(2) 对交换机做恢复出厂设置，重新启动后发现密码已注销，表明交换机恢复出厂设置成功。

6. 实验步骤

步骤 1：为交换机设置 Enable 密码。

```
Switch > enable
Switch # config t
Enter configuration commands, one per line.   End with CNTL/Z.
Switch(config) # enable secret weilei
Switch(config) #
Switch(config) # exit
Switch #
00:03:52: % SYS - 5 - CONFIG_I: Configured from console by console
Switch # exitSwitch(config) # exit
Switch # write
Switch #
```

步骤 2：验证密码配置。

(1) 验证方法一：重新进入交换机。

```
Switch con0 is now available
Press RETURN to get started
Switch > en
Password:
Switch # % Unknown command or computer name, or unable to find computer address
Switch >
Switch # config t
Enter configuration commands, one per line.   End with CNTL/Z.
Switch(config) #
```

(2) 验证方法二：用 show 命令查看。

```
Switch # config t
Enter configuration commands, one per line.   End with CNTL/Z.
Switch(config) # exit
```

```
Switch#
Switch# show running-config
Building configuration...
Current configuration : 1118 bytes
!
version 12.1
no service pad
service timestamps debug uptime
service timestamps log uptime
no service password-encryption
!
hostname Switch
!
enable secret 5 $1$AJVm$yGGoynffGVtGZjE7490c90       //明码 weilei 的密文
!
ip subnet-zero
!
!
spanning-tree mode pvst
no spanning-tree optimize bpdu transmission
spanning-tree extend system-id
!
!
!
!
-- More --
```

步骤 3：清空交换机的配置方法如下。

```
Sw1 > enable                              !进入特权用户配置模式
Sw1#
Sw1# cofig t                              !进入全局模式
Sw1(config)#
Sw1(config)# erase startup-config         !先删除配置文件
Sw1(config)# reload                       !重启交换机
```

7.4　交换机 IOS 文件备份、恢复、升级

　　前面介绍过,IOS 就像是交换机的操作系统,没有它交换机虽然能正常启动,但是不能根据实际需要进行适当的配置。在实验过程中,有时不小心会把交换机中的 IOS 文件误删掉,或者交换机的 IOS 版本比较低,不能适合实验的需要,可以考虑刷新交换机的 IOS 文件。

　　获取某型号交换机的 IOS 文件(以. bin 为后缀名的类型文件)一般有两个途径。途径一是在网上下载。例如,下载 Cisco 2900 交换机 IOS 文件,可在网站 http://www.net130.com/CMS/ Pub/soft/soft_ios/index.htm 下载。途径二是使用思科 Cisco-TFTP 软件,从同型号的交换机中下载相应的 IOS 文件。当然,下载前一定要在计算机中先安装 Cisco-TFTP。Cisco TFTP 软件是一款支持多进程的 FTP 服务器管理工具,特别适合高负载的文件下载

服务,并支持多种版本的操作系统。具体操作步骤如下。

步骤 1:首先从正常交换机上复制出 IOS 文件到 Cisco-TFTP。

用一交叉线连接主机网络端口与交换机端口(一般选 Fa0/1 口),停掉主机的防火墙。将主机 IP 地址可以配为 192.168.1.2。从超级终端进入交换机,进入全局模式输入:

```
switch(config)♯int vlan 1
switch(config-if)♯ip addr 192.168.1.1 255.255.255.0
switch(config-if)♯no shut
switch(config-if)♯end
```

步骤 2:期间 TFTP 服务器要一直开着,主机和交换机互相 Ping 后,进入全局模式。

```
switch (config)♯no ip http server
switch (config)♯end
switch♯copy flash tftp
Loading…
Source filename []? c2950-iq412-mz.121-22.EA8a.bin
Address or name of remote host []? 192.168.1.2
Destination filename [c2950-iq412-mz.121-22.EA8a.bin]?
…
```

执行 switch♯copy flash tftp 命令之后,在"Loading…"之后出现的 Source filename[]? 命令的后面输入要复制的 IOS 文件名,如 c2950-iq412-mz.121-22.EA8a.bin 文件。或者一开始在原交换机特权模式下,使用 show flash 和 dir 命令,查找 flash 中相应目录下的.bin 文件,复制后加在 Source filename[]? 后面。操作后出现 Address or name of remote host []?,在其后输入 tftp 服务器的 IP 地址,如 192.168.1.2。而在 Destination filename []? 命令后面,一般直接选择默认文件,确定完成后,到 TFTP 服务器所提示的目录下即可找到镜像文件。

通过两种途径获得 IOS 文件之后,接下来就可以向交换机中导入 IOS 文件了。接下来的具体步骤如下。

步骤 1:用控制线连接交换机 Console 口与计算机串口 1,用带有 Xmodem 功能的终端软件连接(Windows 2000/XP 的超级终端就带这功能)。

步骤 2:设置连接方式为串口 1(如果连接的是其他串口就选择其他串口),每秒位数为9600,无校验,无数据流控制,停止位为 1。或者使用默认设置也可以。

步骤 3:连接以后计算机会出现交换机无 IOS 的界面,一般的提示符是 Switch:。

步骤 4:拔掉交换机后的电源线。

步骤 5:按住交换机面板左侧的 Mode 按钮(一般交换机就有这一个按钮),插入交换机后边的电源插头给交换机加电。等到看到交换机面板上没有接线的以太口指示灯和交换机的几个系统指示灯都常亮。

步骤 6:在超级终端输入 flash_init 命令,如图 7.26 所示。

步骤 7:在超级终端中出现 CCCC………………后,选择"传送"菜单中的"发送文件"命令,如图 7.27 所示。

步骤 8:在弹出的"发送文件"对话框中,如图 7.28 所示,单击"浏览"按钮找到 IOS 文件的路径。同时,在"协议"选项中选择 Xmodem,如图 7.29 所示。

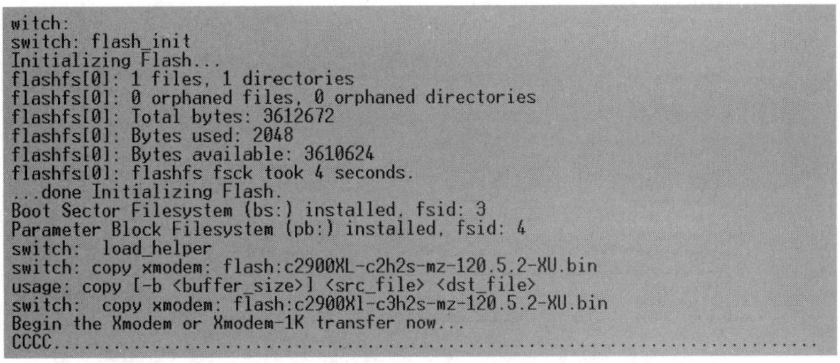
witch:
switch: flash_init
Initializing Flash...
flashfs[0]: 1 files, 1 directories
flashfs[0]: 0 orphaned files, 0 orphaned directories
flashfs[0]: Total bytes: 3612672
flashfs[0]: Bytes used: 2048
flashfs[0]: Bytes available: 3610624
flashfs[0]: flashfs fsck took 4 seconds.
...done Initializing Flash.
Boot Sector Filesystem (bs:) installed, fsid: 3
Parameter Block Filesystem (pb:) installed, fsid: 4
switch: load_helper
switch: copy xmodem: flash:c2900XL-c2h2s-mz-120.5.2-XU.bin
usage: copy [-b <buffer_size>] <src_file> <dst_file>
switch: copy xmodem: flash:c2900Xl-c3h2s-mz-120.5.2-XU.bin
Begin the Xmodem or Xmodem-1K transfer now...
CCCC...

图 7.26　flash_init 命令

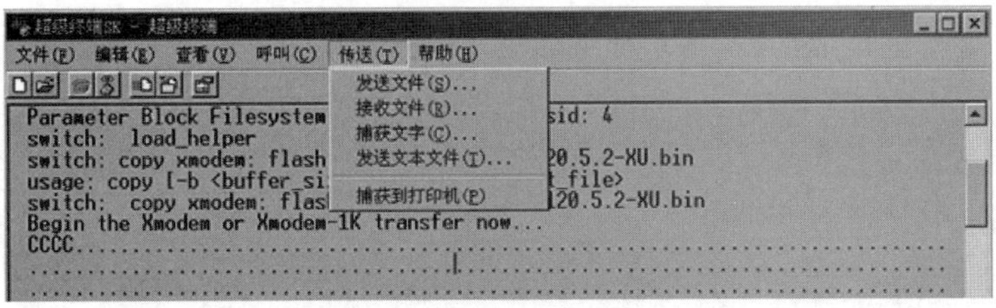
文件(F)　编辑(E)　查看(V)　呼叫(C)　传送(T)　帮助(H)
发送文件(S)...
接收文件(R)...
捕获文字(C)...
发送文本文件(T)...
捕获到打印机(P)
Parameter Block Filesystem
switch: load_helper
Begin the Xmodem or Xmodem-1K transfer now...
CCCC...

图 7.27　“传送”菜单

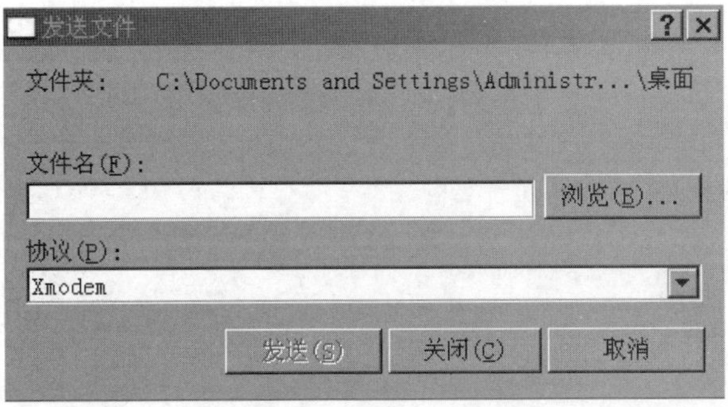
发送文件
文件夹:　C:\Documents and Settings\Administr...\桌面
文件名(F):
浏览(B)...
协议(P):
Xmodem
发送(S)
关闭(C)
取消

图 7.28　“发送文件”对话框

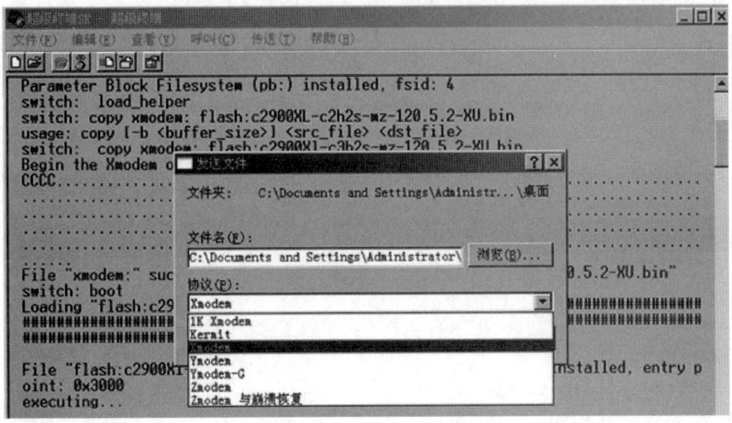
Parameter Block Filesystem (pb:) installed, fsid: 4
switch: load_helper
switch: copy xmodem: flash:c2900XL-c2h2s-mz-120.5.2-XU.bin
usage: copy [-b <buffer_size>] <src_file> <dst_file>
发送文件
文件夹:　C:\Documents and Settings\Administr...\桌面
文件名(F):
C:\Documents and Settings\Administrator\
浏览(B)...
协议(P):
Xmodem
1K Xmodem
Kermit
Xmodem
Ymodem
Ymodem-G
Zmodem
Zmodem 与崩溃恢复
switch: boot
executing...

图 7.29　在“协议”选项中选择 Xmodem

步骤 9：选择了 IOS 路径和协议之后，单击"发送"按钮，如图 7.30 所示。

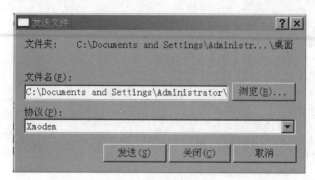

图 7.30　单击"发送"按钮

步骤 10：等待上传成功后，提示如下命令，如图 7.31 所示。

```
......................................................
......................................................
File "xmodem:" successfully copied to "flash:c2900Xl-c3h2s-mz-120.5.2-XU.bin"
switch: boot
Loading "flash:c2900Xl-c3h2s-mz-120.5.2-XU.bin"...############################
############################################################################
########################################################
```

图 7.31　上传成功提示命令行

步骤 11：自动重新启动交换机，如图 7.32 所示。

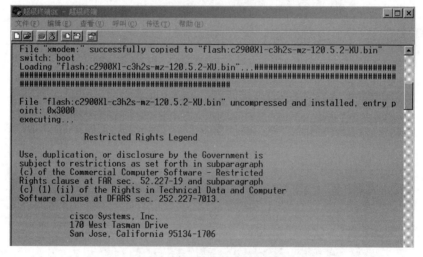

图 7.32　自动重启交换机提示命令

上传 IOS 文件过程中，执行整个一连串命令行，代码如下。

```
witch:
switch: flash_init
Initializing Flash...
flashfs[0]: 1 files, 1 directories
flashfs[0]: 0 orphaned files, 0 orphaned directories
flashfs[0]: Total bytes: 3612672
```

flashfs[0]: Bytes used: 2048

flashfs[0]: Bytes available: 3610624

flashfs[0]: flashfs fsck took 4 seconds.

...done Initializing Flash.

Boot Sector Filesystem (bs:) installed, fsid: 3

Parameter Block Filesystem (pb:) installed, fsid: 4

switch:　load_helper

switch: copy xmodem: flash:c2900XL－c2h2s－mz－120.5.2－XU.bin

usage: copy [－b＜buffer_size＞]＜src_file＞＜dst_file＞

switch:　copy xmodem: flash:c2900Xl－c3h2s－mz－120.5.2－XU.bin

Begin the Xmodem or Xmodem－1K transfer now...

CCCC...

....

....

......

File "xmodem:" successfully copied to "flash:c2900Xl－c3h2s－mz－120.5.2－XU.bin"

switch: boot

Loading "flash:c2900Xl－c3h2s－mz－120.5.2－XU.bin"...###########################
##
###

File "flash:c2900Xl－c3h2s－mz－120.5.2－XU.bin" uncompressed and installed, entry p
oint: 0x3000

executing...

　　　　　　　　Restricted Rights Legend

Use, duplication, or disclosure by the Government is

subject to restrictions as set forth in subparagraph

(c) of the Commercial Computer Software － Restricted

Rights clause at FAR sec. 52.227－19 and subparagraph

(c) (1) (ii) of the Rights in Technical Data and Computer

Software clause at DFARS sec. 252.227－7013.

　　　　　　cisco Systems, Inc.

　　　　　　170 West Tasman Drive

　　　　　　San Jose, California 95134－1706

Cisco Internetwork Operating System Software

IOS (tm) C2900XL Software (C2900XL－C3H2S－M), Version 12.0(5.2)XU, MAINTENANCE IN
TERIM SOFTWARE

Copyright (c) 1986－2000 by cisco Systems, Inc.

Compiled Mon 17－Jul－00 17:35 by ayounes

Image text－base: 0x00003000, data－base: 0x00301F3C

Initializing C2900XL flash...

flashfs[1]: 2 files, 1 directories

flashfs[1]: 0 orphaned files, 0 orphaned directories

flashfs[1]: Total bytes: 3612672

flashfs[1]: Bytes used: 1648128

flashfs[1]: Bytes available: 1964544

flashfs[1]: flashfs fsck took 6 seconds.

flashfs[1]: Initialization complete.

...done Initializing C2900XL flash.

C2900XL POST: System Board Test: Passed

C2900XL POST: Daughter Card Test: Passed

```
C2900XL POST: CPU Buffer Test: Passed
C2900XL POST: CPU Notify RAM Test: Passed
C2900XL POST: CPU Interface Test: Passed
C2900XL POST: Testing Switch Core: Passed
C2900XL POST: Testing Buffer Table: Passed
C2900XL POST: Data Buffer Test: Passed
C2900XL POST: Configuring Switch Parameters: Passed
C2900XL POST: Ethernet Controller Test: Passed
C2900XL POST: MII Test: Passed
cisco WS - C2924 - XL (PowerPC403GA) processor (revision 0x11) with 8192K/1024K byte
s of memory.
Processor board ID FOC0509Z1F3, with hardware revision 0x01
Last reset from power - on
Processor is running Enterprise Edition Software
Cluster command switch capable
Cluster member switch capable
24 FastEthernet/IEEE 802.3 interface(s)
32K bytes of flash - simulated non - volatile configuration memory.
Base ethernet MAC Address: 00:05:32:29:BD:40
Motherboard assembly number: 73 - 3382 - 08
Power supply part number: 34 - 0834 - 01
Motherboard serial number: FOC050902E2
Power supply serial number: PHI050102DN
Model revision number: N0
Motherboard revision number: C0
Model number: WS - C2924 - XL - EN
System serial number: FOC0509Z1F3
C2900XL INIT: Complete
00:00:27: % SYS - 5 - RESTART: System restarted --
Cisco Internetwork Operating System Software
IOS (tm) C2900XL Software (C2900XL - C3H2S - M), Version 12.0(5.2)XU, MAINTENANCE IN
TERIM SOFTWARE
Copyright (c) 1986 - 2000 by cisco Systems, Inc.
Compiled Mon 17 - Jul - 00 17:35 by ayounes

          --- System Configuration Dialog ---
At any point you may enter a question mark '?' for help.
Use ctrl - c to abort configuration dialog at any prompt.
Default settings are in square brackets '[]'.

Continue with configuration dialog? [yes/no]: n
Press RETURN to get started.
Switch>
Switch>
Switch> en
Switch#
```

7.5 交换机 Enable 密码丢失的解决方法

管理交换机是网络管理员的重要职责,为了提高网络的安全性,交换机口令对网络管理来讲是相当重要的,一旦忘记密码将给管理员造成重大的损失。

交换机口令恢复的原理是通过停止引导过程、不使用配置文件的方式实现的。但是不同类型的交换机的操作方法不完全一样,下面列出完整的口令恢复步骤。

1. Catalyst 2950 系列交换机密码恢复

步骤 1:建立 PC 到路由器的物理连接,用 RS-232 Console 线(随交换机带)连接路由器 Console 端口和 PC 的 COM 口。

步骤 2:在计算机上使用超级终端,打开"开始"→"程序"→"附件"→"通信"→"超级终端"→"新建超级终端"。首先为新建连接设置名称;然后设置连接用端口,一般选择 COM1;再设置连接参数,单击"还原为默认值"按钮,设置参数如下:每秒位数为 9600、数据位为 8、奇偶校验为无、停止位为 1、数据流控制为无。

步骤 3:打开交换机电源,开机 30 秒内,按住交换机前面板左下方的 Mode 按钮。

步骤 4:进入 BOOT 模式,显示有 3 个选项,输入"Flash_init"命令,开始初始化交换机 Flash 文件。输入"load_helper"命令,执行"dir flash:"命令显示交换机配置文件。代码如下所示。

```
switch:  dir  flash:
Directory  of  flash: /
2    - rwx  3          < date >      env_vars
3    - rwx  556        < date >      vlan. dat. renamed
4    - rwx  5          < date >      private - config. text. renamed
5    - rwx  1214       < date >      config. tex
6    - rwx  1226       < date >      config. old
7    - rwx  3086336    < date >      sw2 - ios. bin
8    - rwx  336896     < date >      c2950 - diag - mz. 121 - 11r. EA1
9    - rwx  1098       < date >      config. text. renamed
10   - rwx  1220       < date >      config. text          交换机密码 Password 的配
11   - rwx  1300       < date >      vlan. dat             置文件保存的位置
12   - rwx  5          < date >      private - config. text
4306432 bytes available (3435008 bytes used)
```

步骤 5:执行 rename flash:config. text flash:config. old 命令,把 config. text 改为 config.old,替换为含有 passWord 的配置文件。

```
switch:  dir  flash:
Directory  of  flash: /
2    - rwx  3          < date >      env_vars
3    - rwx  556        < date >      vlan. dat. renamed
4    - rwx  5          < date >      private - config. text. renamed
5    - rwx  1214       < date >      config. tex
6    - rwx  1226       < date >      config. old
7    - rwx  3086336    < date >      sw2 - ios. bin
8    - rwx  336896     < date >      c2950 - diag - mz. 121 - 11r. EA1
9    - rwx  1098       < date >      config. text. renamed
10   - rwx  1220       < date >      config. text
11   - rwx  1300       < date >      vlan. dat            修改过的文件
12   - rwx  5          < date >      private - config. old
4306432 bytes available (3435008 bytes used)
```

步骤 6：执行 Boot 命令启动交换机，此命令执行时间稍长些。在出现"Would you like to enter the initial configuration dialog? [yes/no]:"时，输入"no"。然后输入 enable 命令进入交换机特权模式，执行 switch♯rename flash:config.old flash:config.text，将改过来的文件再次改回去。

```
switch:  dir   flash:
Directory   of   flash: /
2    - rwx  3           <date>        env_vars
3    - rwx  556         <date>        vlan.dat.renamed
4    - rwx  5           <date>        private-config.text.renamed
5    - rwx  1214        <date>        config.tex
6    - rwx  1226        <date>        config.old
7    - rwx  3086336     <date>        sw2-ios.bin
8    - rwx  336896      <date>        c2950-diag-mz.121-11r.EA1
9    - rwx  1098        <date>        config.text.renamed
10   - rwx  1220        <date>        config.text
11   - rwx  1300        <date>        vlan.dat            改回来的文件
12   - rwx  5           <date>        private-config.text
4306432 bytes available (3435008 bytes used)
```

步骤 7：执行 copy flash:config.text system:running-config，此命令是复制配置文件到当前系统中，也就是恢复原来交换机配置。

步骤 8：使用 enable password 或 enable secret 命令重新设置密码。

步骤 9：使用 write memory 命令保存配置，重启交换机即可。

2. Catalyst 1900 系列交换机密码恢复

步骤 1：先连接计算机到交换机，使用超级终端。

步骤 2：开机 30 秒内按住 Mode 按钮，按照系统提示，将配置恢复为出厂值。

步骤 3：进入 BOOT 模式，显示有 3 个选项，输入"flash_init"命令，开始初始化 Flash。

步骤 4：当出现"switch：dir flash:Directory of flash:/rename:file exists"的时候，没有提示"Would you like to enter the initial configuration dialog? [yes/no]:"怎么办呢？可以在执行"dir flash:"命令之后，显示系统映像的名字。

```
switch:  dir   flash:
Directory   of   flash: /
2    - rwx  3           <date>        env_vars
3    - rwx  556         <date>        vlan.dat.renamed
4    - rwx  5           <date>        private-config.text.renamed
5    - rwx  1214        <date>        config.tex
6    - rwx  1226        <date>        config.old
7    - rwx  3086336     <date>        sw2-ios.bin
8    - rwx  336896      <date>        c2950-diag-mz.121-11r.EA1
9    - rwx  1098        <date>        config.text.renamed
10   - rwx  1220        <date>        config.text        交换机密码 Password 的配
11   - rwx  1300        <date>        vlan.dat           置文件保存的位置
12   - rwx  5           <date>        private-config.text
4306432 bytes available (3435008 bytes used)
```

步骤 5：用 DEL 命令直接把"config. text，config. text. renamed"删除，即"switch：del flash：config. text / config. text. renamed"，直接删除交换机保存密码的文件。

步骤 6：然后执行 BOOT 或者 reset，重新启动就会出现"Would you like to enter the initial configuration dialog? ［yes/no］:"了，选择 no 就可以用命令 enable 进入特权模式对交换机进行操作了。

步骤 7：使用 enable password 或 enable secret 命令重新设置密码。

步骤 8：使用 copy running-config startup-config 命令或者 Write memory 命令保存当前配置文件，然后重启交换机即可。

7.6　一些常用配置命令介绍

1. 查看当前交换机配置信息

该命令用来显示当前生效的配置参数。用户完成一组配置之后，需要验证是否配置正确时，则可以执行该命令查看当前生效的参数。但对于某些参数，虽然用户已经配置，如果这些参数所在功能没有生效，则不显示。对于某些正在生效的配置参数，如果与默认参数相同，则也不会显示。因此，在设备配置过程和故障排除过程中，查看当前设备信息是必不可少的操作之一，如图 7.33 所示。

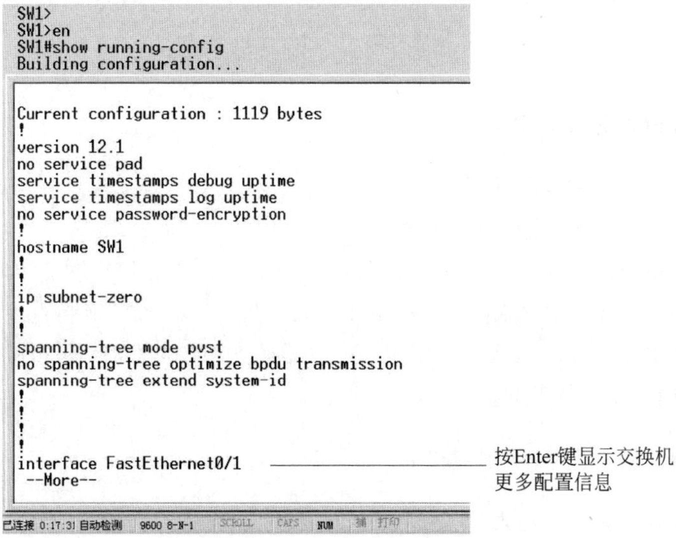

图 7.33　查看交换机当前配置

2. 保存当前配置信息

如图 7.34 所示，该命令用来将 RAM 中的当前配置 running-config 保存到 NVRAM 中的启动配置文件 startup- config 里。当完成一组配置，并且已经达到预定功能时，则应将当前配置保存到 Flash 或 NVRAM 中的配置文件里。否则，在路由器和交换机关机或掉电后，刚才所输入的配置信息将丢失。

```
SW1#
SW1#copy running-config startup-config
```

图 7.34　保存当前配置信息命令

3. 修改之前输入的配置命令参数

要修改之前输入的配置命令的参数,只要用新的参数重新输入该命令,则原来的参数被新的参数覆盖。例如,以前给路由器的 E0 端口输入的 IP 地址是 192.168.84.1,如图 7.35所示。

```
Router>
Router>en
Router#config t
Enter configuration commands, one per line.  End with CNTL/Z.
Router(config)#interface e0
Router(config-if)#ip address 192.168.84.1 255.255.255.0
Router(config-if)#
```

图 7.35　对路由器 E0 端口配置 IP 地址

现在根据需要,要求改成 192.168.85.1,只要重新输入以下命令即可,如图 7.36 所示。

```
Router(config-if)#exit
Router(config)#interface e0
Router(config-if)#ip address 192.168.85.1
% Incomplete command.

Router(config-if)#ip address 192.168.85.1 255.255.255.0
Router(config-if)#
```

图 7.36　修改路由器 E0 端口 IP 地址

4. 删除之前输入的配置命令

如果前面配置的信息不正确,需要修改,可以重新配置一次,这样就可以删除之前配置的信息,之前的配置被新配置的信息覆盖。

例如,前面给路由器 R 的 S0 端口配置了一个错误的 IP 地址和子网掩码,即 192.168.1.1/255.255.255.0,可以重新进入路由器 R 的 S0 端口模式,对该端口再配置一个新的 IP 地址,即 192.168.2.2/255.255.255.0。这样,路由器的 S0 端口的 IP 地址和子网掩码就被新的 IP 地址和子网掩码所代替了。

5. 删除 NVRAM 中的启动配置信息

如图 7.37 所示,该命令用来清除 NVRAM 中的启动配置文件,以保证该设备下次通电启动时使用默认设置。

```
Router#
Router#delete nvram:startup-config
```

图 7.37　删除 NVRAM 配置信息

用户要谨慎使用该命令,该命令一般在以下情况下使用。

(1) 路由器和交换机 IOS 软件升级之后,原保存的配置文件可能与新版本软件不匹配,这时可以用该命令擦除旧的配置文件。

（2）将一台已经使用过的路由器和交换机用于新的应用环境，原有的配置文件不能适应新环境的需求，需要对路由器和交换机重新配置，这时可以擦除原来的配置文件，重新配置路由器和交换机。

6. 彻底清除以前的配置信息

Cisco 彻底清空配置的命令只有以下三条。
1）清除当前配置

```
Erase Startup - Config
```

2）删除 VLAN
步骤 1：查看当前 VLAN 配置。

```
Cat2950#show vlan
```

步骤 2：查看 Flash 中的文件名称（交换机的配置文件和 ISO 都保存在 Flash 中）。

```
Cat2950#dir flash
```

看一下 VLAN 文件在 Flash 里的具体名称，一般的都是 vlan.dat。
步骤 3：删除 vlan.dat（交换机的 VLAN 信息保存在 vlan.dat 中）。

```
Cat2950#delete flash:vlan.dat
```

步骤 4：查看当前的 VLAN 配置。

```
Cat2950#show vlan
```

3）重启

```
Cat2950#reload
```

7. 重新启动

如图 7.38 所示，该命令用来重新启动路由器和交换机，以便使某些修改后的配置信息生效，该命令用来软关机并重启，效果等同于关闭电源再重启路由器和交换机的 IOS 系统。

```
Router>
Router>
Router>en
Router#reload
```

图 7.38   重启交换机命令

8. Erase 和 Write 命令

Erase Startup-Config：删除 Startup-Config 文件，Startup-Config 是启动配置文件。
Erase Flash：删除 Flash 中的所有文件，包括 IOS 映像文件，谨慎使用。
Erase Nvram：删除 Nvram 中的所有文件，包括 Startup-Config 文件。
Write erase：删除 Startup-Config，等价于 Erase Startup-Config 文件。
Write memory：等价于 Copy Ruuning-Config Startup-Config。

9. Dir、Rename、Copy、Delete 命令

(1) Dir：Dir 列出当前目录、设备(Flash,NVRAM 等)或者指定目录下的文件。

例如：

Dir：列出当前目录下的文件和子目录。

Dir NVRAM：列出 NVRAM 中的所有文件和子目录。

Dir Falsh：列出 Flash 中的所有文件和子目录。

(2) Rename vlan. dat vlan1. dat：把当前目录下的 vlan. dat 改名为 vlan1. dat。

(3) Copy vlan. dat vlan1. dat：为当前目录下的 vlan. dat 复制一个备份,备份文件名为 vlan1. dat。

(4) Delete vlan1. dat：删除当前目录下的文件 vlan1. dat。

实验注意事项：

(1) 上述命令在特权 exec 模式下执行,也可以在有的交换机的 switch：提示符下执行。

(2) 上述操作命令在路由器的配置中均适用。

(3) 容易弄混淆的几个交换机、路由器的配置命令如下。

Erase Flash：删除 Flash 中的所有文件,包括 IOS 映像文件,一定要谨慎使用该命令。

Erase Nvram：擦除所有 NVRAM 上面的内容,Nvram(Non-Volatile Random Access Memory,非易失性随机访问存储器),是指断电后仍能保持数据的一种 RAM。

Erase Startup-running：恢复出厂设置。

Delete Flash：删除保存过的配置。

Delete 删除的是单个文件,Erase 删除的是所有文件,如 Flash 或 Nvram 内的所有文件。

Delete 并没有真正删除文件,还要用 Squeeze 命令才能把存储空间腾出来,但是 Erase 就不用了。或者说 Delete 命令删除文件之后通过命令还可以恢复文件,Erase 就不能了。

(4) 并不是所有思科的交换机、路由器都支持 Erase 命令,不行的话可以尝试 Format 命令,有些路由器在使用 Delete 命令以后还可以使用 Undelete 恢复,同时也需要使用 Squeeze 彻底删除文件。

10. Exit 命令

该命令是从当前模式退出,进入上一个模式,如在全局配置模式使用本命令退回到特权用户配置模式,在特权用户配置模式使用本命令退回到一般用户配置模式,等等。

例如：

```
Sw1#exit
Sw1>
```

11. 显示系统软件版本

该命令用来显示系统的版本信息。用户可以通过该命令查看软件的版本信息,发布时间,路由器和交换机的基本硬件配置等信息,如图 7.39 所示。

```
Router>en
Router#show version

Cisco Internetwork Operating System Software
IOS (tm) 2500 Software (C2500-I-L), Version 12.0(7)T,  RELEASE SOFTWARE (fc2)
Copyright (c) 1986-1999 by cisco Systems, Inc.
Compiled Mon 06-Dec-99 14:50 by phanguye
Image text-base: 0x0303C728, data-base: 0x00001000

ROM: System Bootstrap, Version 5.2(8a), RELEASE SOFTWARE
BOOTFLASH: 3000 Bootstrap Software (IGS-RXBOOT), Version 10.2(8a), RELEASE SOFTW
ARE (fc1)

Router uptime is 1 day, 14 hours, 28 minutes
System returned to ROM by power-on
System image file is "flash:c2501-ios_OSPF.bin"

cisco 2500 (68030) processor (revision D) with 16384K/2048K bytes of memory.
Processor board ID 03911361, with hardware revision 00000000
Bridging software.
X.25 software, Version 3.0.0.
Basic Rate ISDN software, Version 1.1.
1 Ethernet/IEEE 802.3 interface(s)
2 Serial network interface(s)
1 ISDN Basic Rate interface(s)
32K bytes of non-volatile configuration memory.
--More--
```

图 7.39　显示系统软件版本命令

7.7　交换机配置模式及转换

本节介绍交换机不同的配置模式以及交换机不同配置模式的转换方法。

1. 交换机配置模式

在前面的实验中,我们成功地进入交换机的配置界面。可以看到的配置界面称为 CLI 界面。CLI 界面又称为命令行界面,和图形界面即 GUI 相对应。CLI 的全称是 Command Line Interface,它由 Shell 程序提供,是由一系列的配置命令组成的。根据这些命令在配置管理交换机时所起的作用不同,Shell 将这些命令进行分类,不同类别的命令对应着不同的配置模式。

命令行界面是交换机调试界面中的主流界面,基本上所有的网络设备都支持命令行界面。国内外主流的网络设备供应商使用很相近的命令行界面,以方便用户调试不同厂商的设备。如神州数码网络产品的调试界面兼容国内外主流厂商的界面,和思科命令很相近,便于用户学习。只有少部分厂商使用的是自己独有的配置命令。

交换机有以下几种递进配置模式,如图 7.40 所示。各种特定配置模式功能如表 7.1 所示。

表 7.1　特定配置模式

提　示　符	配　置　模　式	描　　述
Switch>	一般用户配置模式	参看有限的交换机信息
Switch#	特权用户配置模式	详细查看、测试、调试和配置命令
Switch(config)#	全局配置模式	修改高级配置和全局配置
Switch(config-if)#	端口配置模式(interface)	执行用于端口的命令
Switch(config-line)#	线路配置模式(line)	执行线路配置命令

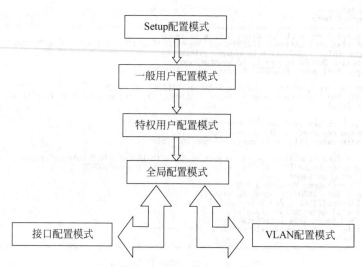

图 7.40　交换机的递进配置模式

（1）Setup 配置模式。

交换机出厂第一次启动，进入 setup config，用户可以选择进入 Setup 模式或跳过 Setup 模式。输入 y，按 Enter 键就会进入 Setup 模式，如图 7.41 所示。

```
00:00:14: %LINEPROTO-5-UPDOWN: Line protocol on Interface Ethernet0/0/19,changed
 state to DOWN
00:00:14: %LINK-5-CHANGED: Interface Ethernet0/0/20, changed state to UP
00:00:14: %LINEPROTO-5-UPDOWN: Line protocol on Interface Ethernet0/0/20,changed
 state to DOWN
00:00:14: %LINK-5-CHANGED: Interface Ethernet0/0/21, changed state to UP
00:00:14: %LINEPROTO-5-UPDOWN: Line protocol on Interface Ethernet0/0/21,changed
 state to DOWN
00:00:15: %LINK-5-CHANGED: Interface Ethernet0/0/22, changed state to UP
00:00:15: %LINEPROTO-5-UPDOWN: Line protocol on Interface Ethernet0/0/22,changed
 state to DOWN
00:00:15: %LINK-5-CHANGED: Interface Ethernet0/0/23, changed state to UP
00:00:15: %LINEPROTO-5-UPDOWN: Line protocol on Interface Ethernet0/0/23,changed
 state to DOWN
00:00:15: %LINK-5-CHANGED: Interface Ethernet0/0/24, changed state to UP
00:00:15: %LINEPROTO-5-UPDOWN: Line protocol on Interface Ethernet0/0/24,changed
 state to DOWN

Setup Configuration
      ---System Configuration Dialog---
At any point you may enter Ctrl+C to exit.
Default settings are in square brackets [ ].
If you don't want to change the default settings, you can input enter.
Continue with configuration dialog? [y/n]:
```

图 7.41　Setup 配置模式窗口

（2）一般用户配置模式。

退出 Setup 模式即进入一般用户配置模式，也可以称为">"模式。该模式的命令比较少，使用"?"命令提示帮助命令，如图 7.42 所示。

（3）特权用户配置模式。

在一般用户配置模式下输入"Enable"进入特权用户配置模式。

特权用户配置模式的提示符为"♯"，所以也称为"♯"模式。特权用户配置模式下的帮助命令窗口，如图 7.43 所示。

在特权用户配置模式下，用户可以查询交换机配置信息、各个端口的连接情况、收发数据统计等。而且进入特权用户配置模式后，可以进入到全局配置模式下对交换机的各项配

```
SW1>

SW1>?
Exec commands:
  access-enable     Create a temporary Access-List entry
  clear             Reset functions
  connect           Open a terminal connection
  disable           Turn off privileged commands
  disconnect        Disconnect an existing network connection
  enable            Turn on privileged commands
  exit              Exit from the EXEC
  help              Description of the interactive help system
  lock              Lock the terminal
  login             Log in as a particular user
  logout            Exit from the EXEC
  name-connection   Name an existing network connection
  ping              Send echo messages
  rcommand          Run command on remote switch
  resume            Resume an active network connection
  set               Set system parameter (not config)
  show              Show running system information
  systat            Display information about terminal lines
  telnet            Open a telnet connection
  terminal          Set terminal line parameters
  traceroute        Trace route to destination
--More--
```

图 7.42　一般用户配置模式帮助命令窗口

```
SW1>
SW1>en

SW1#?
Exec commands:
  access-enable     Create a temporary Access-List entry
  access-template   Create a temporary Access-List entry
  archive           manage archive files
  cd                Change current directory
  clear             Reset functions
  clock             Manage the system clock
  cns               CNS agents
  configure         Enter configuration mode
  connect           Open a terminal connection
  copy              Copy from one file to another
  debug             Debugging functions (see also 'undebug')
  delete            Delete a file
  dir               List files on a filesystem
  disable           Turn off privileged commands
  disconnect        Disconnect an existing network connection
  dot1x             Dot1x Exec Commands
  enable            Turn on privileged commands
  erase             Erase a filesystem
  exit              Exit from the EXEC
  format            Format a filesystem          回车显示更多的特权
  fsck              Fsck a filesystem            用户模式下配置命令
--More--
```

图 7.43　特权用户配置模式帮助命令窗口

置进行修改,因此为了安全,在实际项目工程中进入特权用户配置模式后,必须要设置特权用户口令,防止非特权用户的非法使用,以及对交换机配置进行恶意的修改,造成不必要的损失。

在实验室中面对的是来自学校各个班级的同学,为了不影响使用,一般不对交换机在特权用户模式下设置用户口令。当然,也可以在实验结束之后取消 Enable 密码,如果不取消Enable 密码,下一批同学将没有办法做实验。因此,所有自己设定的密码都应该在实验完成之后取消,为后面做实验的同学带来方便,这也是一个合格网络工程师的基本素质。取消Enable 密码的配置代码如下。

```
switch(Config)#no enable password level admin
 Input password:*****
switch(Config)#
```

（4）全局配置模式。

在特权配置模式下输入 Config terminal 或者 Config t,或者直接输入 Config 就可以进入全局配置模式。全局配置模式也称为 Config 模式,如图 7.44 所示。

```
SW1>
SW1>
SW1>
SW1>en
SW1#config t
Enter configuration commands, one per line.  End with CNTL/Z.
SW1(config)#
```

图 7.44　全局配置模式窗口

在全局配置模式下,用户可以对交换机进行全局性的配置,如对 MAC 地址表、端口镜像、创建 VLAN、启动 IGMP snooping、GVRP、STP 等。用户在全局配置模式下还可以通过命令进入到端口对各个端口进行配置。

下面在全局配置模式下设置特权用户口令。

```
Sw1 > enble
Sw1 #
Sw1 # config t
Sw1(config)#
Sw1(config)# enable password level admin
Current password
New password: ******
Sw1(config)# exit
Sw1 # write
Sw1 #
```

验证配置过程如下。

验证方法一:重新进入交换机。

```
Sw1 # exit
Sw1 >
Sw1 > enable
Password: ******
Sw1 #
```

验证方法二:用 show 命令查看。

```
Sw1 # show running - config
Current configuration:
!
Enable password level addmin 6783889jjneycnebebywbe    !该行显示已经为交换机配置了 Enable
密码
Hostname switch
!
```

```
!
Vlan 1
Vlan 1
!
!
...                                                    !省略部分显示
```

（5）端口配置模式的配置方法，代码如下。

```
switch(Config)#interface ethernet 0/0/1
switch(Config-Ethernet0/0/1)#        ! 已经进入以太端口 0/0/1 的接口

switch(Config)#interface vlan 1
switch(Config-If-Vlan1)#              ! 已经进入 VLAN1 的接口，也就是 CPU 的接口
```

（6）VLAN 配置模式的配置方法，代码如下。

```
switch(Config)#vlan 100
switch(Config-Vlan100)#
```

验证配置方法：进入特权用户配置模式，用 show vlan 命令验证 VLAN 的配置，如图 7.45 所示。可以看到，已经新增了一个 Vlan100 的信息。

```
switch(Config-Vlan100)#exit
switch(Config)#exit
switch#show vlan
VLAN Name        Type      Media    Ports
----             ----------          ----------
------------------------------------

1    default     Static    ENET     Ethernet0/0/1      Ethernet0/0/2
                                     Ethernet0/0/3      Ethernet0/0/4
                                     Ethernet0/0/5      Ethernet0/0/6
                                     Ethernet0/0/7      Ethernet0/0/8
                                     Ethernet0/0/9      Ethernet0/0/10
                                     Ethernet0/0/11     Ethernet0/0/12
                                     Ethernet0/0/13     Ethernet0/0/14
                                     Ethernet0/0/15     Ethernet0/0/16
                                     Ethernet0/0/17     Ethernet0/0/18
                                     Ethernet0/0/19     Ethernet0/0/20
                                     Ethernet0/0/21     Ethernet0/0/22
                                     Ethernet0/0/23     Ethernet0/0/24
100  VLAN0100    Static    ENET
switch#
```

图 7.45 show vlan 命令窗口

2. 交换机工作模式的转换

交换机工作模式的转换和退出操作，如表 7.2 所示。

表 7.2　交换机工作模式的转换

任务	详 细 步 骤
交换机工作模式的转换	1) 一般用户配置模式： switch> 2) 特权用户配置模式： switch>enable switch# 3) 全局配置模式： switch#config terminal switch(config)# 4) 端口配置模式： switch(config)#interface f0/1 switch(config-if)# 5) 线路配置模式： switch(config)#line console 0 switch(config-line)# 返回到上一层模式用 exit 命令 6) 更改交换机主机名： switch(config)#hostname benet 7) 配置进入特权模式的明文口令： switch(config)#enable password 123 8) 删除进入特权模式的明文口令： switch(config)#no enable password

第 8 章
CHAPTER 8 | Cisco 路由器的基本配置

8.1 路由器简介

8.1.1 路由器工作原理

要正确理解路由器的工作原理,并掌握 Cisco 路由器的基本配置,需先从路由器的基本概念、功能以及工作原理入手。那么,到底何为路由,何为器呢? 所谓"路由",是指数据从一个地方送到另一个地方的行为和动作。所谓"器",是指用于某一特定目的或完成某一特定功能的一种机件或零件。而路由器,正是执行数据从一个地方送到另外一个地方的行为和动作的机件,其英文名称为 Router。

从计算机网络、通信等专业知识的角度来分析,概括地讲,路由器主要有如下三个功能。

(1) 网络互联。路由器支持各种局域网和广域网端口,主要用于互联局域网和广域网,实现不同网络互相通信。

(2) 数据处理。提供包括分组过滤、分组转发、优先级、复用、数据加密、压缩和防火墙等功能。

(3) 网络管理。路由器提供包括配置管理、性能管理、容错管理和流量控制等功能。

为了简单地说明路由器的工作原理,现在假设有这样一个简单的网络,如图 8.1 所示,A、B、C、D 四个网络通过路由器连接在一起。

在如图 8.1 所示的网络环境下,路由器又是如何发挥其路由、数据转发作用的呢? 现在假设网络 A 中一个用户 A1 要向 D 网络中的 C3 用户发送一个请求信号时,信号传递的过程如下。

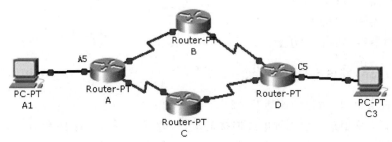

图 8.1　路由器拓扑图

步骤 1：用户 A1 将目标用户 C3 的 IP 地址，连同数据信息以数据帧的形式通过集线器或交换机以广播的形式发送给同一网络中的所有节点，当路由器 A5 端口侦听到这个地址后，分析得知所发目的节点不是本网段的，需要路由转发，就把数据帧接收下来。

步骤 2：路由器 A5 端口接收到用户 A1 的数据帧后，先从报头中取出目标用户 C3 的 IP 地址，并根据路由表计算出发往用户 C3 的最佳路径。因为从分析得知到 C3 的网络 ID 号与路由器的 C5 网络 ID 号相同，所以由路由器的 A5 端口直接发向路由器的 C5 端口应是信号传递的最佳途径。

步骤 3：路由器的 C5 端口再次取出目标用户 C3 的 IP 地址，找出 C3 的 IP 地址中的主机 ID 号，如果在网络中有交换机则可先发给交换机，由交换机根据 MAC 地址表找出具体的网络节点位置；如果没有交换机设备则根据其 IP 地址中的主机 ID 直接把数据帧发送给用户 C3，这样一个完整的数据通信转发过程就完成了。

从上面的分析可以看出，不管网络有多么复杂，其实路由器所做的工作就是这么几步，所以整个路由器的工作原理基本都差不多。当然在实际的网络中还远比如图 6.1 所示的复杂许多，实际的步骤也不会像上述那么简单，但总的过程是这样的。

8.1.2　Cisco 2500 系列路由器的外部端口简介

路由器是计算机网络开放系统互连模型（IOS）中的第三层通信设备，其主要作用是进行路由选择和广域网的连接。它与交换机相比，其端口数量要少许多，但功能要强大得多。这些功能在外观上就是端口、模块的类型比较多，当然价格有很大的差异，通常高端的设备都是模块化的，支持模块类型也很丰富。

Cisco 2500 系列以太网和令牌环网路由器提供广泛的分支机构解决方案，包括集成的路由器、集线器和路由器、访问服务器模型。

带有 Cisco IOS 软件的 Cisco 2500 系列路由器为目前使用最广泛的网络协议提供路由支持，包括 IP、Novell IPX 和 AppleTalk 以及广泛的路由协议。

Cisco 2500 系列路由器是世界上最流行的路由器之一，它包括众多的型号，可以满足广泛的数据联网需求。这些路由器一般为固定配置，至少具备下列端口中的两个：以太网令牌环网、同步串行、异步串行、ISDN BRI 和 10Base-T 集线器。Cisco 还提供两个模块化型号。作为拥有一百多万台安装用户的市场领先企业，Cisco 保证产品的兼容性和互操作性。

1. 实验目的

（1）掌握路由器各端口的外观。
（2）路由器端口的功能。
（3）路由器端口的表示方法。

2. Cisco 2503 路由器的面板介绍

（1）Cisco 2503 路由器前面板及端口介绍，如图 8.2 所示。

AUI端口：是用来与粗同轴电缆连接的端口，它是一种"D"型 15 针端口，这在令牌环网或总线型网络中是一种比较常见的端口。路由器可通过粗同轴电缆收发器实现与

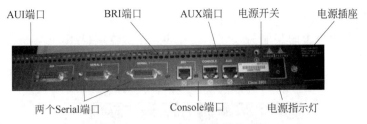

图 8.2　Cisco 2500 路由器前面板

10Base-5 网络的连接,但更多的是借助于外接的收发转发器(AUI-to-RJ-45),实现与 10Base-T 以太网络的连接。当然也可借助于其他类型的收发转发器实现与细同轴电缆 (10Base-2)或光缆(10Base-F)的连接。这里所讲的路由器 AUI 端口主要是用粗同轴电缆 作为传输介质的网络进行连接用的。

BRI 端口:因 ISDN 这种互联网接入方式连接速度上有它独特的一面,所以在当时 ISDN 刚兴起时在互联网的连接方式上还得到了充分的应用。ISDN BRI 端口用于 ISDN 线路通过路由器实现与 Internet 或其他远程网络的连接,可实现 128kb/s 的通信速率。 ISDN 有两种速率连接端口,一种是 ISDN BRI(基本速率端口),另一种是 ISDN PRI(基群 速率端口),ISDN BRI 端口是采用 RJ-45 标准,与 ISDN NT1 的连接使用 RJ-45-to-RJ-45 直 通线。

Console 端口:使用配置专用连线直接连接至计算机的串口,利用终端仿真程序(如 Windows 下的"超级终端")进行路由器本地配置。路由器的 Console 端口多为 RJ-45 端口。 如图 8.2 所示就包含一个 Console 配置端口。

AUX 端口:异步端口,主要用于远程配置,也可用于拨号连接,还可通过收发器与 Modem 进行连接。支持硬件流控制(Hardware Flow Control)。AUX 端口与 Console 端 口通常被放置在一起,因为它们各自所适用的配置环境不一样。

(2) Cisco 2503 路由器后面板如图 8.3 所示。

图 8.3　Cisco 2500 路由器后面板

3. Cisco 2511 路由器的面板及端口介绍

(1) Cisco 2511 路由器前面板如图 8.4 所示。

两个Async端口

图 8.4　Cisco 2511 路由器前面板

Async1～8/9～16 端口:在 Cisco 2511 路由器上,两个 Async 口是用来接 1 拖 8 的电 缆,这种端口只可工作在异步方式下,速率最大 115.2kb/s。两个 Serial 口是用来接 V.35、 V.24、V.232 之类的线缆,这种端口可工作在同步/异步方式下,同步方式时速率最大 2Mb/s,

异步方式时 115.2kb/s。

Cisco 2511 路由器上的其他端口与 Cisco 2503 路由器端口相同,详情参考"Cisco 2503 路由器的面板介绍"。

(2) Cisco 2503 路由器后面板如图 8.5 所示。

图 8.5   Cisco 2511 路由器后面板

8.1.3   Cisco 路由器的内部组件及硬件结构

Cisco 路由器的内部组件包括 CPU、Bootstrap、POST、ROM 监控程序、小型 IOS、Flash Memory、RAM、ROM、NVRAM,Configuration Register。它们起到不同的作用,可以对比计算机中的 CPU、内存、硬盘灯等理解 Cisco 路由器各组件的作用。

CPU(处理器):与计算机一样,路由器拥有独立的中央处理器。

路由器也包含一个中央处理器(CPU)。不同系列和型号的路由器,其中的 CPU 不尽相同。Cisco 路由器一般采用 Motorola 68030 和 Orion/R4600 两种处理器。

路由器的 CPU 负责路由器的配置管理和数据包的转发工作,如维护路由器所需的各种表格以及路由运算等。路由器对数据包的处理速度很大程度上取决于 CPU 的类型和性能。

Bootstrap:存储在 ROM 中的微代码,用于在初始化阶段启动路由器。它将启动路由器然后加载 IOS。

POST(开机自检):存储在 ROM 中的微代码,用于检测路由器硬件的基本功能并确定哪些端口当前可用。

ROM 监控程序:存储在 ROM 中的微代码,用于手动测试和排除故障。

小型 IOS:IOS 是一个小型的网络设备操作系统。一般通过调用 rxboot 或 bootloader (引导装入程序),在 ROM 中可以启动一个端口并将 Cisco IOS 加载到闪存中,进行设备管理或执行一些其他维护操作。

Flash Memory(闪存):用于保存 Cisco IOS。当路由器重新加载时并不擦除闪存中的内容。它是一种由 Intel 开发的 EEPROM(可擦除只读存储器)。

RAM(随机存取存储器):用于保存分组缓冲、ARP 高速缓存、路由表,以及路由器运行所需软件和数据结构。Running-config 存储在 RAM 中,并且有些路由器也可以从 RAM 运行 IOS。

ROM(只读存储器):用于启动和维护路由器。

NVRAM(非易失性 RAM):用于保存路由器和交换机配置。当路由器或交换机重新加载时并不擦除 NVRAM 中的内容。

Configuration Register(配置寄存器):用于控制路由器如何启动。使用 Show Version 命令查看配置寄存器的值,通常为 0x2102,这个值意味着路由器从闪存加载 IOS 并告诉路由器从 NVRAM 调用配置,如表 8.1 所示。

表 8.1　路由器寄存器配置

组件名称	说明	作用	与 PC 组件对比
Flash Memory	闪存	存放 IOS	硬盘
RAM	随机存取存储器	存放运行时配置文件	内存
ROM	只读存储器	存放最小 IOS,拥有启动和维护路由器	
NVRAM	非易失性 RAM	保存启动配置文件	

除 RAM 外,其他都是永久性的存储器,即断电不丢失数据。

8.2　路由器基本管理方法

8.2.1　路由器初始配置与超级终端的使用

1. 实验目的

(1) 熟悉路由器的 Setup 模式。
(2) 学习用 Setup 模式设置路由器的基本配置参数。
(3) 用超级终端(Hyper Terminal)捕获路由器的运行配置。
(4) 通过超级终端上传文本文件配置路由器。

2. 实验步骤

步骤 1：将路由器配置导出到文本文件。启动捕获路由器配置到文本文件的进程,然后在命令提示符后输入 show running-config,命令运行结束后终止捕获路由器配置的进程。超级终端(Hyper Terminal)可以捕获所有显示在屏幕上的文字到一个文本文件。在超级终端中单击 Transfer 菜单选项,然后当有提示时单击 Capture Text,并必须提供一个路径和文件名以存放捕获的文字。使用路由器的名字作为文件名,用.txt 作为扩展名。终止捕获配置可以在超级终端单击 Transfer 菜单选项,然后单击 Capture Text,出现一个新的菜单,单击 Stop。

步骤 2：清理捕获的配置文件,删除捕获的配置文件中任何不必要的信息。注意感叹号"!"在路由器配置中是注释命令。用 Windows 记事本打开在步骤 1 建立的文件,删除以下各行。

```
Sh run
Building configuration...
Current configuration:
```

删除每个含有"- More -"提示符的行,删除任何出现在单词"End"后面的行,保存修改后的文件。

步骤 3：删除启动配置。输入命令 erase startup-config,用 show startup-config 确认。

步骤 4：重启路由器后,从文本文件导入配置。重新启动路由器后,路由器会显示："Notice：NVRAM invalid, possibly due to write erase."。当提示进入初始配置对话时,按

N 键然后回车。在路由器的特权模式下输入"configure terminal"进入全局配置模式。然后单击超级终端菜单 Transfer→Send→Text File,选择在步骤 1 保存的文件。计算机会为用户输入文本文件中的每一行,就像自己输入的一样。按 Ctrl+Z 组合键退出全局配置模式。

步骤 5:保存并验证新的配置文件。

8.2.2 通过 Console 端口配置路由器

1. 应用环境

(1)路由设备的初始配置一般都是通过 Console 端口进行,远程管理通常通过带内的方式。

(2)给相应的端口配置了 IP 地址,并开启了相应的服务之后,才能进行带内的管理。

2. 实验步骤

步骤 1:将反转线的一端与路由器的 Console 口相连,另一端与 PC 的串口相连,如图 8.6～图 8.8 所示。

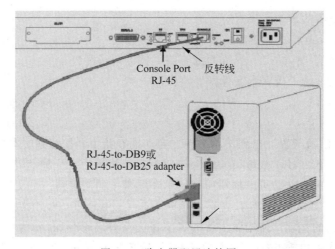

图 8.6 路由器配置连接图

图 8.7 路由器 Console 口连接图

图 8.8 PC 串口连接图

步骤 2：在计算机上运行终端仿真程序。即单击"开始"，找到"程序"，选择"附件"下的"通讯"，运行"超级终端"程序，同时需要设置超级终端的端口参数。本教材实验终端串行口通信参数应该设置为默认值，即速率为 9600b/s，8 位数据位，1 位停止位，无奇偶校验位，无流控。COM 口选择 COM1 或者 COM2，依照连接计算机时的具体情况而定，如图 8.9 所示。

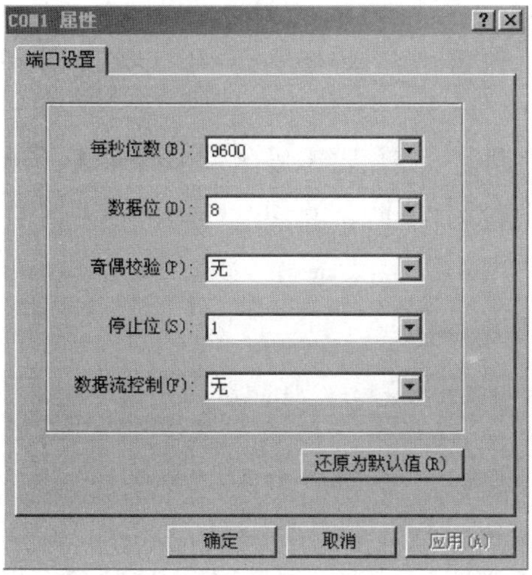

图 8.9　COM1 属性设置

步骤 3：给路由器加电，超级终端显示路由器自检信息，自检结束之后显示如下提示字符串。

```
System Bootstrap, Version 5.2(8a), RELEASE SOFTWARE
Copyright (c) 1986 – 1995 by cisco Systems
……………………………………………………………………　　!延迟数秒后开始下面的自检
2500 processor with 16384 Kbytes of main memory
F3: 7330424 + 102200 + 569972 at 0x3000060
                    Restricted Rights Legend
Use, duplication, or disclosure by the Government is
subject to restrictions as set forth in subparagraph
(c) of the Commercial Computer Software – Restricted
Rights clause at FAR sec. 52.227 – 19 and subparagraph
(c) (1) (ii) of the Rights in Technical Data and Computer
Software clause at DFARS sec. 252.227 – 7013.
             cisco Systems, Inc.
             170 West Tasman Drive
             San Jose, California 95134 – 1706
Cisco Internetwork Operating System Software
IOS (tm) 2500 Software (C2500 – I – L), Version 12.0(7)T,  RELEASE SOFTWARE (fc2)
Copyright (c) 1986 – 1999 by cisco Systems, Inc.
Compiled Mon 06 – Dec – 99 14:50 by phanguye
Image text – base: 0x0303C728, data – base: 0x00001000
cisco 2500 (68030) processor (revision D) with 16384K/2048K bytes of memory.
Processor board ID 03911361, with hardware revision 00000000
Bridging software.
```

```
X.25 software, Version 3.0.0.
Basic Rate ISDN software, Version 1.1.
1 Ethernet/IEEE 802.3 interface(s)
2 Serial network interface(s)
1 ISDN Basic Rate interface(s)
32K bytes of non-volatile configuration memory.
8192K bytes of processor board System flash (Read ONLY)
        --- System Configuration Dialog ---
Would you like to enter the initial configuration dialog? [yes/no]:
                              !你想进入初始设置对话框吗
```

在实验课中,为了减少设置了路由器密码所带来的麻烦,影响上课,一般要求在冒号后面输入 NO,即不进入初始设置对话框。按 Enter 键,显示如图 8.10 所示的代码。

按Enter键

```
Press RETURN to get started!

00:00:04: %LINK-3-UPDOWN: Interface BRI0, changed state to up
00:00:05: %LINK-3-UPDOWN: Interface Ethernet0, changed state to up

00:00:05: %LINK-3-UPDOWN: Interface Serial0, changed state to down
00:00:05: %LINK-3-UPDOWN: Interface Serial1, changed state to down
00:00:31: %LINEPROTO-5-UPDOWN: Line protocol on Interface Ethernet0, changed state to down
00:00:47: %LINEPROTO-5-UPDOWN: Line protocol on Interface Serial0, changed state to down
00:17:37: %LINK-5-CHANGED: Interface BRI0, changed state to administratively down
00:17:38: %LINEPROTO-5-UPDOWN: Line protocol on Interface BRI0, changed state to down
00:17:39: %LINK-5-CHANGED: Interface Ethernet0, changed state to administratively down
00:17:39: %LINK-5-CHANGED: Interface Serial0, changed state to administratively down
00:17:39: %LINK-5-CHANGED: Interface Serial1, changed state to administratively down
00:17:40: %LINEPROTO-5-UPDOWN: Line protocol on Interface Serial1, changed state to down
00:17:41: %IP-5-WEBINST_KILL: Terminating DNS process
00:17:46: %SYS-5-RESTART: System restarted --
Cisco Internetwork Operating System Software
IOS (tm) 2500 Software (C2500-I-L), Version 12.0(7)T, RELEASE SOFTWARE (fc2)
Copyright (c) 1986-1999 by cisco Systems, Inc.
Compiled Mon 06-Dec-99 14:50 by phanguye
```

图 8.10　路由器各端口连接状态

步骤 4：按 Enter 键进入用户配置模式。路由器出厂时没有设定密码,用户按 Enter 键直接进入普通用户模式,即

```
Router>
```

如果要使用权限允许范围内的命令,需要查询帮助命令可以随时输入"?",输入"enable",回车则进入用户特权模式,即

```
Router>
Router>enable
Router#
```

这时用户拥有最大权限,可以任意配置,如果需要查询帮助命令,同样可以随时输入"?"。

```
Router >
Router > enable              !进入特权模式
```

Router＃?   !查看可用命令
Exec commands:

命令	注释
access－enable	Create a temporary Access－List entry
access－profile	Apply user－profile to interface
access－template	Create a temporary Access－List entry
archive	manage archive files
bfe	For manual emergency modes setting
cd	Change current directory
clear	Reset functions
clock	Manage the system clock
configure	Enter configuration mode
connect	Open a terminal connection
copy	Copy from one file to another
debug	Debugging functions (see also 'undebug')
delete	Delete a file
dir	List files on a filesystem
disable	Turn off privileged commands
disconnect	Disconnect an existing network connection
elog	Event－logging control commands
enable	Turn on privileged commands
erase	Erase a filesystem
exit	Exit from the EXEC
help	Description of the interactive help system
isdn	Make/disconnect an isdn data call on a BRI interface
lock	Lock the terminal
login	Log in as a particular user
logout	Exit from the EXEC
more	Display the contents of a file
mrinfo	Request neighbor and version information from a multicast router
mrm	IP Multicast Routing Monitor Test
mstat	Show statistics after multiple multicast traceroutes
mtrace	Trace reverse multicast path from destination to source
name－connection	Name an existing network connection
no	Disable debugging functions
pad	Open a X.29 PAD connection
ping	Send echo messages
ppp	Start IETF Point－to－Point Protocol (PPP)
pwd	Display current working directory
reload	Halt and perform a cold restart
resume	Resume an active network connection
rlogin	Open an rlogin connection
rsh	Execute a remote command
send	Send a message to other tty lines
set	Set system parameter (not config)
setup	Run the SETUP command facility
show	Show running system information
slip	Start Serial－line IP (SLIP)
start－chat	Start a chat－script on a line
systat	Display information about terminal lines

!命令列表按字母顺序显示

```
    telnet              Open a telnet connection
    terminal            Set terminal line parameters
    test                Test subsystems, memory, and interfaces
    traceroute          Trace route to destination
    tunnel              Open a tunnel connection
    udptn               Open an udptn connection
    undebug             Disable debugging functions (see also 'debug')
    verify              Verify a file
    where               List active connections
    write               Write running configuration to memory, network, or terminal
    x28                 Become an X.28 PAD
    x3                  Set X.3 parameters on PAD
Router#
Router#con?                !使用"?"帮助查询命令
configure   connect
Router#con
Router#config ?            !使用"?"查看 config 命令参数
memory              Configure from NV memory
network             Configure from a TFTP network host
overwrite－network   Overwrite NV memory from TFTP network host
terminal            Configure from the terminal
<cr>
Router#config terminal  !进入全局配置模式
Enter configuration commands, one per line.   End with CNTL/Z.
Router(config)#
```

8.2.3　通过 Telnet 方式搭建路由器配置环境

通过 Telnet 方式配置路由器也属于带内远程的管理方法,与交换机通过 Telnet 方式配置管理方法有所不同。

1. 操作内容和环境

1）操作内容

使用 PC 上的终端仿真程序"超级终端"连接路由器的控制台端口,建立与路由器的 EXEC 会话。对路由器进行配置,最终使得 PC 能够通过局域网以 Telnet 方式连接到路由器,并能对路由器执行配置和管理。

2）组网环境

Cisco 2503 型路由器一台；PC 一台,RJ-45-to-DB9 反转线（配置电缆）一根；Cisco 2900 型交换机一台；直通以太网线两根。

3）网络拓扑图

网络拓扑图如图 8.11 所示。

2. 操作步骤

Cisco 路由器都可以通过控制台端口建立 EXEC 会话,每个 Cisco 路由器均有一个内置

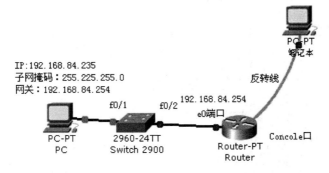

IP:192.168.84.235
子网掩码:255.225.255.0
网关:192.168.84.254

图 8.11　通过 Telnet 方式搭建路由器配置环境

到 IOS 软件的 Telnet 服务器应用程序。这样,网络管理员就可以在异地使用具有 Telent 客户端的程序。例如,微软操作系统就附带有 Telent 客户端程序,使主机建立与路由器的远程 Telnet 会话。Cisco 路由器的 IOS 系统软件中也有一个内置的 Telent 客户端,这样该路由器还可以登录到其他的 Cisco 路由器和交换机。一旦 Telnet 连接到远程路由器,就可以在 Telnet 会话中执行路由器配置、状态查看及维护命令等功能,就如同通过控制台端口(Console 端口)访问一样。

与路由器的 Telnet 会话也被称作虚拟终端会话,使用的是虚拟终端线路 VTY。Cisco 路由器上包括 5 个默认的虚拟终端线路,即 VTY0~VTY4。Telnet 会话时,使用路由器上任何一有效的 IP 端口,连接到从低往高(VTY0~VTY4)第一个有效的 VTY 线。

当建立 Telent 会话后,可以使用 exit、quit、logout 或者 Ctrl+Z 等命令来终止会话。要建立与路由器的 Telent 连接,首先必须通过控制台端口(Console 端口)对路由器进行初始配置,如配置以太网端口 IP 地址、设置特权密码、配置 VTY 线路等,具体配置步骤如下。

步骤 1:通过 Console 端口配置。

首先,利用"超级终端"进入以太网端口配置模式,然后设置路由器以太网端口地址和子网掩码及开启该端口,再验证该端口是否开启,如图 8.12 所示。

```
Router>

Router>en
Router#config t
Enter configuration commands, one per line.  End with CNTL/Z.
Router(config)#int f0

% Invalid input detected at '^' marker.

Router(config)#int f0/0                          !进入以太网端口配置模式

% Invalid input detected at '^' marker.

Router(config)#int f0

% Invalid input detected at '^' marker.

Router(config)#int e0
Router(config-if)#ip add 192.168.84.254 255.255.255.0 !设置端口地址及子网
Router(config-if)#no shutdown
Router(config-if)#exit
Router(config)#
00:05:42: %LINK-3-UPDOWN: Interface Ethernet0, changed state to up ! "UP" 表示端口已开启
00:05:43: %LINEPROTO-5-UPDOWN: Line protocol on Interface Ethernet0, changed sta
te to up
Router(config)#
```

图 8.12　以太网端口地址配置

步骤 2：验证该端口是否开启，如图 8.13 所示。

```
Router>en
Router#show interface e0

Ethernet0 is up, line protocol is up   !接口和协议都必须是"UP"状态
  Hardware is Lance, address is 0000.0c92.ec65 (bia 0000.0c92.ec65)
  Internet address is 192.168.84.254/24
  MTU 1500 bytes, BW 10000 Kbit, DLY 1000 usec,
     reliability 255/255, txload 1/255, rxload 1/255
  Encapsulation ARPA, loopback not set
  Keepalive set (10 sec)
  ARP type: ARPA, ARP Timeout 04:00:00
  Last input 00:08:33, output 00:00:01, output hang never
  Last clearing of "show interface" counters never
  Queueing strategy: fifo
  Output queue 0/40, 0 drops; input queue 0/75, 0 drops
  5 minute input rate 0 bits/sec, 0 packets/sec
  5 minute output rate 0 bits/sec, 0 packets/sec
     14 packets input, 1855 bytes, 0 no buffer
     Received 14 broadcasts, 0 runts, 0 giants, 0 throttles
     0 input errors, 0 CRC, 0 frame, 0 overrun, 0 ignored
     0 input packets with dribble condition detected
     162 packets output, 18312 bytes, 0 underruns
     9 output errors, 0 collisions, 4 interface resets
     0 babbles, 0 late collision, 0 deferred
     9 lost carrier, 0 no carrier
     0 output buffer failures, 0 output buffers swapped out
Router#
```

图 8.13   验证命令

步骤 3：配置路由器名称和密码，如图 8.14 所示。

```
Router#
Router#pwd 111
          ^
% Invalid input detected at '^' marker.

Router#config t
Enter configuration commands, one per line.  End with CNTL/Z.
Router(config)#hostname cisco2503
cisco2503(config)#enable secret cisco
cisco2503(config)#exit
cisco2503#
00:53:05: %SYS-5-CONFIG_I: Configured from console by consoleex
```

图 8.14   配置路由器名称和密码命令

步骤 4：设置 PC 的 IP 地址。

步骤 5：测试连通性，如图 8.15 所示。

```
cisco2503#
cisco2503#ping 192.168.84.235

Type escape sequence to abort.
Sending 5, 100-byte ICMP Echos to 192.168.84.235, timeout is 2 seconds:
.!!!!
Success rate is 80 percent (4/5), round-trip min/avg/max = 1/1/1 ms
```

图 8.15   测试 PC 至路由器 E0 端口的连通性

步骤 6：配置 VTY 线路。

在本实验中，Telent 访问配置 5 条终端线路（VTY0～VTY4），并且为这些线路设置密码为 Cisco。另外，还要设置超时值，如果 VTY 线路连续 20min 没有活动，连接将终止。超时值以分和秒表示，默认情况下，VTY 线路的超时值为 10min。配置 VTY 线路需要在全局配置模式下执行如下操作步骤。

（1）进入 VTY0～VTY4 的线路配置模式。

（2）启用 VTY 登录密码验证。

（3）设置 Telnet 访问密码。

（4）设置 exec-timeout 时间。

具体配置命令如图 8.16 所示。

图 8.16　配置 VTY 线路命令

步骤 7：测试在 PC 上 Telnet 登录到路由器。

通过控制台端口对路由器进行以上配置之后，断开控制台端口会话就可以使用 LAN 上的 PC Telnet 到路由器了。在"开始"中，单击"运行"输入"Telnet 192.168.84.254"，如图 8.17 所示。

图 8.17　在"运行"对话框中打开 Telnet 登录界面

单击"确定"按钮之后，按照提示输入特权密码，即可开始对路由器进行配置，如图 8.18 所示。

图 8.18　成功登录路由器界面

8.2.4　通过 Web 方式配置

采用 Web 方式配置路由器之前,必须查看所配置的路由器是否支持 Web 管理方式,以下配置以 Cisco 2500 系列路由器为例介绍路由器 Web 方式配置方法。

与通过 Telnet 方式配置一样,Web 方式配置属于带内远程的管理方法。其操作步骤中的步骤 1～步骤 5 与"通过 Telnet 方式搭建路由器配置环境"相同,请参考 8.2.3 节。操作步骤 6 和步骤 7 如下。

步骤 1～步骤 5 省略。

步骤 6:开启 HTTP 服务并验证。

(1) 进入 E0 端口模式,开启路由器的 HTTP 服务,如图 8.19 所示。

```
cisco2503#config t
Enter configuration commands, one per line.  End with CNTL/Z.
cisco2503(config)#int e0
cisco2503(config-if)#exit
cisco2503(config)#ip http server
cisco2503(config)#exit
cisco2503#
02:33:40: %SYS-5-CONFIG_I: Configured from console by console
```

图 8.19　开启路由器的 HTTP 服务命令

(2) 验证 HTTP 服务是否开启。

```
cisco2503＃show running          !在特权模式输入查看配置命令
Building configuration...
Current configuration:
version 12.0
service timestamps debug uptime
service timestamps log uptime
no service password－encryption
hostname cisco2503
enable secret 5 $1$8L0b$izHwc60qtZjFIVswjZDVk/
ip subnet－zero
isdn voice－call－failure 0
interface Ethernet0
ip address 192.168.84.254 255.255.255.0
no ip directed－broadcast
interface Serial0
no ip address
no ip directed－broadcast
no ip mroute－cache
shutdown
no fair－queue
interface Serial1
no ip address
no ip directed－broadcast
shutdown
interface BRI0
no ip address
```

```
no ip directed – broadcast
shutdown
isdn guard – timer 0 on – expiry accept
ip classless
ip http server                    !表示路由器的 HTTP 服务开启状态
line con 0
transport input none
line aux 0
line vty 0 4
exec – timeout 20 0
password cisco
login
end
cisco2503＃
```

步骤 7：使用 Web 方式登录路由器。

打开 Windows 系统程序，单击"开始"→"运行"，在运行 Windows 自带的 Telnet 客户端程序，并指定 Telnet 的目标地址。同样，确定之后，要求输入口令。这里用户名输入"CISCO"，密码输入"cisco"。这样在 PC 上就可以对该路由器进行配置了，与通过控制台端口或者 Telnet 方式进行配置一样，如图 8.20 所示。

```
Cisco Systems

Accessing Cisco 2500 "cisco2503"

    Telnet - to the router.

    Show interfaces - display the status of the interfaces.
    Show diagnostic log - display the diagnostic log.
    Monitor the router - HTML access to the command line interface at level 0, 1, 2, 3, 4, 5, 6, 7, 8, 9, 10, 11, 12, 13, 14, 15
    Connectivity test - ping the nameserver.

    Show tech-support - display information commonly needed by tech support.


Help resources

    1. CCO at www.cisco.com - Cisco Connection Online, including the Technical Assistance Center (TAC).
    2. tac@cisco.com - e-mail the TAC.
    3. 1-800-553-2447 or +1-408-526-7209 - phone the TAC.
    4. cs-html@cisco.com - e-mail the HTML interface development group.
```

图 8.20　Web 方式配置界面

实验注意事项：

（1）在超级终端中的配置是对路由器的操作，这时的 PC 只是输入输出设备。

（2）用 Telnet 和 Web 方式管理时，先测试连通性。

8.3 路由器配置模式及转换

1. 路由器的配置模式

在 Cisco 路由器中,命令解释器称为 EXEC。EXEC 解释用户输入的命令并执行相应的操作,在执行 EXEC 命令前必须先登录路由器。考虑到安全因素,EXEC 设置了两层保护模式,第一层为普通用户模式,第二层为特权模式。这两种模式的主要区别是特权模式可以影响路由器的操作,而用户模式不允许使用这些"破坏"命令。例如,特权模式可以使用 reload 命令,这个命令让路由器重新启动,而用户模式下不允许使用这个命令。表 8.2 列出这两种模式的关键特性及主要区别。

表 8.2 用户及特权模式比较

模　　式	命令提示符的结束符号	访 问 方 式	命令是否改变路由器的运行
用户模式	>	Telnet、控制台	否
特权模式	♯	在用户模式下通过 enable 命令进入	是

用户在从用户模式进入特权模式时必须使用 enable 命令,只有在用户提供正确的 enable 命令之后,IOS 才让用户进入特权模式。特权模式用户也可以通过 disable、exit 等命令退出用户模式。只有进入路由器的特权模式下才能对路由器进行配置,才可以进入全局配置模式和各种特定模式,表 8.3 列出了各种特定配置模式。

表 8.3 特定配置模式

提 　示 　符	配 　置 　模 　式	描　　　述
Router >	用户 exec 模式	查看有限的路由器信息
router♯	特权 exec 模式	详细查看,测试,调试和配置命令
Router(config)♯	全局配置模式	修改高级配置和全局配置
router(config-if)♯	端口配置模式(interface)	执行用于端口的命令

实验注意事项:

Cisco Catalyst 系列交换机所使用的操作系统 IOS 与 Cisco 路由器所使用的操作系统 IOS 都是基于相同的内核和 Shell,结构上大同小异。但是,交换机的 IOS 和路由器的 IOS 实现各自的功能、特点不同,以及使用位置不一样,交换机用在网络中的数据链路层,而路由器使用在网络中的网络层。

2. 路由器配置模式的转换

学习了路由器主要的路由器模式、用户 EXEC 模式和特权 EXEC 模式后,可以用于检查路由器的运行状态和对网络进行故障排除。然而,为了配置路由器,还需要理解配置模式和如何从一种模式变换到另一种模式。同时,不能从用户 EXEC 模式中改变路由器的配置,所以需要配置路由器,必须先进入特权 EXEC 模式。

一旦处于特权 EXEC 模式,可以进入全局配置模式。例如,在这个模式下,完全可配置用户登录进入路由器时的标题信息和使用不同的路由器协议。任何可以影响整个路由器的运行的配置命令都必须在全局配置模式中输入。

使用 Congfigure Terminal 可以进入全局配置模式,代码如下。

```
Router>
Router>en
Router#config terminal
Enter configuration commands, one per line.  End with CNTL/Z.
Router(config)#hostname MYrouter
MYrouter(config)#
```

注意提示符的变化,以告诉用户处于全局配置模式,而不是特权 Exec 模式。

为了退出全局配置模式和返回到特权 EXEC 模式,使用命令 Exit,或按 Ctrl+Z 组合键。按 Enter 键后,命令立即生效,而且将放置在 RAM 的运行配置中,它将控制路由器的运行。可以在前面的显示中看见,当输入 Hostname 时,路由器的提示立即改变,并使用新的名称。

大多数用户希望立即检查他们的运行配置,以了解是否正确反映了新命令的结果。记住,不能在全局配置模式中使用任何 Show 命令,或者在其他配置模式中使用整个命令。使用 Show 命令,必须先退回到特权 EXEC 模式。

当然,配置路由器的特定组件时,必须首先进入全局配置模式。所有其他的配置模式都从全局配置模式进入。下面的列表列出了经常使用的其他的配置模式,以及它们的特殊提示符。

```
端口配置模式      R(config-if)#
子端口配置模式    R(config-subif)#
线路配置模式      R(config-line)#
路由器配置模式    R(config-router)#
IPX 路由器配置模式 R(config-ipx-router)#
```

表 8.4 概述了常用的路由器配置模式,以及如何从一种配置模式转换到另一种配置模式的方法。

表 8.4　一般命令模式及转换

命令模式	访问方法	路由器提示符	退出方法
用户 EXEC	登录	Router>	使用 Logout 命令
特权 EXEC	从用户 EXEC 模式输入 Enable 命令	Router#	为退出回到用户 EXEC 模式,使用 Disable、Exit 或 Logout 命令
全局配置	从特权 EXEC 模式,输入 Config Treminal 命令	Router(config)#	为退出回到特权 EXEC 模式,使用 Exit 或 End
端口配置	从全局配置模式,输入 Interface 类型编号命令,例如 Interface E0	Router(config-if)#	为退出回到全局配置模式,使用 Exit 命令。为直接退出回到特权 EXEC 模式,可按 Ctrl+Z 组合键

实验注意事项:

(1) 路由器配置模式转换。

用户模式→特权模式,使用“enable”。

特权模式→全局配置模式，使用命令"config t"。

全局配置模式→端口配置模式，使用命令"interface＋端口类型＋端口号"。

全局配置模式→线控模式，使用命令"line＋端口类型＋端口号"。

（2）路由器配置模式注释。

用户模式：查看初始化信息。

特权模式：查看所有信息、调试、保存配置信息。

全局模式：配置所有信息、针对整个路由器或交换机的所有端口。

端口模式：针对一个端口的配置。

线控模式：对路由器进行控制的端口配置。

8.4　路由器的启动顺序

当路由器启动时，将执行一系列步骤，称为 Boot Sequence（启动顺序），以测试硬件并加载所需要的软件。Cisco 路由器加电启动顺序如图 8.21 所示，包括下列步骤。

步骤 1：路由器执行 Post（开机自检）。Post 检查硬件以验证设备的所有组件目前是可运行的。Post 存储在 ROM（只读存储器）中并从 ROM 运行。

步骤 2：Bootstrap 查找并加载 Cisco IOS 软件。Bootstrap 是位于 ROM 中的程序，用于执行程序。Bootstrap 程序负责找到每个 IOS 程序的位置然后加载该文件。默认情况下，所有 Cisco 路由器都从闪存加载 IOS 软件。

步骤 3：IOS 软件在 NVRAM 中查找有效的配置文件，此文件称为 Startup-config，只有当管理员将 Running-config 文件复制到 NVRAM 中才产生该文件。

步骤 4：如果 NVRAM 中有 Startup-config 文件，路由器将加载并运行此文件。路由器目前是可操作的。如果 NVRAM 中没有 Startup-config 文件，路由器将启动 Setup-config（设置模式）配置上述启动操作。

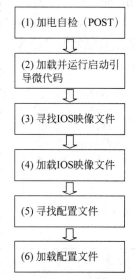

图 8.21　路由器加电启动顺序

步骤 5：管理配置寄存器。所有的 Cisco 路由器具有一个位于 NVRAM 中的 16 位软件寄存器。默认情况下，配置寄存器设置为从闪存加载 Cisco IOS，并且从 NVRAM 查找并加载 Startup-config 文件。Cisco 路由器默认设置是 0x2102，第 13 位、第 8 位和第 1 位是开启的。

实验注意事项：

（1）Cisco 发现协议（Cisco Discovery Protocol，CDP）是 Cisco 专用协议，用于管理员收集关于本地和远程连接设备的相关信息。通过使用 CDP，可以收集相邻设备的硬件和协议信息，此信息对于排除故障和网络文件归档非常有用。

（2）使用 Telnet：Telnet 是虚拟中断协议，是 TCP/IP 协议组的一部分。Telnet 允许连接到远程设备、收集信息并执行程序。当路由器和交换机配置完成后，可以使用 Telnet

程序配置和检查路由器和交换机,这样可以不需要使用控制台电缆。通过在任何命令提示下输入 Telnet 运行 Telnet 程序。执行此操作必须在路由器上设置 VTY 口令。CDP 只能收集到和用户登录设备相连接的设备的信息,但是用户可以通过 Telnet 到远端设备上使用 CDP 命令,从而获得远程网络的 CDP 信息。

8.5　清除及修改路由器 Enable 密码

1. 实验目的

(1) 学习设置路由器口令。
(2) 学习本地破解路由器口令。
(3) 学习清除及修改路由器 Enable 密码的操作方法。

2. 实验原理

路由器的口令恢复操作需先启动超级终端,在路由器的 Setup 模式下,所有选项都选 No 或按 Ctrl+C 组合键,进入 ROM 监控状态 Rommon >。用配置寄存器命令 Confreg 设置参数值 0x2142,跳过配置文件,设置口令后再还原为 0x2102。

3. 实验步骤

步骤 1：查看路由器配置寄存器的设置信息。

路由器的配置寄存器的设置用超级终端连上路由器,输入命令 show version。这个命令显示当前的配置寄存器的设置,还有其他信息。在显示的信息最后有一行显示 configuration register is 0x2102(不同路由器可能不同),记下 0x2102 这个值,如图 8.22 所示。

```
jyswith>SHOW VERSION
Cisco Internetwork Operating System Software
IOS (tm) 2500 Software (C2500-I-L), Version 12.0(7)T, RELEASE SOFTWARE (fc2)
Copyright (c) 1986-1999 by cisco Systems, Inc.
Compiled Mon 06-Dec-99 14:50 by phanguye
Image text-base: 0x0303C728, data-base: 0x00001000

ROM: System Bootstrap, Version 5.2(8a), RELEASE SOFTWARE
BOOTFLASH: 3000 Bootstrap Software (IGS-RXBOOT), Version 10.2(8a), RELEASE SOFTW
ARE (fc1)

jyswith uptime is 8 minutes
System returned to ROM by power-on
System image file is "flash:c2501-ios_OSPF.bin"

cisco 2500 (68030) processor (revision D) with 16384K/2048K bytes of memory.
Processor board ID 03908508, with hardware revision 00000000
Bridging software.
X.25 software, Version 3.0.0.
Basic Rate ISDN software, Version 1.1.
1 Ethernet/IEEE 802.3 interface(s)
2 Serial network interface(s)
1 ISDN Basic Rate interface(s)
32K bytes of non-volatile configuration memory.
8192K bytes of processor board System flash (Read ONLY)

Configuration register is 0x2102
```

图 8.22　显示当前的配置寄存器的设置

步骤 2：重新加电，即关掉电源开关，再打开电源，如图 8.23 所示。

```
System Bootstrap, Version 5.2(8a), RELEASE SOFTWARE
Copyright (c) 1986-1995 by cisco Systems
2500 processor with 16384 Kbytes of main memory

Abort at 0x1050B3E (PC)
>O/R 0X2142
>I
```

图 8.23　路由器重新加电启动界面

步骤 3：中断启动进程。

Setup 模式下，所有选项都选 No 或按 Ctrl＋C 组合键，在路由器重启后的 60 秒内，按住 Ctrl 键，然后按 Break 键，显示代码如下。

```
System Bootstrap, Version 5.2(8a), RELEASE SOFTWARE
Copyright (c) 1986 - 1995 by cisco Systems
2500 processor with 16384 Kbytes of main memory
F3: 7330424 + 102200 + 569972 at 0x3000060
                Restricted Rights Legend
Use, duplication, or disclosure by the Government is
subject to restrictions as set forth in subparagraph
(c) of the Commercial Computer Software - Restricted
Rights clause at FAR sec. 52.227 - 19 and subparagraph
(c) (1) (ii) of the Rights in Technical Data and Computer
Software clause at DFARS sec. 252.227 - 7013.
                cisco Systems, Inc.
                170 West Tasman Drive
                San Jose, California 95134 - 1706
Cisco Internetwork Operating System Software
IOS (tm) 2500 Software (C2500 - I - L), Version 12.0(7)T,   RELEASE SOFTWARE (fc2)
Copyright (c) 1986 - 1999 by cisco Systems, Inc.
Compiled Mon 06 - Dec - 99 14:50 by phanguye
Image text - base: 0x0303C728, data - base: 0x00001000
cisco 2500 (68030) processor (revision D) with 16384K/2048K bytes of memory.
Processor board ID 03908508, with hardware revision 00000000
Bridging software.
X.25 software, Version 3.0.0.
Basic Rate ISDN software, Version 1.1.
1 Ethernet/IEEE 802.3 interface(s)
2 Serial network interface(s)
1 ISDN Basic Rate interface(s)
32K bytes of non - volatile configuration memory.
8192K bytes of processor board System flash (Read ONLY)
                --- System Configuration Dialog ---
Would you like to enter the initial configuration dialog? [yes/no]:
Press RETURN to get started!
14:50 by phanguye
00:00:30: % LINK - 5 - CHANGED: Interface BRI0, changed state to administratively down
00:00:31: % LINEPROTO - 5 - UPDOWN: Line protocol on Interface Ethernet0, changed state to down
00:00:31: % LINEPROTO - 5 - UPDOWN: Line protocol on Interface BRI0, changed state to down
00:00:32: % LINK - 5 - CHANGED: Interface Ethernet0, changed state to administratively down
00:00:32: % LINK - 5 - CHANGED: Interface Serial0, changed state to administratively down
```

00:00:32: % LINK − 5 − CHANGED: Interface Serial1, changed stat

Router > e to administratively down

00:00:33: % LINEPROTO − 5 − UPDOWN: Line protocol on Interface Serial0, changed state to down

00:00:33: % LINEPROTO − 5 − UPDOWN: Line protocol on Interface Serial1, changed state to down

Router >

步骤 4：输入命令 router♯copy start-config running-config，如图 8.24 所示。

```
Router>
Router>en
Router#copy start-config running-config
Destination filename [running-config]?
%Error opening flash:start-config (No such file or directory)
Router#config t
Enter configuration commands, one per line.  End with CNTL/Z.
Router(config)#config-register 0x2102
Router(config)#copy running start

% Invalid input detected at '^' marker.
```

图 8.24　保存当前配置信息

步骤 5：在特权模式下恢复为使用配置文件状态，如图 8.25 所示。

router(config)♯config − register 0x2102

router♯copy running start

```
Router(config)#exit
Router#config t
00:03:22: %SYS-5-CONFIG_I: Configured from console by console
Enter configuration commands, one per line.  End with CNTL/Z.
Router(config)#exit
Router#config t
00:03:29: %SYS-5-CONFIG_I: Configured from console by console
Enter configuration commands, one per line.  End with CNTL/Z.
Router(config)#exit
Router#copy start-config running-config
00:03:33: %SYS-5-CONFIG_I: Configured from console by console
Destination filename [running-config]?
%Error opening flash:start-config (No such file or directory)
Router#config t
Enter configuration commands, one per line.  End with CNTL/Z.
Router(config)#config-register 0X2102
Router(config)#EXIT
Router#
00:04:32: %SYS-5-CONFIG_I: Configured from console by console
Router#copy running start
Destination filename [startup-config]?
Building configuration...
[OK]
```

图 8.25　恢复为使用配置文件状态

步骤 6：重新启动路由器。在特权模式下输入 reload 命令。

Router♯reload

Proceed with reload? [confirm]

00:11:07: % SYS − 5 − RELOAD: Reload requested

System Bootstrap, Version 5.2(8a), RELEASE SOFTWARE

Copyright (c) 1986 − 1995 by cisco Systems

2500 processor with 16384 Kbytes of main memory

F3: 7330424 + 102200 + 569972 at 0x3000060

Restricted Rights Legend

Use, duplication, or disclosure by the Government is

subject to restrictions as set forth in subparagraph

(c) of the Commercial Computer Software − Restricted

Rights clause at FAR sec. 52.227 − 19 and subparagraph

(c) (1) (ii) of the Rights in Technical Data and Computer

Software clause at DFARS sec. 252.227 − 7013.

cisco Systems, Inc.

170 West Tasman Drive

San Jose, California 95134 − 1706

Cisco Internetwork Operating System Software

IOS (tm) 2500 Software (C2500 − I − L), Version 12.0(7)T,　RELEASE SOFTWARE (fc2)

Copyright (c) 1986 − 1999 by cisco Systems, Inc.

Compiled Mon 06 − Dec − 99 14:50 by phanguye

Image text − base: 0x0303C728, data − base: 0x00001000

cisco 2500 (68030) processor (revision D) with 16384K/2048K bytes of memory.

Processor board ID 03908508, with hardware revision 00000000

Bridging software.

X.25 software, Version 3.0.0.

Basic Rate ISDN software, Version 1.1.

1 Ethernet/IEEE 802.3 interface(s)

2 Serial network interface(s)

1 ISDN Basic Rate interface(s)

32K bytes of non − volatile configuration memory.

8192K bytes of processor board System flash (Read ONLY)

isdn guard − timer 0 on − expiry accept

　　　　　　　　　^

% Invalid input detected at '^' marker.

Press RETURN to get started!

00:00:04: % LINK − 3 − UPDOWN: Interface BRI0, changed state to up

00:00:05: % LINK − 3 − UPDOWN: Interface Ethernet0, changed state to up

00:00:05: % LINK − 3 − UPDOWN: Interface Serial0, changed state to down

00:00:05: % LINK − 3 − UPDOWN: Interface Serial1, changed state to down

00:00:31: % LINEPROTO − 5 − UPDOWN: Line protocol on Interface Ethernet0, changed state to down

00:00:34: % LINK − 5 − CHANGED: Interface Ethernet0, changed state to administratively down

00:00:35: % LINK − 5 − CHANGED: Interface BRI0, changed state to admi

Router > nistratively down

00:00:35: % LINK − 5 − CHANGED: Interface Serial0, changed state to administratively down

00:00:36: % SYS − 5 − CONFIG_I: Configured from memory by console

00:00:36: % LINEPROTO − 5 − UPDOWN: Line protocol on Interface BRI0, changed state to down

00:00:36: % LINK − 5 − CHANGED: Interface Serial1, changed state to administratively down

00:00:36: % SYS − 5 − RESTART: System restarted −−

Cisco Internetwork Operating System Software

IOS (tm) 2500 Software (C2500 − I − L), Version 12.0(7)T,　RELEASE SOFTWARE (fc2)

Copyright (c) 1986 − 1999 by cisco Systems, Inc.

Compiled Mon 06 − Dec − 99 14:50 by phanguye

00:00:36: % LINEPROTO − 5 − UPDOWN: Line protocol on Interface Serial0, changed state to down

00:00:37: % LINEPROTO − 5 − UPDOWN: Line protocol on Interface Serial1, changed state to down

Router > en

Router #

4. 实验总结

(1) 中断启动进程。

在路由器重启后的 60 秒内,按住 Ctrl 键,然后按 Break 键。

（2）改变路由器的配置寄存器。

输入命令改变路由器的配置寄存器。

（3）2500 系列路由器。

在 ROM Monitor 模式中输入 o/r 0x2142 然后回车。输入 i 后回车，重启路由器。等到路由器重启完毕，提示进入初始配置时输入 n，然后回车就可以看到 Router >提示符。使用 o/r 命令把配置寄存器值更改为 0x2142，目的是使路由器启动 IOS 软件时不调用 NVRAM 中的配置文件，从而不进行口令方面的认证。路由器 NVRAM 中有 16 位的配置寄存器，其中第 6 位含义是 Ignore nvram content，读者注意到我们将配置寄存器先前配置的 0x2102 更改为 0x2142，即将第 6 位置位，故忽略了 NVRAM 内容。

（4）其他系列路由器。

口令恢复操作基本相同，其他系列路由器与以上配置的主要区别在于 ROM Monitor 模式下，更改配置寄存器值的命令不是 o/r，而是 Confreg；重启路由器 IOS 软件命令不是 i，而是 reload。

（5）更改路由器 enable secret 密码。

输入 Enable 进入特权模式，输入命令 Copy Startup-config Running-Config。然后输入 Configure Terminal 进入全局配置模式，输入 Enable secret cisco。按 Ctrl＋Z 组合键退出到全局模式，然后输入 Copy Running-Config Startup-Config。

（6）恢复原来的配置寄存器。

检查当前的配置寄存器，然后在特权模式下把它改回原来的值。

（7）验证新的密码。

输入 Reload 重启路由器，当提示保存新的配置时输入 Y。重新启动之后，输入 Cisco 进入特权模式，运行 show version 查看配置寄存器信息。

实验注意事项：

（1）步骤 3 是进入一种较特殊的运行模式——ROM Monitor 模式，提示符为>。路由器的 ROM 中除固化了一种功能有限的 IOS 之外，还有一种非 IOS 的简单操作系统，也可以被加载，加载之后进入的模式被称为 ROM Monitor 模式。ROM Monitor 模式通常被用于对设备进行低级调试和口令恢复。

（2）步骤 4 中改变配置寄存器的目的是告诉路由器下次启动时忽略 NVRAM 中的配件。改变不同型号路由器命令也会稍有不同。

（3）步骤 5 中由于路由器的配置寄存器被改了，使路由器启动时没有读取启动配置文件。Copy Start Run 命令把启动配置复制到运行配置中，然后改动运行配置的 Enable Secret 密码，Copy Run Start 命令再把运行配置复制到启动配置中去，这样启动配置的 Enable Secret 就改为成新设的密码了。

（4）步骤 6 中由于现在配置寄存器仍然被设置为忽略路由器的启动配置，需要把配置寄存器改回原先的值。以步骤 1 为例，寄存器值为 0x2102，在全局配置模式下输入命令 Config-Register 0x2102，即可将配置寄存器值改回原先的设定值。

（5）步骤 7 中如果能够进入特权模式，表明密码设置是正确的。

8.6 路由器 show 命令

1. 实验目的

(1) 熟悉基本的路由器 show 命令。

(2) 用 show version 命令获取路由器的硬件配置信息。

(3) 用 show running-config 命令获取在内存中的路由器当前的运行配置文件。

(4) 用 show startup-config 命令查看在 NVRAM 中的备份配置文件。

(5) 用 show flash 命令查看 IOS 文件信息。

(6) 用 show interface 命令查看路由器端口当前状态。

2. 实验步骤

步骤 1：使用帮助命令。在路由器提示符下输入"?"可获得帮助,并回答以下问题。

(1) 路由器回应了什么信息? 是否所有的路由器命令在当前模式下均可运行?

(2) show 命令是否当前的选项之一?

步骤 2：通过 show version 命令了解 IOS 版本和其他关于路由器 RAM,NVRAM, Flash Memory 以及 register value 的信息。思考并回答以下几个问题。

(1) 查看 IOS 是什么版本?

(2) IOS 的系统镜像文件名称是什么?

(3) 这个路由器有什么类型的处理器,内存是多少?

(4) 寄存器中的配置情况怎样?

步骤 3：运行其他 show 命令,回答以下问题。

(1) show clock 命令的作用是什么?

(2) show startup-config 命令的作用是什么?

(3) show arp 命令的作用是什么?

步骤 4：输入 show interface 命令获得端口配置的统计信息。回答以下问题。

(1) 输入 Show interface 查找路由器的 Ethernet0 端口的以下信息。

MTU 数值是多少?

Rely 值是多少?

(2) 输入 Show interface 查找路由器的 Serial0 端口的以下信息。

IP 地址和子网掩码是多少?

使用数据链路层什么协议封装?

实验注意事项：

熟记 show version、show running-config、show startup-config、show flash、show interface 这 5 个命令的作用。

8.7　路由器 copy 命令

在路由器的配置过程中,经常会用到 copy 这个命令。下面介绍如何使用 copy 命令备份配置文件,以及如何从 TFTP 服务器复制备份配置文件。

1.　copy running-config startup-config

这个命令是将存储在 RAM 的正确配置复制到路由器的 NVRAM 中,这样,在下一次启动时,路由器就会使用这个正确的配置。

2.　copy running-config tftp

这个命令是将 RAM 中正确的配置文件复制到 TFTP 服务器上,强烈推荐网络管理员这样做,因为如果路由器不能从 NVRAM 中正常装载配置文件,可以通过从 TFTP 中复制正确的配置文件。

```
========================================================================
it168#copy running-config tftpaddress or name of remote host[]?129.0.0.3destination file
name [it168-confg]?!!!!!!!!!!!!!!!!!!!!!!!!!!!!!!!!!!!!!624 bytes copied in 7.05 secsit168#
```

当网络管理员输入命令并按 Enter 键后,路由器会要求输入 TFTP 服务器的 IP 地址,在正确地输入服务器 IP 地址后,路由器还要求网络管理员提供需要备份的配置文件名。一般建议使用管理员容易记忆的文件名。这时路由器会提示管理员单击 yes 确认操作。

3.　copy tftp running-config

如果路由器的配置文件出现问题,这时就可以通过从 TFTP 服务器中复制备份的配置文件。具体配置如下。

```
========================================================================
it168#copy tftp running-configaddress or name of remote host[]?129.0.0.3source filename []?
it168-confgdestination file name [running-config]?accessing tftp://129.0.0.3/it168-
confgloading it168-confg from 129.0.0.3(via fastethernet 0/0):!!!!!!!!!!!!!!!!!!!!!!![ok
-624 bytes]624 bytes copied in 9.45 secs it168#
```

8.8　路由器的基本配置

1.　实验目的

(1) 路由器配置前的准备。

(2) 路由器的机器码的配置。

(3) 端口 IP 地址、基本封装类型。

2. 实验拓扑图

实验拓扑图如图 8.26 所示。

3. 实验拓扑图连接端口

(1) 路由器可采用适配器转接连接,一端与路由器的 AUI 端口相连,另一端 RJ-45 端口与路由器的 Console 相连,如图 8.27～图 8.29 所示。

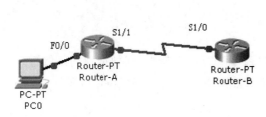

图 8.26　路由器基本配置实验拓扑图

图 8.27　适配器

图 8.28　路由器 AUI 端口

图 8.29　路由器 Console 端口

(2) 两个路由器的连接,分别用数据线的 DTE 端口和 DCE 端口与两个路由器的 S0 和 S1 端口相连,如图 8.30 和图 8.31 所示。

图 8.30　路由器 S0 端口和 S1 端口

图 8.31　数据线的 DCE 端口和 DTE 端口

4. IP 地址与路由器端口配置

本实验的 RouterA 和 RouterB 的 IP 地址与端口参数配置,如表 8.5 所示。

表 8.5　路由器端口配置

RouterA			RouterB		
端口	类型	IP 地址	端口	类型	IP 地址
S1/1	DCE	192.168.1.1	S0/0	DTE	192.168.1.2
F0/0		192.168.2.1			

5. 实验内容

(1) 配置路由器 E0 端口 IP 地址。

```
Router>en
Router#config t
Enter configuration commands, one per line.  End with CNTL/Z.
Router(config)#int E0
Router(config-if)#ip add 192.168.2.1 255.255.255.0
Router(config-if)#no shutdown
Router(config-if)#
00:04:38: %LINK-3-UPDOWN: Interface Ethernet0, changed state to up
```

(2) 配置路由器 S0 或 S1 端口 IP 地址。

步骤 1：配置路由器 B 的 S0 端口。

```
Router>en
Router#config t
Enter configuration commands, one per line.  End with CNTL/Z.
Router(config)#int E0
Router(config-if)#ip add 192.168.2.1 255.255.255.0
Router(config-if)#no shutdown
Router(config-if)#
00:04:38: %LINK-3-UPDOWN: Interface Ethernet0, changed state to up
Router(config-if)#exit
Router(config)#int s0
Router(config-if)#ip add 192.168.1.2 255.255.255.0
Router(config-if)#no shutdown
Router(config-if)#
00:06:53: %LINK-3-UPDOWN: Interface Serial0, changed state to up
00:06:54: %LINEPROTO-5-UPDOWN: Line protocol on Interface Serial0, changed state
 to up
```

步骤 2：配置路由器 A 的 S1 端口。

```
Router(config-if)#exit
Router(config)#int s1
Router(config-if)#ip add 192.168.1.1 255.255.255.0
Router(config-if)#no shutdown
Router(config-if)#exit
Router(config)#
```

(3) 配置路由器特权模式机器名。

配置主机名应在全局模式下,命令格式为 router(config)#hostname (name)。例如,
将路由器名设置为 RouterA 的操作如下。

```
Router#config t
Enter configuration commands, one per line.  End with CNTL/Z.
Router(config)#hostname ?
  WORD  This system's network name

Router(config)#hostname Router-A
Router-A(config)#
```

(4) 设置多种口令。

Cisco 路由器和交换机中可设置以下几种口令。

第一口令：进入特权模式的口令配置,在全局模式下可以设置特权模式密码,命令格式
如下。

RouterA(config)＃enable password (password)

或者

RouterA(config)＃enable secret (password)

例如,将密码设置成 CISCO,具体操作如下。

```
Router-A>en
Router-A#config t
Enter configuration commands, one per line.  End with CNTL/Z.
Router-A(config)#enable secret CISCO
Router-A(config)#
```

第二口令:控制台端口令,从控制台端口用仿真终端访问路由器和交换机时,需要本口令。设置控制台端登录口令,在默认情况下,从控制台端访问路由器和交换机的用户可以使用所有配置命令,并且不需要任何口令认证。但也可以配置控制台端口的用户登录口令,其操作如下。

```
Router-A#config t
Enter configuration commands, one per line.  End with CNTL/Z.
Router-A(config)#line console 0
Router-A(config-line)#password weilei      !设置控制台登录口令为weilei
Router-A(config-line)#login
Router-A(config-line)#exec-timeout 20 5    !设置控制台超时时间为20分5秒
Router-A(config-line)#end
Router-A#
01:06:11: %SYS-5-CONFIG_I: Configured from console by console
```

实验注意事项:

用 End 命令一次可以退到最外层,Exit 命令一次只能外退一层。

当重新启动时,屏幕显示如下。

```
User Access Verification

Password:                !口令不显示
Password:
Router-A>en              !输入控制台端口登录时的口令是weilei
Password:
Router-A#                !则登录到用户EXEC模式
```

第三口令:设置 VTY 口令。

有时,网络管理员要配置的路由器和交换机不在网络管理员所在的房间,但网络管理员可以 Ping 通路由器和交换机。这时,可以用 Telnet 登录到路由器和交换机上,对路由器和交换机进行远程配置。路由器和交换机上的 Telnet 服务进程使得路由器和交换机犹如一台 UNIX 主机,给网络管理员远程配置提供了极大方便。当然,从安全角度,使用 Telnet 访问路由器和交换机需要虚拟终端 VTY 口令。要设置 VTY 口令,先进入线路 VTY0~4 的线路配置模式,执行命令步骤如下。

```
Router > enable
Router＃
Router＃config t
Router(config)＃
Router(config)＃line vty 0 4              !进入 VTY0~4 线路配置模式
Router(config-line)＃
Router(config-line)＃login                !VTY 端口设置成口令验证
Router(config-line)＃password weilei      !VTY 端口口令设置成 weilei
```

实验注意事项：

设置特权模式密码有两种方法：enable password 和 enable secret。通常采用的是 enable secret 命令，因为后者会对密码进行加密，因而具有更高的安全性。

（5）路由器 DCE 时钟频率配置。

```
Router > enable
Router #
Router # config t
Router(config) # int s1
Router(config - if) # ip add 192.168.1.1 255.255.0
Router(config - if) # bandwidth 64
Router(config - if) # clock rate 64000
Router(config - if) # no shutdown
Router(config - if) # end
Router #
```

（6）路由器配置保存。

```
Router # copy running - config startup - config
```

该命令用来保存 RAM 中的当前配置 running-config 到 NVRAM 中的启动配置文件 startup-config 里。当完成一组配置，并已经达到预定功能，则应将当前配置保存到 Flash 或 NVRAM 中的配置文件里，保存到由 configfile 命令指定的存储介质中，否则，在交换机路由器关机或突然断电后，刚刚输入的配置信息将全部丢失。

（7）路由器恢复出厂设置。

步骤 1：进入特权模式。

```
MYrouter>
MYrouter>enable
MYrouter#
```

步骤 2：查看当前配置。

```
MYrouter # Show running
Building configuration...
Current configuration:
version 12.0
service timestamps debug uptime
service timestamps log uptime
no service password - encryption
hostname MYrouter
ip subnet - zero
isdn voice - call - failure 0
interface Ethernet0
no ip address
 -- More --
```

步骤 3：删除配置文件。

```
MYrouter>enable
MYrouter#erase ?
  flash:        Filesystem to be erased
```

```
nvram:          Filesystem to be erased
startup-config  Erase contents of configuration memory
MYrouter#erase startup-config
Erasing the nvram filesystem will remove all files! Continue? [confirm]
[OK]
Erase of nvram: complete
MYrouter#
```

步骤 4：重新启动路由器。

```
MYrouter#
MYrouter#reload

System configuration has been modified. Save? [yes/no]: n
Proceed with reload? [confirm]

2d23h: %SYS-5-RELOAD: Reload requested
System Bootstrap, Version 5.2(8a), RELEASE SOFTWARE
Copyright (c) 1986-1995 by cisco Systems
```

路由器自检命令行如下。

F3: 7330424 + 102200 + 569972 at 0x3000060

Restricted Rights Legend

Use, duplication, or disclosure by the Government is

subject to restrictions as set forth in subparagraph

(c) of the Commercial Computer Software – Restricted

Rights clause at FAR sec. 52.227 – 19 and subparagraph

(c) (1) (ii) of the Rights in Technical Data and Computer

Software clause at DFARS sec. 252.227 – 7013.

cisco Systems, Inc.

170 West Tasman Drive

San Jose, California 95134 – 1706

Cisco Internetwork Operating System Software

IOS (tm) 2500 Software (C2500 – I – L), Version 12.0(7)T,   RELEASE SOFTWARE (fc2)

Copyright (c) 1986 – 1999 by cisco Systems, Inc.

Compiled Mon 06 – Dec – 99 14:50 by phanguye

Image text – base: 0x0303C728, data – base: 0x00001000

cisco 2500 (68030) processor (revision D) with 16384K/2048K bytes of memory.

Processor board ID 03911361, with hardware revision 00000000

Bridging software.

X.25 software, Version 3.0.0.

Basic Rate ISDN software, Version 1.1.

1 Ethernet/IEEE 802.3 interface(s)

2 Serial network interface(s)

1 ISDN Basic Rate interface(s)

32K bytes of non – volatile configuration memory.

8192K bytes of processor board System flash (Read ONLY)

--- System Configuration Dialog ---

Would you like to enter the initial configuration dialog? [yes/no]:

% Please answer 'yes' or 'no'.

Would you like to enter the initial configuration dialog? [yes/no]: n

Would you like to terminate autoinstall? [yes]:

Press RETURN to get started!

（8）帧中继及帧中继子端口综合配置。

由于帧中继及帧中继子端口综合配置早期设备使用较多，此处不做详细讲述。

8.9　Cisco 路由器 IOS 文件备份

1. 实验目的

(1) 配置 TFTP 服务器。

(2) 使用 copy 命令复制和备份配置文件。

2. 实验步骤

TFTP(Trivial File Transfer Protocol,简单文件传输协议),是允许文件在网络中从一台主机传输到另一台主机的简化的 FTP 版本,大多数网络设备的软件升级采用 TFTP 方式。

步骤 1:在工作站上执行 TFTP 服务端软件,使之成为 TFTP 服务器。用交叉线将工作站网卡和路由器以太网口相连,将此以太网口 IP 设置为与 PC 同一网段。

步骤 2:验证到 TFTP 服务器的连接,输入 ping xxx.xxx.xxx.xxx(充当 TFTP 服务器的工作站的 IP 地址)。

步骤 3:在路由器的全局配置模式下输入命令 copy running-config tftp。在输入这个命令后,路由器会提示输入远程主机的 IP 地址,请输入在步骤 1 验证的 IP 地址并按 Enter 键。然后路由器会提示输入要写入的文件名,默认是路由器的名字,按 Enter 键接受或者输入一个新的名字后按 Enter 键。

步骤 4:输入命令 erase startup-config 删除启动配置并用 show startup-config 验证。

步骤 5:输入命令 copy tftp starup-config。在输入这个命令后,路由器会提示输入远程主机的 IP 地址,请输入在步骤 3 中输入的 IP 地址并回车。然后,路由器会提示输入要读取的文件名,默认是路由器的名字,按 Enter 键接受或者输入在步骤 3 中建立的文件的名字后按 Enter 键。当这个步骤完成后,路由器会指出配置文件用去的 RAM 的字节数和路由器上的 RAM 的总字节数。

实验注意事项:

启动配置(startup-config)和运行配置(running-config)有什么不同呢? 这两个配置文件分别处于路由器存储体系中哪个部分上?

8.10　Cisco 路由器 IOS 文件升级

Cisco 路由器 IOS 映像文件升级的方法及步骤如下。

步骤 1:升级之前先备份,将相关文件备份至 TFTP 服务器,输入如下命令。

```
router#copy bootflash tftp(Cisco 2500 系列路由器不存在 BootFlash,相应的是 ROM)
router#copy flash tftp
router#copy startup-config tftp
```

步骤2：因为 Cisco 1000,1600,2500,4000 系列路由器不允许在正常工作状态下重写 Flash Memory,所以只有进入 ROM(或 BootFlash)启动模式才能升级 IOS 映像,依次输入以下命令。

```
router#conf t
router(config)#config-register 0x2101
router(config)#exit
router#wr
router#reload
```

步骤3：路由器重启完毕后进入 ROM(或 BootFlash)启动模式,从 TFTP 服务器将新的 IOS 映像文件复制至路由器的 Flash Memory 中。

```
router(boot)#copy tftp flash
```

步骤4：还原路由器虚拟寄存器的默认值(0x2102),恢复路由器的正常启动顺序,依次输入以下命令。

```
router(boot)#conf t
router(boot)(config)#config-register 0x2102
router(boot)(config)#exit
router(boot)#wr
router(boot)#reload
```

8.11　Cisco 路由器 IOS 文件恢复

Cisco 路由器 IOS 映像文件恢复的方法及步骤如下。

步骤1：连接 PC 的 COM1 端口与路由器的 Console 端口,使用 PC 的超级终端软件访问该路由器。

步骤2：开启路由器的电源开关,并在 30 秒内按 Ctrl+Break 组合键,中断路由器的正常启动以进入 ROM 监视模式,屏幕上提示符如下。

```
>
```

步骤3：输入如下命令。

```
>o /r 0x2101
```

改变路由器虚拟寄存器的默认值(0x2102)。

步骤4：输入重启命令。

```
>i
```

路由器重启,当屏幕上显示以下信息时表明路由器重启完毕。

```
System Bootstrap, Version 5.2(8a), RELEASE SOFTWARE
Copyright (c) 1986-1995 by cisco Systems
2500 processor with 1024 Kbytes of main memory
```

```
…
Press RETURN to get started!
```

步骤 5：路由器在虚拟寄存器的值为 0x2101 时自动进入 ROM 启动模式。

```
router(boot)>
```

步骤 6：此时，将 TFTP 服务器上的 IOS 映像文件恢复至路由器 Flash Memory 中，依次输入以下命令。

```
router(boot)> en
router(boot)#copy tftp flash
System flash directory:
No files in System flash
[0 bytes used, 4194304 available, 4194304 total]
Address or name of remote host [255.255.255.255]?192.168.84.168(IP 地址已做技术处理,下同)
Source file name? igs-i-l.110-22a.bin(IOS 映像文件名)
Destination file name [igs-i-l.110-22a.bin]?
Accessing file 'igs-i-l.110-22a.bin' on 192.168.18.168...
Loading igs-i-l.110-22a.bin from 192.168.18.168 (via Ethernet0): ! [OK]
Device needs erasure before copying new file
Erase flash device before writing? [confirm]
Copy 'igs-i-l.110-22a.bin' from server
as 'igs-i-l.110-22a.bin' into Flash WITH erase? [yes/no]y
Erasing device... eeeeeeeeeeeeeeee ...erased
Loading igs-i-l.110-22a.bin from 192.168.84.168 (via Ethernet0): !!!!!!!!!!!!!!!!!!!!
(!表示恢复成功)
```

步骤 7：还原路由器虚拟寄存器的默认值（0x2102），恢复路由器的正常启动顺序，依次输入以下命令。

```
router(boot)#conf t
router(boot)(config)#config-register 0x2102
router(boot)(config)#exit
router(boot)#wr
router(boot)#reload
```

第四部分

网络设备的高级配置与管理

第 9 章
CHAPTER 9 | Cisco 交换机的高级配置

9.1　交换机划分 VLAN

交换技术通过将网络划分成多个冲突域来改进网络服务,但如果不采用其他机制(如交换机上划分 VLAN(Virtual Local Area Network)),整个交换型网络仍然只包含一个广播域。广播域是一组相互接收广播帧的设备。

例如,如果设备 A 发送的广播帧将被设备 B 和 C 接收,则这三台设备位于同一个广播域中。默认情况下,交换机将广播帧从所有端口转发出去,因此与同一交换机相连的所有设备都位于同一个广播域中。

为降低广播域帧带来的开销,控制广播传遍整个网络至关重要。路由器运行在 IOS 模型的第 3 层,其每个端口属于一个不同的广播域。通过使用虚拟局域网(VLAN),交换机也能够提供多个广播域。VLAN 由一组位于一台或多台交换机上的端口组成,交换机硬件和软件将规定它们属于同一个广播域。VLAN 用于将连接到交换机的设备划分成逻辑广播域,防止广播影响其他设备。VLAN 是一个逻辑网络。

使用 VLAN 的网络具有如下特征。

(1) 每个逻辑 VLAN 就像是一台独立的物理网桥。

(2) 交换机所有端口均属于默认的同一个 VLAN 里。

(3) VLAN 可以跨越多台交换机。

(4) 中继链路能够为多个 VLAN 传输数据流。

9.1.1　单交换机划分 VLAN

1. 实验目的

(1) 熟悉 VLAN 的创建。

(2) 把交换机端口划分到特定 VLAN。

(3) 在网络设备中用命令测试连通性。

2. 实验拓扑图

本实验拓扑图如图 9.1 所示。

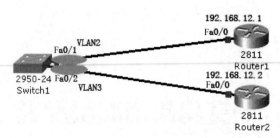

图 9.1　划分 VLAN 实验拓扑图

3. 实验过程

要配置 VLAN,首先要创建 VLAN,然后才把交换机的端口划分到特定的端口上。在划分 VLAN 前,对路由器 Router1 和 Router2 的 E0 或 Fa0/0 端口进行 IP 分配的配置,并用 Ping 命令测试两个路由器的连通性。

步骤 1：配置路由器 Router1,代码如下。

```
Router>en
Router#conf t
Enter configuration commands, one per line.  End with CNTL/Z.
Router(config)#hostname router1
router1(config)#int e0
router1(config-if)#ip addr 192.168.12.1 255.255.255.0
router1(config-if)#no shut
```

步骤 2：配置路由器 Router2,代码如下。

```
Router>en
Router#conf t
Enter configuration commands, one per line.  End with CNTL/Z.
Router(config)#hostname router2
router2(config)#int e0
router2(config-if)#ip addr 192.168.12.2 255.255.255.0
router2(config-if)#no shut
```

默认情况下,交换机的全部端口都在 VLAN1 上,Router1 和 Router2 应该能够通信,在路由器 Router2 上测试路由器 Router1 的 E0 或 Fa0/0 端口之间的连通性,如下面的代码所示。此时,应该注意路由器命令模式应该返回特权模式。

```
router2#ping 192.168.12.1

Type escape sequence to abort.
Sending 5, 100-byte ICMP Echos to 192.168.12.1, timeout is 2 seconds:
.!!!!
Success rate is 80 percent (4/5), round-trip min/avg/max = 4/4/4 ms
```

步骤 3：在 Switch1 上创建 VLAN,代码如下。

```
switch1#vlan database
% Warning: It is recommended to configure VLAN from config mode,
  as VLAN database mode is being deprecated. Please consult user
  documentation for configuring VTP/VLAN in config mode.

switch1(vlan)#vlan 2 name VLAN 2
VLAN 2 modified:
    Name: VLAN2
switch1(vlan)#vlan 3 name VLAN 3
VLAN 3 modified:
    Name: VLAN3
```

步骤 4：把端口划分到 VLAN 中,代码如下。

```
switch1#conf t
Enter configuration commands, one per line.  End with CNTL/Z.
switch1(config)#int f 0/1
switch1(config-if)#switch access VLAN 2
switch1(config-if)#exit
switch1(config)#int f 0/2
switch1(config-if)#switch access VLAN 3
```

4. 实验调试

步骤 1：用 show vlan 命令查看交换机 VLAN 配置信息，代码和状态结果如下。

```
switch1#show vlan

VLAN Name                      Status     Ports
1    default                   active     Fa0/3, Fa0/4, Fa0/5, Fa0/6
                                          Fa0/7, Fa0/8, Fa0/9, Fa0/10
                                          Fa0/11, Fa0/12, Fa0/13, Fa0/14
                                          Fa0/15, Fa0/16, Fa0/17, Fa0/18
                                          Fa0/19, Fa0/20, Fa0/21, Fa0/22
                                          Fa0/23, Fa0/24
2    VLAN 2                    active     Fa0/1
3    VLAN 3                    active     Fa0/2
```

步骤 2：再次测试两个路由器 E0 端口的连通性，结果如下。

```
router2>en
router2#ping 192.168.12.1

Type escape sequence to abort.
Sending 5, 100-byte ICMP Echos to 192.168.12.1, timeout is 2 seconds:
.....
Success rate is 0 percent (0/5)
```

5. 实验思考题

在上面的实验步骤 3 中，是否可以考虑用如下所示的配置命令创建 VLAN 呢？并思考为什么？配置命令如下。

```
Switch>
Switch> en
Switch# conf t
Enter configuration commands, one per line.   End with CNTL/Z.
Switch(config)# hostname switch1
switch1(config)# vlan 2
switch1(config-vlan)# name VLAN2
switch1(config-vlan)# EXIT
switch1(config)# vlan 3
switch1(config-vlan)# name VLAN3
```

9.1.2　跨交换机划分 VLAN

1. 实验任务

假设某企业有两个主要部门：销售部和技术部。其中，销售部门的个人计算机系统分散连接在两台交换机上，它们之间需要相互连接通信。但为了数据安全起见，销售部和技术部需要进行相互隔离，现要在交换机上做适当配置来实现这一目标。

2. 实验目的

（1）学习在多个交换机之间的 VLAN 配置方法。
（2）进一步了解交换机 VLAN 配置常用命令。

3. 实验拓扑图

跨交换机划分 VLAN 实验拓扑图如图 9.2 所示。

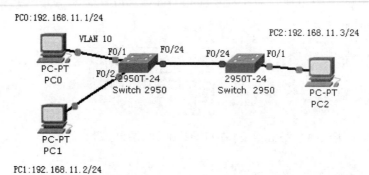

图 9.2　跨交换机划分 VLAN 实验拓扑图

4. 实验器材

(1) 安装 Windows 系统的计算机三台。

(2) S2950 交换机两台。

(3) 网线(双绞线若干根,其中交叉线一根)。

(4) 反转电缆一根。

5. 实验步骤

步骤 1:硬件连接。

在交换机和计算机断电的状态下,按照拓扑图连接硬件,PC0 连接 S2950_0 交换机的 F0/1 号端口,PC1 连接 S2950_0 交换机的 F0/2 号端口,PC2 连接 S2950_1 交换机的 F0/1 号端口,S2950_0 交换机的 F0/24 号端口与 S2950_1 交换机的 F0/24 号端口用交叉线连接。

步骤 2:启动设备。

分别打开设备,给设备加电,设备都处于自检状态,直到连接交换机的指示灯处于绿灯状态,表示网络处于稳定状态。

步骤 3:配置 IP 地址,如表 9.1 所示。

表 9.1　配置 PC0、PC1、PC2 的 IP 地址

设备	IP 地址	子网掩码
PC0	192.168.11.1	255.255.255.0
PC1	192.168.11.2	255.255.255.0
PC2	192.168.11.3	255.255.255.0

步骤 4:测试连通性。

用 Ping 命令测试并比较配置 VLAN 前与配置 VLAN 后的区别,分别测试 PC0、PC1、PC2 这三台计算机之间的连通性。

步骤 5：交换机 S2950_0 的配置。

将交换机 1（2950T-24）改名为 S2950_0，代码如下。

```
Switch>
Switch>en
Switch#conf t
Enter configuration commands, one per line.  End with CNTL/Z.
Switch(config)#hostname s2950_0
s2950_0(config)#exit
```

在 S2950_0 上创建两个 VLAN，代码如下。

```
s2950_0#vlan database
% Warning: It is recommended to configure VLAN from config mode,
  as VLAN database mode is being deprecated. Please consult user
  documentation for configuring VTP/VLAN in config mode.

s2950_0(vlan)#vlan 10
VLAN 10 modified:
s2950_0(vlan)#vlan 20
VLAN 20 modified:
s2950_0(vlan)#exit
```

将 S2950_0 的端口划分到 VLAN 中，代码如下。

```
s2950_0#conf t
Enter configuration commands, one per line.  End with CNTL/Z.
s2950_0(config)#int f 0/1
s2950_0(config-if)#switchport access vlan 10
s2950_0(config-if)#no shut
s2950_0(config-if)#exit
s2950_0(config)#int f 0/2
s2950_0(config-if)#switchport access vlan 20
s2950_0(config-if)#no shut
s2950_0(config-if)#exit
s2950_0(config)#int f 0/24
s2950_0(config-if)#switchport access vlan 10
s2950_0(config-if)#no shut
s2950_0(config-if)#exit
```

步骤 6：交换机 S2950_1 的配置。

将交换机 2（2950T-24）改名为 S2950_1，代码如下。

```
Switch>en
Switch#conf t
Enter configuration commands, one per line.  End with CNTL/Z.
Switch(config)#hostname s2950_1
s2950_1(config)#exit
```

在 S2950_1 上创建一个 VLAN，代码如下。

```
s2950_1#vlan database
s2950_1(vlan)#vlan 10
VLAN 10 modified:
s2950_1(vlan)#exit
```

将 S2950_1 上的端口划分到 VLAN，代码如下。

```
s2950_1#conf t
Enter configuration commands, one per line.  End with CNTL/Z.
s2950_1(config)#int f 0/1
s2950_1(config-if)#switchport access vlan 10
s2950_1(config-if)#exit
s2950_1(config)#int f 0/24
s2950_1(config-if)#switchport access vlan 10
s2950_1(config-if)#no shut
s2950_1(config-if)#exit
```

步骤 7：实验测试。

此时，PC0 与 PC1 两台主机已经属于不同的 VLAN，PC0 与 PC2 两台主机现在属于同一个 VLAN 10 了。打开 PC0 的命令行，再输入 Ping 命令分别测试 PC1、PC2，看看会发生什么。

9.2 VLAN 间实现路由通信

9.2.1 单臂路由实现 VLAN 间路由通信

1. 实验目的

（1）了解路由器以太网端口上的子端口。
（2）单臂路由实现 VLAN 间路由的配置。

2. 实验拓扑图

单臂路由实验拓扑图如图 9.3 所示。

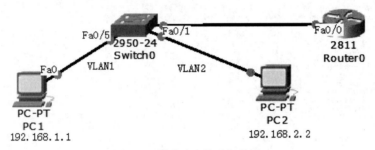

图 9.3 单臂路由实验拓扑图

3. 实验器材

（1）安装 Windows 系统的计算机两台。
（2）S2950 交换机一台。
（3）R2501 路由器一台。
（4）网线（双绞线若干根）。
（5）反转电缆一根。

4. 实验步骤

步骤 1：硬件连接。

在交换机和计算机断电的状态下，按照拓扑图连接硬件，PC1 连接 Switch0 交换机的 F0/5 号端口，PC2 连接 Switch0 交换机的 F0/6 号端口，Switch0 交换机的 F0/1 号端口与 Router0 路由器的 E0 端口连接。

步骤 2：启动设备。

分别打开设备，给设备加电，设备都处于自检状态，直到连接交换机的指示灯处于绿灯状态，表示网络处于稳定状态。

步骤 3：配置 PC1、PC2 的 IP 地址，如表 9.2 所示。

表 9.2 配置 PC1、PC2 的 IP 地址

设 备	IP 地址	子网掩码
PC1	192.168.1.1	255.255.255.0
PC2	192.168.2.2	255.255.255.0

步骤 4：交换机的端口配置。

配置端口 5 和 6 的过程与之前实验一样，交换机和路由器端口配置命令如下。

```
Switch>
Switch> en
Switch#conf t
Enter configuration commands, one per line.   End with CNTL/Z.
Switch(config)#hostname switch1
switch1(config)#int Fa0/1
switch1(config-if)#switchport mode trunk
switch1(config-if)#no shut
switch1(config)#int Fa0/5
switch1(config-if)#switchport access VLAN 1
switch1(config-if)#no shut
switch1(config)#int Fa0/6
switch1(config-if)#switchport access VLAN 2
switch1(config-if)#no shut
Switch1(config-if)#exit
```

步骤 5：路由器上进行虚拟端口配置网关路由。

```
router> enrouter#conf t
a.Enter configuration commands, one per line.   End with CNTL/Z.
router1(config)#hostname router1
router1(config)#int Fa0/0.1
router1(config-subif)#ip add 192.168.1.254 255.255.255.0
router1(config-subif)#no shut
router1(config-subif)#int Fa0/0.2
router1(config-subif)#ip add 192.168.2.254 255.255.255.0
router1(config-subif)#no shut
router1(config-subif)#exit
```

步骤 6：实验测试。

此时，PC1 与 PC2 两台主机已经属于不同的 VLAN，打开 PC1 的命令行，再输入 Ping 命令测试 PC2，看看能不能与 PC2 之间 Ping 通。

9.2.2 三层交换实现 VLAN 间路由

1. 案例背景

某公司的网络原来有两台两层交换机，分别是 A 和 B。在这两台交换机上划分了两个 VLAN，即 VLAN 1 和 VLAN 2，两台交换机通过 Trunk 端口连接，使得两台交换机上的两个 VLAN 的主机可以在各种 VLAN 内通信，而两个 VLAN 间不能通信。由于公司业务增

大,公司开始扩大,员工开始增加,原有的网络已经不能全部接入公司主机了,而且由于业务需求,原有两个 VLAN 之间需要能够通信。

2. 案例分析

原有的两个 VLAN 之间不能通信,这是由于二层交换机不具备三层交换的能力,不能在 VLAN 之间提供路由。如果需要为两个 VLAN 之间提供路由,则必须在网络中添加路由器或三层交换这样的路由设备。

而由于该公司主机太多,现有两个交换机端口已经接满,无法再连接主机,所以需要购置三层交换机 C 接入增加的主机,同时为两个 VLAN 之间提供路由能力,连接两个 VLAN 的主机。

3. 解决方案

将二层交换机 A,B 和三层交换机 C 利用 Trunk 端口连接,并使它们共同属于一个 VTP 域。在 VTP 域中有两个 VLAN:VLAN 10 和 VLAN 20,二层换机 A 和 B 各有若干台主机属于这两个 VLAN,三层交换机 C 上进行 VLAN 间路由的配置,从而实现 VLAN 1 和 VLAN 2 中主机的通信。

4. 实验目的

(1) 理解三层交换的概念。
(2) 配置三层交换路由。
(3) 通过三层交换实现 VLAN 与 VLAN 之间能路由。

5. 实验拓扑图

配置三层交换路由的实验拓扑图如图 9.4 所示。

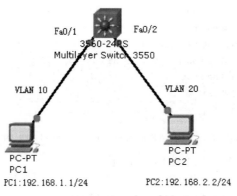

图 9.4 配置三层交换路由的实验拓扑图

6. 实验器材

(1) 安装 Windows 系统的计算机两台。
(2) S3550 系列的交换机(必须是支持三层模式的交换机)。
(3) 网线(双绞线若干根)。

（4）反转电缆（一根）。

7. 实验步骤

步骤 1：硬件连接。

在交换机和计算机断电的状态下，按照拓扑图连接硬件，PC1 连接 Switch 交换机的 Fa0/1 号端口，PC2 连接 Switch 交换机的 Fa0/2 号端口。

步骤 2：启动设备。

分别打开设备，给设备加电，设备都处于自检状态，直到连接交换机的指示灯处于绿灯，表示网络处于稳定状态。

步骤 3：配置 PC1、PC2 的 IP 地址，如表 9.3 所示。

表 9.3 配置 PC1、PC2 的 IP 地址

设　　备	IP 地 址	子 网 掩 码
PC1	192.168.1.1	255.255.255.0
PC2	192.168.2.2	255.255.255.0

步骤 4：配置 Switch 交换机。

在 Switch 交换机上创建两个 VLAN，代码如下。

```
Switch#vlan database
Switch(vlan)#vlan 10 name VLAN 10
VLAN 10 added:
    Name: vlan10
Switch(vlan)#vlan 20 name VLAN 20
VLAN 20 added:
    Name: vlan20
Switch(vlan)#exit
```

把 Switch 上的端口划分到 VLAN 中，代码如下。

```
Switch(config)#int F0/1
Switch(config-if)#switch access VLAN 10
Switch(config-if)#exit
Switch(config)#int F0/2
Switch(config-if)#switch access VLAN 20
Switch(config-if)#exit
```

开启 Switch 交换机的路由功能，配置 3 层交换，代码如下。

```
Switch(config)#ip routing
Switch(config)#int VLAN 10
Switch(config-if)#ip addr 192.168.1.254 255.255.255.0
Switch(config-if)#exit
Switch(config)#int VLAN 20
Switch(config-if)#ip addr 192.168.2.254 255.255.255.0
Switch(config-if)#no shut
Switch(config-if)#end
```

步骤 5：实验测试。

用 show ip route 命令查看交换机上的路由表，代码如下。

```
Switch#show ip route
Codes: C - connected, S - static, I - IGRP, R - RIP, M - mobile, B - BGP
       D - EIGRP, EX - EIGRP external, O - OSPF, IA - OSPF inter area
       N1 - OSPF NSSA external type 1, N2 - OSPF NSSA external type 2
       E1 - OSPF external type 1, E2 - OSPF external type 2, E - EGP
       i - IS-IS, L1 - IS-IS level-1, L2 - IS-IS level-2, ia - IS-IS inter area
       * - candidate default, U - per-user static route, o - ODR
       P - periodic downloaded static route

Gateway of last resort is not set

C    192.168.1.0/24 is directly connected, VLAN10
C    192.168.2.0/24 is directly connected, VLAN20
Switch#
```

将 PC1 的默认网关改为 192.168.1.254,PC2 的默认网关改为 192.168.2.254,再用 Ping 命令测试两台计算机的连通性。

9.3　配置 Trunk

　　有时,广播域需要跨多台交换机,如 9.1 节和 9.2 节的实验,为此,需要在交换机之间传递帧,并指出它属于哪个 VLAN。在 Cisco 交换机上,通过创建中继链路(Trunk)标识 VLAN。在第二层帧中加入 VLAN 标识符的两种方法是 ISL 和 IEEE 802.1Q。

　　Cisco 交换机支持的另一种第 2 层端口是中继端口。中继端口对离开的帧进行标记,指出它属于哪个 VLAN。中继端口也能读取进入帧中的标记,这让交换机只将帧发送给相应的 VLAN 中的端口。

　　Trunk 在技术领域中翻译为中文是"主干、干线、中继线、长途线",不同场合有不同意思。一是中继线,也叫电话干线,作为中心局(CO)之间或中心局和专用交换机(PBX)之间的电话线,它能够在两端之间进行转换,并提供必要的信令和终端设备。二是主干线,交换机之间的物理和逻辑连接,数据流通过它进行传输,主干由很多主干线组成。

　　但是在普遍的路由与交换领域,VLAN 的端口聚合也有叫 Trunk 或者 Trunking,如思科公司。所谓的 Trunking 是用来在不同的交换机之间进行连接,以保证在跨越多个交换机上建立的同一个 VLAN 的成员能够相互通信。其中,交换机之间互连用的端口就称为 Trunking 端口。与一般的交换机的级联不同,Trunking 是基于 OSI 第二层数据链路层 (Data Link Layer)的 Trunking 技术。如果在两个交换机上分别划分了多个 VLAN (VLAN 也是基于第二层的),那么分别在两个交换机上的 VLAN 10 和 VLAN 20 的各自的成员如果要互通,就需要在 A 交换机上设为 VLAN 10 的端口中取一个和交换机 B 上设为 VLAN 10 的某个端口做级联。VLAN 20 也是这样。那么如果交换机上划了 10 个 VLAN 就需要分别连 10 条线做级联,端口效率就太低了。当交换机支持 Trunking 的时候,事情就简单了,只需要两个交换机之间有一条级联线,并将对应的端口设置为 Trunk,这条线路就可以承载交换机上所有 VLAN 的信息。这样,就算交换机上设了上百个 VLAN 也只用一个端口就解决了。

　　当一个 VLAN 跨过不同的交换机时,在同一 VLAN 上但是却是在不同的交换机上的计算机进行通信时需要使用 Trunk。Trunk 技术使得一条物理线路可以传送多个 VLAN 的数据。交换机从属于某一 VLAN(例如 VLAN 3)的端口接收到数据,在 Trunk 链路上进行传输前,会加上一个标记,表明该数据是 VLAN 3 的。到了对方交换机,交换机会把该标记去掉,只发送到属于 VLAN 3 的端口。

　　如果是不同台的交换机上相同 ID 的 VLAN 要相互通信,那么可以通过共享的 Trunk 端口实现;如果是同一台上不同 ID 的 VLAN 或者不同台不同 ID 的 VLAN,它们之间要相互通信,需要通过第三方的路由实现。

1. 实验目的

(1) 交换机端口配置成 Trunk 模式。

(2) 更进一步理解 VLAN 的含义和配置方法。

2. 实验拓扑图

配置 Trunk 的实验拓扑图如图 9.5 所示。

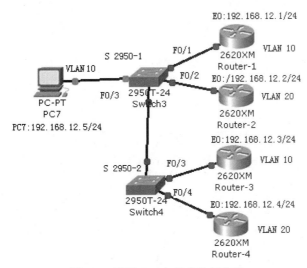

图 9.5　配置 Trunk 的实验拓扑图

3. 实验器材

(1) 安装 Windows 系统的计算机一台。

(2) 2950 交换机两台。

(3) 路由器四台。

(4) 网线(双绞线若干根,其中交叉线一根)。

(5) 反转电缆一根。

4. 实验步骤

步骤 1：硬件连接。

在交换机和计算机断电的状态下,按照拓扑图连接硬件,PC 连接 S2950-0 交换机的 F0/3 号端口,R1 连接 S2950-1 交换机的 F0/1 号端口,R2 连接 S2950-1 交换机的 F0/2 号端口,R3 连接 S2950-2 交换机的 F0/3 号端口,R4 连接 S2950-2 交换机的 F0/4 号端口; S2950-0 交换机的 F0/10 号端口连接 S2950-1 交换机的 F0/10 号端口。

步骤 2：启动设备。

分别打开设备,给设备加电,设备都处于自检状态,直到连接交换机的指示灯处于绿灯状态,表示网络处于稳定状态。

步骤 3：路由器的配置。

对 R1 的 E0 端口分配 IP,代码如下。

```
R1#conf t
Enter configuration commands, one per line.  End with CNTL/Z.
R1(config)#int e0
R1(config-if)#ip addr 192.168.12.1 255.255.255.0
R1(config-if)#no shut
```

对 R2 的 E0 端口分配 IP,代码如下。

```
R2#conf t
Enter configuration commands, one per line.  End with CNTL/Z.
R2(config)#int e0
R2(config-if)#ip addr 192.168.12.2 255.255.255.0
R2(config-if)#no shut
```

对 R3 的 E0 端口分配 IP,代码如下。

```
R3#conf t
Enter configuration commands, one per line.  End with CNTL/Z.
R3(config)#int e0
R3(config-if)#ip addr 192.168.12.3 255.255.255.0
R3(config-if)#no shut
```

对 R4 的 E0 端口分配 IP,代码如下。

```
R4#conf t
Enter configuration commands, one per line.  End with CNTL/Z.
R4(config)#int e0
R4(config-if)#ip addr 192.168.12.4 255.255.255.0
R4(config-if)#no shut
```

步骤 4:交换机的配置。

在 S2950-0 交换机上创建 VLAN,代码如下。

```
s2950-0#vlan database
s2950-0(vlan)#vlan 10 name VLAN 10
VLAN 10 added:
    Name: vlan10
s2950-0(vlan)#vlan 20 name VLAN 20
VLAN 20 added:
    Name: vlan20
s2950-0(vlan)#exit
```

把 S2950-0 上的端口划分到 VLAN,代码如下。

```
s2950-0(config)#int f 0/1
s2950-0(config-if)#switch mode access
s2950-0(config-if)#switch access vlan 10
s2950-0(config-if)#exit
s2950-0(config)#int f 0/2
s2950-0(config-if)#switch mode access
s2950-0(config-if)#switch access VLAN 20
s2950-0(config-if)#exit
s2950-0(config)#int f 0/3
s2950-0(config-if)#switch mode access
s2950-0(config-if)#switch access VLAN 10
```

对 S2950-0 上的 Fa0/10 端口配为 Trunk,代码如下。

```
s2950-0(config)#int f 0/10
s2950-0(config-if)#switch trunk encapsulation dot1q
s2950-0(config-if)#switch mode trunk
s2950-0(config-if)#end
```

实验注意事项:

2950 交换机不需要配置 Trunk 链路封装,只需将端口配为 Trunk 就可以。

在 S2950-1 交换机上创建 VLAN,代码如下。

```
s2950-1(vlan)#vlan 10 name VLAN 10
VLAN 10 modified:
    Name: vlan10
s2950-1(vlan)#vlan 20 name VLAN 20
VLAN 20 added:
    Name: vlan20
```

把 S2950-1 上的端口划分到 VLAN,代码如下。

```
s2950-1(config)#int f 0/3
s2950-1(config-if)#switch mode access
s2950-1(config-if)#switch access VLAN 10
s2950-1(config-if)#exit
s2950-1(config)#int f 0/4
s2950-1(config-if)#switch mode access
s2950-1(config-if)#switch access VLAN 20
s2950-1(config-if)#exit
```

对 S2950-1 上的 F0/10 端口配为 Trunk,代码如下。

```
s2950-1(config)#int f 0/10
s2950-1(config-if)#switch mode trunk
```

步骤 5：实验测试。

（1）用 show int F0/10 trunk 命令查看 Trunk 连接状态,如下所示。

```
s2950-1#show int F0/10 trunk
Port        Mode          Encapsulation  Status      Native vlan
Fa0/10      on            802.1q         trunking    1

Port        Vlans allowed on trunk
Fa0/10      1-4094

Port        Vlans allowed and active in management domain
Fa0/10      1,10,20

Port        Vlans in spanning tree forwarding state and not pruned
Fa0/10      1,10,20
```

（2）在 PC 上用 Ping 命令分别测试 PC 和 4 个路由器的连通性。

PC 能 Ping 通 R1 和 R3,不能 Ping 通 R2 和 R3;从 R1 里 Ping R3 能通,是因为 R1 和 R3 在相同的 VLAN 2 中;从 R1 里 Ping R2 不通,是因为 R1 和 R2 在不同的 VLAN 里。

步骤 6：实验总结。

（1）在查看 Trunk 连接状态的显示中,可以看出 Faste thernet0/10 端口的 Trunk 链路允许 VLAN 10、VLAN 20 的数据帧通过,如果计划不允许 VLAN 20 的数据通过 Trunk 链路,可以考虑配置 Trunk Allowed。

（2）Port id 就是交换机上面的端口号 PID,一个端口只有一个 PID。划分 VLAN 的时候,端口一般有两种模式：Access 和 Trunk。连接 PC 用 Access 模式,这表示这个端口只允许一个 VLAN 的信息通过,这个时候把这个端口加入到某个 VLAN,那么这个端口就只能接受来自这个 VLAN 的信息。

（3）需要注意的是,进入交换机互连端口后,根据需要封装 Trunk 的协议类型(Cisco 默认为 dot1q 协议)类型,再将端口指定为 Trunk 模式。该端口会立即出现 Down 或 Up 现象,这属于正常现象。

（4）配置方法如下。

```
Switch(config)# interface gigabitEthernet 1/1
Switch(config-if)# switchport trunk encapsulation dot1q
Switch(config-if)# switchport mode trunk
LINEPROTO-5-UPDOWN: Line protocol on Interface GigabitEthernet1/1, changedState to down
LINEPROTO-5-UPDOWN: Line protocol on Interface GigabitEthernet1/1, changedState to up
Switch(config-if)# switchport trunk allowed vlan 10,20
Switch(config-if)# exit
```

（5）验证方法如下。

```
Switch# show interfaces trunk
Port Mode Encapsulation Status Native vlan
Gig1/1 on 802.1q trunking 1
Port Vlans allowed on trunk
Gig1/1 10,20
Port Vlans allowed and active in management domain
Gig1/1 none
```

Port Vlans in spanning tree forwarding state and not pruned
Gig1/1 none

或

Switch # show interfaces gigabitEthernet 1/1 switchport
Name: Gig1/1
Switchport: Enabled
Administrative Mode: trunk
Operational Mode: trunk
Administrative Trunking Encapsulation: dot1q
Operational Trunking Encapsulation: dot1q
Negotiation of Trunking: On
Access Mode VLAN: 1 (default)
Trunking Native Mode VLAN: 1 (default)
Voice VLAN: none
Administrative private – vlan host – association: none
Administrative private – vlan mapping: none
Administrative private – vlan trunk native VLAN: none
Administrative private – vlan trunk encapsulation: dot1q
Administrative private – vlan trunk normal VLANs: none
Administrative private – vlan trunk private VLANs: none
Operational private – vlan: none
Trunking VLANs Enabled: ALL
Pruning VLANs Enabled: 2 – 1001
Capture Mode Disabled
Capture VLANs Allowed: ALL
Protected: false
Appliance trust: none
Switch #

5. 实验思考题

如果在两个交换机上不做 Trunk,在两个交换机之间加一根交叉线,把端口分到各自的虚拟网里,能不能达到和该实验相同的效果呢?

9.4　配置 VTP

要通过交换型网络提供 VLAN 连接性,必须在每台交换机上配置 VLAN,如图 9.6 所示。如果 VLAN 10 通过交换机 B 从交换机 A 跨越到交换机 C,则必须在交换机 B 上配置 VLAN 10,虽然该交换机没有任何接入端口属于 VLAN 10。

为保证任何两台有中继关系的交换机之间存在 VLAN,管理员必须在每台交换机上手工配置该 VLAN。Cisco 的 VLAN 中继协议(VTP)提供了一种简单方法,用于确保整个交换型网络中 VLAN 配置的一致性。

VTP 是一种用于在整个交换型网络中分发和同步有关 VLAN 标识信息的协议。在 VTP 服务器上所做的配置将通过中继链路传播给网络中所有与之相连的交换机。VTP 减少了手工配置工作量。

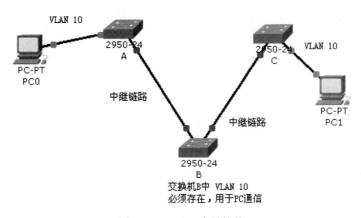

图 9.6　VLAN 中继协议

9.4.1　配置 VTP(一)

1. 实验目的

(1) 掌握 Trunk 和 VTP 工作原理。
(2) 学习配置 VTP 命令和步骤。

2. 实验拓扑图

配置 VTP 的实验拓扑图如图 9.7 所示。

3. 实验器材

(1) 安装 Windows XP 系统的计算机一台。
(2) 思科 3560 系列交换机一台作为 Server 端。
(3) 思科 2950 交换机一台作为 Client 端。
(4) 网线(交叉线一根)。
(5) 反转电缆一根。

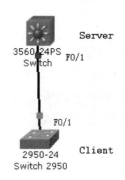

图 9.7　配置 VTP(一)的实验拓扑图

4. 实验步骤

步骤 1：硬件连接。
在交换机断电的情况下,用交叉线将两个交换机用 F0/1 端口相连。
步骤 2：启动设备。
分别打开设备,给设备加电,设备都处于自检状态,直到连接交换机的指示灯处于绿灯状态,表示网络处于稳定状态。
步骤 3：Server 端交换机的配置。
对 Server 端交换机进行 VTP 服务器的配置,代码如下。

```
server#conf t
Enter configuration commands, one per line.  End with CNTL/Z.
server(config)#vtp mode server
Device mode already VTP SERVER.
server(config)#vtp domain oracle
Domain name already set to oracle.
```

实验注意事项：

由于交换机配置过 VTP，所以显示的是 Already。

对 Server 端交换机的 F0/1 端口进行配置，代码如下。

```
server(config)#int F 0/1
server(config-if)#switch trunk encapsulation dot1q
server(config-if)#switch mode trunk
server(config-if)#no shut
server(config-if)#end
```

在 Server 上创建 VLAN，代码如下。

```
server#vlan database
server(vlan)#vlan 80 name ser
VLAN 80 added:
    Name: ser
server(vlan)#exit
APPLY completed.
Exiting....
```

步骤 4： Client 交换机的配置。

对 Client 端交换机进行 VTP 客户端的配置，代码如下。

```
client>en
client#conf t
Enter configuration commands, one per line.  End with CNTL/Z.
client(config)#vtp mode client
Device mode already VTP CLIENT.
client(config)#vtp domain oracle
Domain name already set to oracle.
```

对 Client 交换机的 F0/1 端口进行配置，代码如下。

```
client(config)#int F 0/1
client(config-if)#switch mode trunk
client(config-if)#no shut
client(config-if)#end
```

5. 实验测试

在 Client 交换机上用 show vlan 命令查看 VLAN 情况，可以看到之前在 Server 交换机上创建的 VLAN，代码如下。

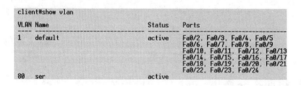

同时可以将 Client 交换机上的端口划分到 Server 交换机的 VLAN，代码如下。

```
client#conf t
Enter configuration commands, one per line.  End with CNTL/Z.
client(config)#int f 0/2
client(config-if)#switch access vlan 80
client(config-if)#no shut
client(config-if)#end
```

可以用 show vlan 命令查看 F0/2 的端口已经在 VLAN 80 中。也可以在 Server 交换机和 Client 交换机上接两个 PC 划分到同一个 VLAN，然后对本实验进行测试。

9.4.2　配置 VTP(二)

1. 实验目的

(1) 熟练利用 VTP 实现交换机 VLAN 配置的一致性。
(2) 掌握 VTP 实验详细配置步骤。

2. 实验拓扑图

配置 VTP(二)的实验拓扑图如图 9.8 所示。

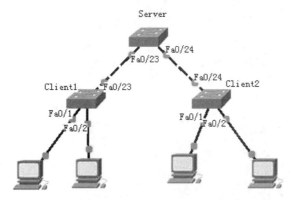

图 9.8　配置 VTP(二)的实验拓扑图

3. 实验步骤

步骤 1：硬件连接。

在交换机断电的情况下,用交叉线将两个交换机用 Fa0/1 端口相连。

步骤 2：启动设备。

分别打开设备,给设备加电,设备都处于自检状态,直到连接交换机的指示灯处于绿灯状态,表示网络处于稳定状态。

步骤 3：VTP Server 端的配置。

对 Server 端交换机进行 VTP 服务器的配置,代码如下。

```
server#conf t
Enter configuration commands, one per line.  End with CNTL/Z.
server(config)#vtp mode server
Device mode already VTP SERVER.
server(config)#vtp domain oracle
Domain name already set to oracle.
```

步骤 4：对端口配置为 Trunk 模式。

例如,对 Server 端交换机的 Fa0/1 端口进行配置,代码如下。

```
server(config)#
server(config)#int Fa0/1
server(config-if)#switchport mode trunk
Command rejected: An interface whose trunk encapsulation is "Auto" can not be co
nfigured to "trunk" mode.
```

当一个端口的 Trunk 封装是"Auto"时,则不能被配制成 Trunk 模式,因为 Trunk 只有那几种封装模式,一个是 IEEE 规定的 802.1q,另一个是思科私有的 ISL,既然报错说封装不对,那就先配置封装,再设置 Trunk,代码如下。

```
server(config)#int F 0/1
server(config-if)#switch trunk encapsulation dot1q
server(config-if)#switch mode trunk
server(config-if)#no shut
server(config-if)#end
```

```
Switch>en
Switch#config t
Enter configuration commands, one per line.  End with CNTL/Z.
Switch(config)#hostname server
server(config)#int F0/23
server(config-if)#switch trunk enc dot1q
server(config-if)#switch mode trunk
server(config-if)#no shut
server(config-if)#exit
server(config)#vtp domain weilei
Changing VTP domain name from oracle to weilei
server(config)#vtp mode server
Device mode already VTP SERVER.
server(config)#exit
server#vl
00:07:30: %SYS-5-CONFIG_I: Configured from console by consolean
% Incomplete command.
```

步骤 5:在 Server 上创建 VLAN,代码如下。

```
server#vlan database
server(vlan)#vlan 90 name L
VLAN 90 modified:
    Name: L
server(vlan)#exit
APPLY completed.
Exiting...
server#config t
Enter configuration commands, one per line.  End with CNTL/Z.
server(config)#vlan 80
server(config-vlan)#exit
server(config)#vlan 90
server(config-vlan)#exit
server(config)#exit
```

步骤 6:查看 Server 端交换机的 VTP 状态信息,代码如下。

```
server#show vtp status
VTP Version                     : 2
Configuration Revision          : 2
Maximum VLANs supported locally : 1005
Number of existing VLANs        : 8
VTP Operating Mode              : Server
VTP Domain Name                 : weilei
VTP Pruning Mode                : Enabled
VTP V2 Mode                     : Enabled
VTP Traps Generation            : Disabled
MD5 digest                      : 0xC8 0xA0 0xD2 0xAE 0xD1 0x4E 0x8F 0xEE
Configuration last modified by 0.0.0.0 at 3-1-93 00:08:26
Local updater ID is 0.0.0.0 (no valid interface found)
```

步骤 7:查看 Server 端交换机的 VLAN 信息,代码如下。

```
server#show vlan

VLAN Name                 Status    Ports
---- -------------------- --------- -------------------------------
1    default              active    Fa0/1, Fa0/2, Fa0/3, Fa0/4
                                    Fa0/5, Fa0/6, Fa0/7, Fa0/8
                                    Fa0/9, Fa0/10, Fa0/11, Fa0/12
                                    Fa0/13, Fa0/14, Fa0/15, Fa0/16
                                    Fa0/17, Fa0/18, Fa0/19, Fa0/20
                                    Fa0/21, Fa0/22, Gi0/1, Gi0/2
2    vlan2                active
80   W                    active
90   L                    active
1002 fddi-default         act/unsup
1003 trcrf-default        act/unsup
1004 fddinet-default      act/unsup
1005 trbrf-default        act/unsup
```

VLAN	Type	SAID	MTU	Parent	RingNo	BridgeNo	Stp	BrdgMode	Trans1	Trans2
1	enet	100001	1500	-	-	-	-	-	0	0
2	enet	100002	1500	-	-	-	-	-	0	0
80	enet	100080	1500	-	-	-	-	-	0	0
90	enet	100090	1500	-	-	-	-	-	0	0
1002	fddi	101002	1500	-	-	-	-	-	0	0
1003	trcrf	101003	4472	1005	3276	-	-	srb	0	0
1004	fdnet	101004	1500	-	-	1	ieee	-	0	0
1005	trbrf	101005	4472	-	-	15	ibm	-	0	0

VLAN	AREHops	STEHops	Backup CRF
1003	0	0	off

步骤 8：VTP Client1 端的配置，代码如下。

```
Switch#config t
Enter configuration commands, one per line. End with CNTL/Z.
Switch(config)#hostname client1
client1(config)#int F0/23
client1(config-if)#switch mode trunk
client1(config-if)#exit
client1(config)#
00:16:51: %LINEPROTO-5-UPDOWN: Line protocol on Interface FastEthernet0/23, chan
ged state to down
00:16:54: %LINEPROTO-5-UPDOWN: Line protocol on Interface FastEthernet0/23, chan
ged state to up
client1(config)#vtp domain weilei
Changing VTP domain name from oracle to weilei
client1(config)#vtp mode client
Device mode already VTP CLIENT.
```

```
client1(config)#int F0/1
client1(config-if)#sw access vlan 10
client1(config-if)#exit
client1(config)#int F0/2
client1(config-if)#sw access vlan 90
client1(config-if)#exit
client1(config)#int F0/1
client1(config-if)#sw access vlan 80
client1(config-if)#end
client1#
00:18:49: %SYS-5-CONFIG_I: Configured from console by console
```

查看 Client1 端的 VTP 状态信息，使用 show vtp status 命令。

```
client1#show vtp status
VTP Version                     : 2
Configuration Revision          : 2
Maximum VLANs supported locally : 128
Number of existing VLANs        : 8
VTP Operating Mode              : Client
VTP Domain Name                 : weilei
VTP Pruning Mode                : Enabled
VTP V2 Mode                     : Enabled
VTP Traps Generation            : Disabled
MD5 digest                      : 0xC8 0xA0 0xD2 0xAE 0xD1 0x4E 0x8F 0xEE
Configuration last modified by 0.0.0.0 at 3-1-93 00:08:26
```

查看 Client1 端的 VLAN 配置信息，使用 show vlan 命令。

```
client1#show vlan

VLAN Name                             Status    Ports
---- -------------------------------- --------- -------------------------------
1    default                          active    Fa0/3, Fa0/4, Fa0/5, Fa0/6
                                                Fa0/7, Fa0/8, Fa0/9, Fa0/10
                                                Fa0/11, Fa0/12, Fa0/13, Fa0/14
                                                Fa0/15, Fa0/16, Fa0/17, Fa0/18
                                                Fa0/19, Fa0/20, Fa0/21, Fa0/22
                                                Fa0/24
2    vlan2                            active
80   W                                active    Fa0/1
90   L                                active    Fa0/2
1002 fddi-default                     act/unsup
1003 trcrf-default                    act/unsup
1004 fddinet-default                  act/unsup
1005 trbrf-default                    act/unsup
```

VLAN	Type	SAID	MTU	Parent	RingNo	BridgeNo	Stp	BrdgMode	Trans1	Trans2
1	enet	100001	1500	-	-	-	-	-	0	0
2	enet	100002	1500	-	-	-	-	-	0	0

```
80    enet  100080  1500  -     -     -     -     -     0     0
90    enet  100090  1500  -     -     -     -     -     0     0
1002  fddi  101002  1500  -     -     -     -     -     0     0
1003  trcrf 101003  4472  1005  3276  -     -     srb   0     0
1004  fdnet 101004  1500  -     -     1     ieee  -     0     0
1005  trbrf 101005  4472  -     -     15    ibm   -     0     0
```

步骤 9：VTP Client2 端的配置如下。

```
Switch>en
Switch#config t
Enter configuration commands, one per line.  End with CNTL/Z.
Switch(config)#hostname client2
client2(config)#int F0/24
client2(config-if)#switch mode trunk
client2(config-if)#exit
00:25:35: %LINEPROTO-5-UPDOWN: Line protocol on Interface FastEthernet0/24, chan
ged state to down
client2(config)#
00:25:38: %LINEPROTO-5-UPDOWN: Line protocol on Interface FastEthernet0/24, chan
ged state to up
client2(config)#vtp domain weilei
Changing VTP domain name from oracle to weilei
client2(config)#vtp mode client
Device mode already VTP CLIENT.
```

Client2 端的 VLAN 划分配置如下。

```
client2(config)#int F0/1
client2(config-if)#sw access vlan 80
client2(config-if)#int F0/2
client2(config-if)#sw access vlan 90
client2(config-if)#end
client2#
00:26:39: %SYS-5-CONFIG_I: Configured from console by console
```

查看 Client2 端的 VTP 状态信息和 VLAN 配置信息如下。

```
client2#show vtp status
VTP Version                     : 2
Configuration Revision          : 2
Maximum VLANs supported locally : 128
Number of existing VLANs        : 8
VTP Operating Mode              : Client
VTP Domain Name                 : weilei
VTP Pruning Mode                : Enabled
VTP V2 Mode                     : Enabled
VTP Traps Generation            : Disabled
MD5 digest                      : 0xC8 0xA0 0xD2 0xAE 0xD1 0x4E 0x8F 0xEE
Configuration last modified by 0.0.0.0 at 3-1-93 00:08:26
```

```
client2#show vlan

VLAN Name                             Status    Ports
---- -------------------------------- --------- -------------------------------
1    default                          active    Fa0/3, Fa0/4, Fa0/5, Fa0/6
                                                Fa0/7, Fa0/8, Fa0/9, Fa0/10
                                                Fa0/11, Fa0/12, Fa0/13, Fa0/14
                                                Fa0/15, Fa0/16, Fa0/17, Fa0/18
                                                Fa0/19, Fa0/20, Fa0/21, Fa0/22
                                                Fa0/23
2    vlan2                            active
80   W                                active    Fa0/1
90   L                                active    Fa0/2
1002 fddi-default                     act/unsup
1003 trcrf-default                    act/unsup
1004 fddinet-default                  act/unsup
1005 trbrf-default                    act/unsup

VLAN Type  SAID    MTU   Parent RingNo BridgeNo Stp  BrdgMode Trans1 Trans2
---- ----- ------- ----- ------ ------ -------- ---- -------- ------ ------
1    enet  100001  1500  -      -      -        -    -        0      0
2    enet  100002  1500  -      -      -        -    -        0      0
80   enet  100080  1500  -      -      -        -    -        0      0
90   enet  100090  1500  -      -      -        -    -        0      0
1002 fddi  101002  1500  -      -      -        -    -        0      0
1003 trcrf 101003  4472  1005   3276   -        -    srb      0      0
1004 fdnet 101004  1500  -      -      1        ieee -        0      0
1005 trbrf 101005  4472  -      -      15       ibm  -        0      0


VLAN AREHops STEHops Backup CRF
---- ------- ------- ----------
1003 0       0       off
```

4. 实验测试

4 台 PC 从左到右的 IP 地址分别是 192.168.84.1/24～192.168.84.4/24。

测试结果：同一 VLAN 能通信，不同 VLAN 不能通信，如图 9.9 和图 9.10 所示。

```
C:\Documents and Settings\Administrator>PING 192.168.84.3

Pinging 192.168.84.3 with 32 bytes of data:

Reply from 192.168.84.3: bytes=32 time=1ms TTL=64
Reply from 192.168.84.3: bytes=32 time<1ms TTL=64
Reply from 192.168.84.3: bytes=32 time<1ms TTL=64
Reply from 192.168.84.3: bytes=32 time<1ms TTL=64

Ping statistics for 192.168.84.3:
    Packets: Sent = 4, Received = 4, Lost = 0 (0% loss),
Approximate round trip times in milli-seconds:
    Minimum = 0ms, Maximum = 1ms, Average = 0ms
```

图 9.9　测试到 192.168.84.3 的连通性

```
C:\Documents and Settings\Administrator>PING 192.168.84.2

Pinging 192.168.84.2 with 32 bytes of data:

Request timed out.
Request timed out.
Request timed out.
Request timed out.

Ping statistics for 192.168.84.2:
    Packets: Sent = 4, Received = 0, Lost = 4 (100% loss),
```

图 9.10　测试到 192.168.84.2 的连通性

9.5　交换机 MAC 与 IP 地址的绑定

针对于目前 ARP 病毒肆虐，利用 ARP 进行欺骗的网络问题也日渐严重，在防范过程中除了用 VLAN 的划分来抑制问题的扩散，还需要将 IP 地址与 MAC 地址绑定配合达到最佳的防范效果。

再如，在公司网络中为了防止 IP 被盗用或员工乱改 IP，也可以将 IP 地址与 MAC 地址绑定或 IP 地址与交换机端口绑定。关于 IP 地址与交换机端口的绑定方法，在 9.6 节将详细介绍。

MAC 地址与 IP 地址绑定基本原理：在交换机内建立 MAC 地址与 IP 地址对应的映射表。端口获得的 IP 地址和 MAC 地址将匹配该表，不符合则丢弃该端口发送的数据包。

1. 实验目的

(1) 了解交换机 MAC 与 IP 地址绑定的作用。

(2) 熟练掌握如何配置交换机 MAC 与 IP 地址。

2. 实验拓扑图

配置交换机 MAC 与 IP 地址的实验拓扑图如图 9.11 所示。

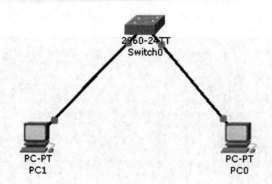

图 9.11 配置交换机 MAC 与 IP 地址的实验拓扑图

3. 实验器材

(1) 安装 Windows XP 系统的计算机一台。

(2) 思科 2960 系列交换机一台。

(3) 网线(交叉线一根)。

(4) 反转电缆一根。

4. 实验步骤

步骤 1：硬件连接。

在交换机断电的情况下,用网线将两个 PC 分别连接交换机的 Fa0/1 端口和 Fa0/2 端口。

步骤 2：启动设备。

分别打开设备,给设备加电,设备都处于自检状态,直到连接交换机的指示灯处于绿灯状态,表示网络处于稳定状态。

步骤 3：配置 PC1、PC2 的 IP 地址,如表 9.4 所示。

表 9.4 PC1、PC2 的 IP 地址和子网掩码

设 备	IP 地址	子网掩码
PC1	192.168.11.101	255.255.255.0
PC2	192.168.11.102	255.255.255.0

步骤 4：交换机配置,代码如下。

```
Switch#conf t
Enter configuration commands, one per line.  End with CNTL/Z.
Switch(config)#int vlan 1
Switch(config-if)#ip addre 192.168.1.10 255.255.255.0
Switch(config-if)#no shut
```

步骤 5：实验验证,查看交换机的 MAC 地址表,验证结果如下。

```
Switch#show mac-address-table
              Mac Address Table
-------------------------------------------
Vlan    Mac Address       Type        Ports
-------------------------------------------
All     000c.5865.1640    STATIC      CPU
All     0100.0ccc.cccc    STATIC      CPU
All     0100.0ccc.cccd    STATIC      CPU
All     0100.0cdd.dddd    STATIC      CPU
  1     0016.17fa.7109    DYNAMIC     Fa0/2
  1     0016.17fa.714e    DYNAMIC     Fa0/1
```

9.6　交换机端口和 MAC 地址绑定

信息安全管理者都希望在发生安全事件时,不仅可以定位到计算机,而且可以定位到使用者的实际位置。利用 MAC 与 IP 的绑定是常用的方式,IP 地址是计算机的"姓名",网络连接时都是使用的这个名字;MAC 地址则是计算机网卡的"身份证号",不会有相同的,因为在厂家生产时就确定了它的编号,并且编号在全球是唯一的。

1. 实验目的

(1) 了解什么是交换机的 MAC 绑定功能。

(2) 熟练掌握 MAC 与端口绑定的静态方式。

2. 实验拓扑图

MAC 与端口绑定的实验拓扑图如图 9.12 所示。

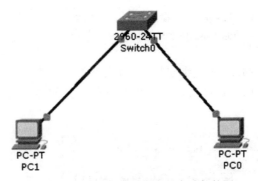

图 9.12　MAC 与端口绑定的实验拓扑图

3. 实验器材

(1) 安装 Windows XP 系统的计算机一台。

(2) 思科 2560 系列交换机一台。

(3) 网线(交叉线一根)。

(4) 反转电缆一根。

4. 实验步骤

步骤 1:硬件连接。

在交换机断电的情况下,用网线将两个 PC 分别连接交换机的 Fa0/1 端口和 Fa0/2 端口。

步骤 2: 启动设备。

分别打开设备,给设备加电,设备都处于自检状态,直到连接交换机的指示灯处于绿灯状态,表示网络处于稳定状态。

步骤 3: 配置 PC1、PC2 的 IP 地址,如表 9.5 所示。

表 9.5   PC1、PC2 的 IP 地址和子网掩码

设 备	IP 地址	子 网 掩 码
PC1	192.168.11.101	255.255.255.0
PC2	192.168.11.102	255.255.255.0

步骤 4: 在 PC2 上用 ipconfig/all 命令查看 PC2 的 MAC 地址,如图 9.13 所示。

```
Ethernet Controller
      Physical Address. . . . . . . . . : 00-16-17-FA-71-09
      Dhcp Enabled. . . . . . . . . . : No
      IP Address. . . . . . . . . . . : 192.168.1.102
      Subnet Mask . . . . . . . . . . : 255.255.255.0
      IP Address. . . . . . . . . . . : fe80::216:17ff:fefa:7109%4
```

图 9.13   查看 PC 上的 MAC 地址

步骤 5: 配置交换机。

对 VLAN 1 配置 IP 192.168.1.10,代码如下。

```
Switch#conf t
Enter configuration commands, one per line.  End with CNTL/Z.
Switch(config)#int vlan 1
Switch(config-if)#ip addr 192.168.1.10 255.255.255.0
Switch(config-if)#no shut
```

启动 Fa0/2 端口的 MAC 地址绑定功能,再次将端口连接的 PC2 的 MAC 地址添加到端口静态安全 MAC 地址,默认端口最大安全地址数为 1,如果发现与上面的配置不符合,端口就会处于 down 状态。

```
Switch#conf t
Enter configuration commands, one per line.  End with CNTL/Z.
Switch(config)#int F 0/2
Switch(config-if)#switch mode access
Switch(config-if)#switch port-security
Switch(config-if)#switchport  port-security mac-address 00-16-17-FA-71-09
Switch(config-if)#switchport  port-security maximum 1
Switch(config-if)#switchport port-security violation shutdown
Switch(config-if)#end
```

步骤 6: 实验测试。

在交换机上用 show port-security address 命令查看配置情况,代码如下。

```
Switch#show port-security address
            Secure Mac Address Table
   
   Vlan    Mac Address       Type              Ports    Remaining Age
                                                         (mins)
   ----    -----------       ----              -----    -------------
    1      0016.17fa.7109    SecureConfigured  Fa0/2       -

Total Addresses in System (excluding one mac per port)     : 0
Max Addresses limit in System (excluding one mac per port) : 1024
```

在 PC2 上用 Ping 命令测试 PC2 与交换机的连通性,如图 9.14 所示。

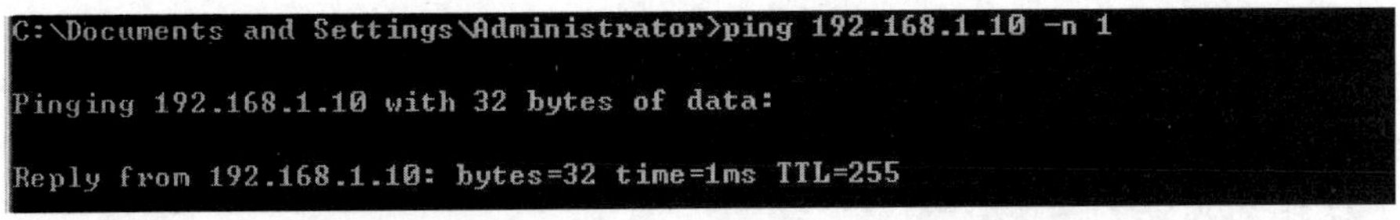

C:\Documents and Settings\Administrator>ping 192.168.1.10 -n 1
Pinging 192.168.1.10 with 32 bytes of data:
Reply from 192.168.1.10: bytes=32 time=1ms TTL=255

图 9.14　在 PC2 上测试与交换机的连通性

5. 实验总结

最后，将 PC1 连接到 Fa0/2 端口，并用 Ping 命令测试 PC2 与交换机的连通性。可以观察到当把 PC1 连到 Fa0/2 端口后，开始交换机上显示的是黄灯，后来变绿之后马上就熄灭了。

9.7　配置 MAC 地址表实现绑定和过滤

交换机支持动态学习计算机 MAC 地址的功能，交换机的每个端口可以动态学习多个 MAC 地址，从而实现端口之间已知 MAC 地址数据流的转发，当计算机 MAC 地址“老化”后，则进行广播处理。也就是说，交换机某端口上学习到某 MAC 地址后可以进行转发，如果将连接线换到另一个端口上交换机将重新学习该 MAC 地址，从而在新切换的端口上实现数据转换。

再如，为了安全和便于管理，需要将计算机 MAC 地址与交换机的端口进行绑定，通过配置 MAC 地址表的方式进行绑定。即 MAC 地址与端口绑定后，该 MAC 地址的数据流只能从绑定端口进入。

1. 实验目的

(1) 了解 MAC 地址表在交换机中的作用。

(2) 熟练掌握配置 MAC 地址表实现 MAC 与端口绑定功能。

2. 实验拓扑图

MAC 与端口绑定的实验拓扑图如图 9.15 所示。

2960-24TT
Switch0
PC-PT
PC1
PC-PT
PC0

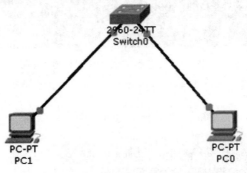

图 9.15　MAC 与端口绑定的实验拓扑图

3. 实验器材

（1）安装 Windows XP 系统的计算机一台。

（2）思科 2960 系列交换机一台。

（3）网线（交叉线一根）。

（4）反转电缆一根。

4. 实验步骤

步骤 1：硬件连接。

在交换机断电的情况下，用网线将两个 PC 分别连接交换机的 Fa0/1 端口和 Fa0/2 端口。

步骤 2：启动设备。

分别打开设备，给设备加电，设备都处于自检状态，直到连接交换机的指示灯处于绿灯状态，表示网络处于稳定状态。

步骤 3：配置 PC1、PC2 的 IP 地址，如表 9.6 所示。

表 9.6 配置 PC 的 IP 地址和子网掩码

设　　备	IP 地　址	子　网　掩　码
PC1	192.168.11.101	255.255.255.0
PC2	192.168.11.102	255.255.255.0

步骤 4：在 PC1、PC2 上用 ipconfig /all 命令查看 MAC 地址（Physical Address），如图 9.16 和图 9.17 所示。

```
Ethernet Controller
        Physical Address. . . . . . . . . : 00-16-17-FA-71-4E
        Dhcp Enabled. . . . . . . . . . . : No
        IP Address. . . . . . . . . . . . : 192.168.1.101
        Subnet Mask . . . . . . . . . . . : 255.255.255.0
        Default Gateway . . . . . . . . . :
```

图 9.16 查看 PC1 的 MAC 地址

```
Ethernet Controller
        Physical Address. . . . . . . . . : 00-16-17-FA-71-09
        Dhcp Enabled. . . . . . . . . . . : No
        IP Address. . . . . . . . . . . . : 192.168.1.102
        Subnet Mask . . . . . . . . . . . : 255.255.255.0
        IP Address. . . . . . . . . . . . : fe80::216:17ff:fefa:7109%4
```

图 9.17 查看 PC2 的 MAC 地址

步骤 5：配置交换机。

对 VLAN 1 配置 IP 192.168.1.10，代码如下。

```
Switch#conf t
Enter configuration commands, one per line.  End with CNTL/Z.
Switch(config)#int vlan 1
Switch(config-if)#ip addr 192.168.1.10 255.255.255.0
Switch(config-if)#no shut
```

用 show mac-address-table 命令查看 MAC 表(PC1、PC2 现在的 MAC 表的 Type 是 Dynamic),代码如下。

```
Switch#show mac-address-table
          Mac Address Table
-------------------------------------------

Vlan    Mac Address       Type        Ports
----    -----------       --------    -----
 All    000c.5865.1640    STATIC      CPU
 All    0100.0ccc.cccc    STATIC      CPU
 All    0100.0ccc.cccd    STATIC      CPU
 All    0100.0cdd.dddd    STATIC      CPU
   1    0016.17fa.7109    DYNAMIC     Fa0/2
   1    0016.17fa.714e    DYNAMIC     Fa0/1
Total Mac Addresses for this criterion: 6
```

使用 MAC 地址表来绑定 PC2,代码如下。

```
Switch(config)#mac-address-table static 0016.17fa.7109 vlan 1 int F0/2
Switch(config)#end
```

再用 show mac-address-table 命令查看 MAC 表(PC2 现在的 MAC 表的 Type 是 Static),代码如下。

```
Switch#show mac-address-table
          Mac Address Table
-------------------------------------------

Vlan    Mac Address       Type        Ports
----    -----------       --------    -----
 All    000c.5865.1640    STATIC      CPU
 All    0100.0ccc.cccc    STATIC      CPU
 All    0100.0ccc.cccd    STATIC      CPU
 All    0100.0cdd.dddd    STATIC      CPU
   1    0016.17fa.7109    STATIC      Fa0/2
   1    0016.17fa.714e    DYNAMIC     Fa0/1
Total Mac Addresses for this criterion: 6
```

使用 MAC 地址表对 PC1 进行过滤,代码如下。

```
Switch(config)#mac-address-table static 0016.17fa.714e vlan 1 drop
Switch(config)#end
```

再用 show mac-address-table 命令查看 MAC 表(PC2 现在的 MAC 表的 Type 是 Drop),代码如下。

```
Switch#show mac-address-table
          Mac Address Table
-------------------------------------------

Vlan    Mac Address       Type        Ports
----    -----------       --------    -----
 All    000c.5865.1640    STATIC      CPU
 All    0100.0ccc.cccc    STATIC      CPU
 All    0100.0ccc.cccd    STATIC      CPU
 All    0100.0cdd.dddd    STATIC      CPU
   1    0016.17fa.7109    STATIC      Fa0/2
   1    0016.17fa.714e    STATIC      Drop
Total Mac Addresses for this criterion: 6
```

5. 实验测试

在 PC1 上用 Ping 命令测试 PC1 与交换机的连通性,如图 9.18 所示。

同样地,在 PC2 上用 Ping 命令测试 PC2 与交换机的连通性。

```
C:\Documents and Settings\Administrator>ping 192.168.1.10

Pinging 192.168.1.10 with 32 bytes of data:

Request timed out.
Request timed out.
Request timed out.
```

图 9.18 测试 PC1 与交换机之间的连通性

9.8 交换机链路聚合实验

两个实验室分别使用一台交换机提供二十多个信息点,两个实验室通过一根级联网线互通。每个实验室的信息点都是百兆到桌面。两个实验室之间的带宽也是 100Mb/s,如果实验室之间需要大量传输数据,就会明显感觉带宽资源紧张。当楼层之间大量用户都希望以 100Mb/s 传输数据的时候,楼层间的链路就呈现出了独木桥的状态,必然造成网络传输效率下降等后果。

解决这个问题的办法就是提高楼层主交换机之间的连接带宽,实现的办法可以是采用千兆端口替换原来的 100Mb/s 端口进行互联,但这样无疑会增加组网的成本,需要更新端口模块,并且线缆也需要做进一步的升级。另一种相对经济的升级办法就是链路聚合技术。

顾名思义,链路聚合是将几个链路做聚合处理,这几个链路必须是同时连接两个相同的设备的,这样,当做了链路聚合之后就可以实现几个链路相加的带宽了。例如,可以将 4 个 100Mb/s 链路使用链路聚合作成一个逻辑链路,这样在全双工条件下就可以达到 800Mb/s 的带宽,即将近 1000Mb/s 的带宽。这种方式比较经济,实现也相对容易。

1. 实验目的

(1) 通过实验熟练掌握交换机端口链路聚合技术的配置。

(2) 掌握增加交换机之间的传输带宽,并实现链路冗余备份的技术。

(3) 了解链路聚合技术的使用场合。

2. 实验拓扑图

链路聚合的实验拓扑图如图 9.19 所示。

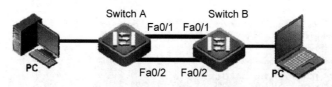

图 9.19　链路聚合的实验拓扑图

3. 实验器材

(1) 安装 Windows XP 系统的计算机(两台)。

(2) 思科 2950 系列交换机(两台)。

(3) 网线(双绞线若干根,交叉线两根)。

(4) 反转电缆(一根)。

4. 实验步骤

步骤 1:硬件连接。

在交换机断电的情况下,用双绞线将两个 PC 分别连接交换机 SwitchA 的 Fa0/3 端口和交换机 SwitchB 的 Fa0/3 端口,用交叉线将 SwitchA 的 Fa0/1 端口和交换机 SwitchB 的
Fa0/1 端口以及 SwitchA 的 Fa0/2 端口和交换机 SwitchB 的 Fa0/2 端口相连。

步骤 2:启动设备。

分别打开设备,给设备加电,设备都处于自检状态,直到连接交换机的指示灯处于绿灯
状态,表示网络处于稳定状态。

步骤 3:配置 PC1、PC2 的 IP 地址,如表 9.7 所示。

表 9.7　PC1、PC2 的 IP 地址和子网掩码

设　备	IP 地址	子 网 掩 码
PC1	192.168.1.101	255.255.255.0
PC2	192.168.1.102	255.255.255.0

步骤 4:交换机 SwitchA 配置聚合端口,代码如下。

```
switchA#conf t
Enter configuration commands, one per line.  End with CNTL/Z.
switchA(config)#int port-channel 1
switchA(config-if)#switch mode trunk
switchA(config-if)#int r f0/1 - 2
switchA(config-if-range)#channel-group 1 mode desirable
```

步骤 5:交换机 SwitchB 配置聚合端口,代码如下。

```
switchB#conf t
Enter configuration commands, one per line.  End with CNTL/Z.
switchB(config)#int port-channel 1
switchB(config-if)#switch mode trunk
switchB(config-if)#int r f0/1 - 2
switchB(config-if-range)#channel-group 1 mode desirable
```

步骤 6:实验测试。

在 PC2 上用 Ping 命令测试 PC2 与 PC1 的连通性,如图 9.20 所示。

图 9.20　在 PC2 上测试与 PC1 的连通性

断掉交换机 Fa0/1 端口上的连线,在 PC2 上用 Ping 命令测试 PC2 与 PC1 的连通性,
如图 9.21 所示。

图 9.21　在 PC2 上测试与 PC1 的连通性

5. 实验总结

将交换机 Fa0/1 端口通过交叉线重新连接起来,然后断掉交换机 Fa0/2 端口上的连线,在 PC2 上用 Ping 命令测试 PC2 与 PC1 的连通性。

9.9 交换机基于端口镜像实验

端口镜像(Port Mirroring)是把交换机一个或多个端口(VLAN)的数据,镜像到一个或多个端口的方法。譬如,在端口 A 和端口 B 之间建立镜像关系,这样通过端口 A 传输的数据将同时复制到端口 B,以便于在端口 B 上连接的分析仪或者分析软件进行性能分析或故障判断。

网络管理服务器上通过安装监控软件的方式抓取数据,分析进入网络的所有数据包,如网吧需通过此功能把数据发往公安部门审查。而企业处于信息安全、保护公司机密的需要,也迫切需要网络中有一个端口能提供这样的实时监控功能。在企业中用端口镜像功能,可以很好地对企业内部的网络数据进行监控管理,在网络出现故障的时候,可以做到很好的故障定位,如图 9.22 所示。

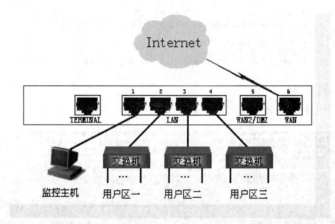

图 9.22 交换机端口镜像在监控中的应用

1. 实验背景

假如有一台交换机是宽带小区城域网中的一台楼道交换机,PC3(协议分析器)连接在交换机的 Fa0/5 端口;住户 PC1 连接在交换机的 Fa0/1 端口,住户 PC2 连接在交换机的 Fa0/3 端口。经过调查,现在发现用户 PC1、PC2 相互访问速度很慢,而 PC1 所连接端口的数据流量很大,现在决定对 PC1 所连接端口进行流量分析和均衡配置。

2. 实验目的

(1) 了解端口镜像技术的使用场合。

(2) 了解端口镜像技术的配置方法。

3．实验拓扑图

端口镜像的实验拓扑图如图 9.23 所示。

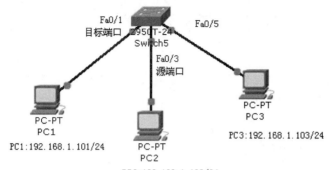

图 9.23　端口镜像的实验拓扑图

4．实验技术原理

端口镜像(Port Mirroring)是把交换机一个或多个端口(VLAN)的数据镜像到一个或多个端口的方法。SPAN(Switched Port Analyzer,交换机端口分析器)的作用主要是为了给某种网络分析器提供网络数据流。它既可以实现一个 VLAN 中若干个源端口向一个监控端口镜像数据,也可以从若干个 VLAN 向一个监控端口镜像端口镜像数据。

5．实验器材

(1) 安装 Windows XP 系统的计算机三台。
(2) 思科 2950 系列交换机一台。
(3) 网线(双绞线若干根)。
(4) 反转电缆一根。

6．实验步骤

步骤 1：硬件连接。

在交换机断电的情况下,用双绞线将 PC1 连接交换机 Switch 的 Fa0/1 端口,PC2 连接交换机 Switch 的 Fa0/3 端口,PC3 连接交换机 Switch 的 Fa0/5 端口。

步骤 2：启动设备。

分别打开设备,给设备加电,设备都处于自检状态,直到连接交换机的指示灯处于绿灯状态,表示网络处于稳定状态。

步骤 3：配置 PC1、PC2、PC3 的 IP 地址,如表 9.8 所示。

表 9.8　配置 PC 的 IP 地址和子网掩码

设　　备	IP 地址	子 网 掩 码
PC1	192.168.1.101	255.255.255.0
PC2	192.168.1.102	255.255.255.0
PC3	192.168.1.103	255.255.255.0

步骤 4：配置交换机。

设置 Fa0/3 为源端口,Fa0/1 为目标端口,代码如下。

```
Switch>en
Switch#conf t
Enter configuration commands, one per line.  End with CNTL/Z.
Switch(config)#monitor session 1 source int f0/3
Switch(config)#monitor session 1 destination int F0/1
```

实验注意事项:

如果用模拟器 PT5.0 软件配置交换机 Fa0/3 为源端口、Fa0/1 为目标端口,则 PT5.0 不支持该命令,会有如下提示。

Switch(config)♯monitor session 1 source int Fa0/3

% Invalid input detected at '^' marker.

Switch(config)♯monitor?

% Unrecognized command

7. 实验测试

通过 show monitor session 1 命令查看端口配置信息,代码如下。

```
Switch#show monitor session 1
Session 1
---------
Type              : Local Session
Source Ports      :
    Both          : Fa0/3
Destination Ports : Fa0/1
    Encapsulation : Native
             Ingress: Disabled
```

配置完成之后,在 PC1 上用 Ping 命令测试与 PC2、PC3 的连通性,PC1 接在目标端口上,PC2 接在源端口上,把源端口镜像到目标端口后,目标端口只接收源端口数据,不能发送数据包,所以 PC1 Ping PC2 和 PC3 是不通的,如图 9.24 所示。

```
C:\Documents and Settings\Administrator>ping 192.168.1.102

Pinging 192.168.1.102 with 32 bytes of data:

Control-C
^C
C:\Documents and Settings\Administrator>ping 192.168.1.103

Pinging 192.168.1.103 with 32 bytes of data:

Control-C
^C
```

图 9.24 测试连通性

同时在 PC2 上用 Ping 命令测试与 PC3 的连通性,并加上-t 参数。

打开 PC1 上的抓包工具,看能够捕捉到什么数据包,如图 9.25 所示,结论与上面一致。

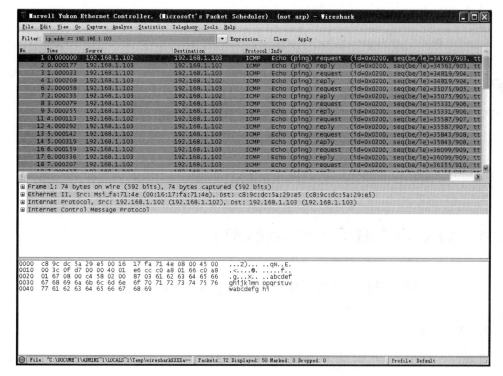

图 9.25　抓包工具分析验证

第 10 章
CHAPTER 10 | Cisco 路由器的高级配置

10.1 路由器广域网 PPP 封装配置

10.1.1 路由器广域网 PPP 封装协议概述

1. PPP 概述

点对点协议(Point to Point Protocol,PPP)是因特网工程任务组(Internet Engineering Task Force,IETF)推出的点到点类型线路的数据链路层协议。它解决了串行线路网际协议(Serial Line Internet Protocol,SLIP)中的问题,并成为正式的因特网协议标准。

PPP 是广域网接入链路中广泛使用的协议,它把上层(网络层)数据封装成 PPP 帧,通过点到点链路传送。PPP 是一套协议,因此又称为 PPP 协议集,它有很多的可选特性,如网络环境支持多协议、提供可选的身份认证服务、可以各种方式压缩数据、支持动态地址协商、支持多链路捆绑等。这些丰富的特征增加了 PPP 的功能。并且,不论是异步拨号线路,还是路由器之间的同步链路,均可以使用该协议。因此,PPP 应用十分广泛。

2. PPP 链路建立过程

PPP 提供了一整套方案来解决链路建立、维护、拆除、上层协议协商、认证等问题。PPP 包含 3 部分:链路控制协议(Link Control Protocol,LCP),网络控制协议(Network Control Protocol,NCP),认证协议(Authentication Protocol,AP)。

一个典型的 PPP 链路建立分为 3 个阶段。阶段 1:创建 PPP 链路。阶段 2:用户验证。阶段 3:调用网络层协议。经过这 3 个阶段后,一条完整的 PPP 链路就建立起来了。

PPP 协议集中的认证协议提供了两种可选的身份认证方法:口令验证协议(Password Authentication Protocol,PAP)和询问握手认证协议(Challenge Handshake Authentication Protocol,CHAP)。如果双方协商达成一致,则可以不使用任何身份认证方法。

3. PPP 的应用环境

PPP 是目前广域网应用十分广泛的协议,它的优点在于简单、具备用户验证能力、可以解决 IP 地址分配问题等。

PPP 的应用环境具有以下特点。

（1）企业环境中异地之间的互连通常要经过第三方的网络，如中国电信、中国网通、中国移动等，所以配置与局域网的不同。

（2）广域网通常需要付费，且带宽有限，可靠性相对局域网要低。

（3）家庭拨号上网就是通过 PPP 在用户端和运营商的接入服务器之间建立通信链路。目前，宽带接入正逐步取代拨号上网，在宽带接入技术发展迅速的今天，PPP 也衍生出新的应用。具有代表性的应用是在非对称数据用户环线（Asymmetric Data Subscriber Loop，ADSL）接入方式当中，PPP 与其他的协议共同派生出了符合宽带接入要求的新的协议，如基于以太网的点对点通信协议（PPP Over Ethernet，PPPOEt）、异步传输模式上的点对点协议（PPP Over ATM，PPPOA）。

（4）利用以太网（Ethernet）资源，在以太网上运行 PPP 进行用户认证接入的方式称为 PPPOE。PPPOE 既保护了用户的以太网资源，又完成了 ADSL 的接入要求，是目前 ADSL 接入方式中应用最广泛的技术标准。

在异步传输模式（Asynchronous Transfer Mode，ATM）网络上运行 PPP 管理用户认证的方式称为 PPPOA。PPPOA 与 PPPOE 的原理相同，作用相同，不同的 PPPOA 是在 ATM 网络上，而 PPPOE 是在以太网络上运行，所以它们分别使用 ATM 标准和以太网标准。

PPP 的简单性和完整性，使它得到了广泛的应用，相信随着网络技术的发展，它还将发挥更大的作用。

4. DTE/DCE

串行链路一端连接 DTE 设备，另一端连接 DCE 设备，两台 DCE 设备之间是服务运营商的传输网络。

DTE 设备可以是路由器和计算机等。DCE 设备通常是一台 Modem 或 CSU/DSU，该设备把来自 DTE 设备的用户数据转换为 WAN 链路可以接受的形式，然后传送给另一端的 DCE 设备，另一端 DCE 设备接收到信号后，再把信号转换成 DTE 可识别的比特流。

10.1.2　路由器广域网 PPP 封装 PAP 验证配置

本节实验主要介绍 PPP 的身份认证功能。

1. 实验背景知识

认证方式：口令验证协议（PAP）。

PAP 是一种简单的明文验证方式。网络接入服务器（Nework Attached Server，NAS）要求用户提供用户名和口令，PAP 以明文方式返回用户信息。显然，这样的验证方式安全性较差，第三方可以很容易地获取被传送的用户名和口令，并利用这些信息与 NAS 建立连接，获取 NAS 提供的所有资源。因此，一旦用户名和口令被第三方窃取，PAP 无法提供避免受到第三方攻击的保障措施。

PAP 认证只在双方的通信链路建立初期进行。如果认证成功，在通信过程中不再进行认证。如果认证失败,则直接释放链路。

PAP 的弱点是用户的用户名和口令是明文发送的,有可能被协议分析软件捕获而导致安全问题。但是,因为 PAP 认证只在通信链路建立初期进行,所以节省了宝贵的链路带宽。

2. 实验目的

(1) 掌握路由器广域网 PPP 封装 PAP 验证配置。

(2) 理解 DCE 和 DTE 端口连接的特点。

(3) 理解路由器封装匹配。

(4) 理解 PAP 验证过程。

3. 实验设备与材料清单

(1) Cisco 2503 系列路由器两台。

(2) 反转线一根。

(3) PC 一台。

(4) 电源线若干。

4. 实验拓扑结构图和实物图

本实验拓扑图如图 10.1 所示,配备两台 Cisco 2503 系列的路由器 RouterA 和 RouterB。RouterA 使用 S0 作为 DCE 端口,RouterB 使用 S1 作为 DTE 端口。然后,两台设备分别配置封装上相应的通信协议。实验具体实物连接图如图 10.2 所示。

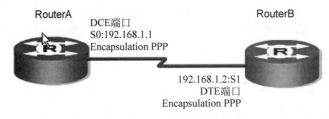

图 10.1   实验拓扑结构图

图 10.2   实验具体实物连接图

实验对于同步串行端口,默认的封装格式是高级数据链路协议(High Level Data Link Control,HDLC)。HDLC 是思科路由器的私有实现。可以使用命令 Encapsulation PPP 将默认的 HDLC 封装格式改为 PPP 封装格式。

当通信双方的某一方封装格式为 HDLC,而另一方为 PPP 时,双方关于封装协议的协商将失败。此时,链路处于协议性关闭(Protocol Down)状态,通信将无法进行,如图 10.3 所示。

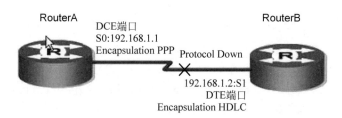

图 10.3　两端路由器串行端口封装格式不一致

5. 实验 IP 地址与端口配置

实验 IP 地址与端口配置参数，如表 10.1 所示。

表 10.1　实验配置表

RouterA		RouterB	
端口	IP 地址	端口	IP 地址
S0：DCE	192.168.1.1	S1：DTE	192.168.1.2
账号	密码	账号	密码
RouterA	weileiA	RouterB	weileiB

6. 实验步骤

步骤 1：配置 RouterA，代码如下。

```
Router >
Router > en                                             !进入特权模式
Router # config t                                       !进入全局配置模式
Enter configuration commands, one per line.   End with CNTL/Z.
Router(config) # hostname RouterA                       !修改机器名
RouterA(config) # username RouterB password weileiB     !设置账号密码
RouterA(config) # intS0                                 !进入 S0 端口模式
RouterA(config - if) # ip add 192.168.1.1 255.255.255.0  !配置 IP 地址
RouterA(config - if) # encapsulation PPP                !封装 PPP
RouterA(config - if) # ppp authentication pap           !设置认证方式为 PAP
RouterA(config - if) # ppp pap sent - username RouterA password weileiA
                                                        !设置发送给对方验证的账号密码
RouterA(config - if) # clock route 64000
                       ^
% Invalid input detected at '^' marker.                 !命令书写错误
RouterA(config - if) # clock rate 64000                 !设置 DCE 时钟频率
RouterA(config - if) # no shutdown                      !开启 S0 端口
RouterA(config - if) # end
RouterA #
00:05:12: % LINK - 3 - UPDOWN: Interface Serial0, changed state to up
00:05:12: % SYS - 5 - CONFIG_I: Configured from console by console
00:05:13: % LINEPROTO - 5 - UPDOWN: Line protocol on Interface Serial0, changed state to up
```

实验注意事项：

Cisco 命令检查器，发现命令输入有误时，会出现"％ Invalid input detected at '＾' marker"提示，命令错误是从"＾"地方开始的。

解决方案：一般来说，出现这样的错误是由于命令输入错误造成的，且"＾"标识了错误位置。换句话说，在这个符号之前是没有错的，可从"＾"之后开始检查。此外，还可以用'？'查看命令后面可以跟的参数。

步骤 2：查看 RouterA 配置，如图 10.4 所示。

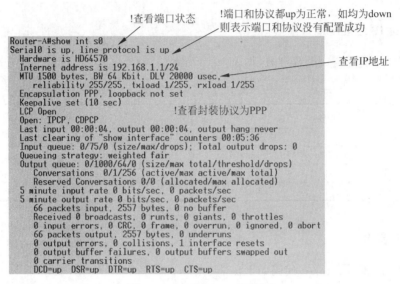

图 10.4　查看 RouterA 配置

步骤 3：配置 RouterB，代码如下。

```
Router >
Router > en
Router # config t
Enter configuration commands, one per line.   End with CNTL/Z.
Router(config) # hostname RouterB
RouterB(config) # username RouterA password weileiA
RouterB(config) # intS1
RouterB(config - if) # ip add 192.168.1.2 255.255.255.0
RouterB(config - if) # encapsulation PPP
RouterB(config - if) # PPP authentication pap
RouterB(config - if) # PPP pap sent - username RouterB password weileiB
RouterB(config - if) # no shutdown
RouterB(config - if) # exit
RouterB(config) #
01:10:15: % LINK - 3 - UPDOWN: Interface Serial1, changed state to up
RouterB(config) # end
RouterB#
01:10:23: % SYS - 5 - CONFIG_I: Configured from console by console
```

步骤 4：查看 RouterB 配置，如图 10.5 所示。

```
                    !查看端口状态        !端口和协议都up为正常，如均为down
                                         则表示端口和协议没有配置成功
Router-B>en
Router-B#show int s1
Serial1 is up, line protocol is up
  Hardware is HD64570
  Internet address is 192.168.1.2/24 ◄──── !查看IP地址
  MTU 1500 bytes, BW 1544 Kbit, DLY 20000 usec,
     reliability 255/255, txload 1/255, rxload 1/255
  Encapsulation PPP, loopback not set ◄── !查看封装协议为PPP
  Keepalive set (10 sec)
  LCP Open
  Open: IPCP, CDPCP
  Last input 00:00:05, output 00:00:05, output hang never
  Last clearing of "show interface" counters 00:27:37
  Input queue: 0/75/0 (size/max/drops); Total output drops: 0
  Queueing strategy: weighted fair
  Output queue: 0/1000/64/0 (size/max total/threshold/drops)
     Conversations  0/2/256 (active/max active/max total)
     Reserved Conversations 0/0 (allocated/max allocated)
  5 minute input rate 0 bits/sec, 0 packets/sec
  5 minute output rate 0 bits/sec, 0 packets/sec
     1024 packets input, 22163 bytes, 0 no buffer
     Received 0 broadcasts, 0 runts, 0 giants, 0 throttles
     0 input errors, 0 CRC, 0 frame, 0 overrun, 0 ignored, 0 abort
     1035 packets output, 18335 bytes, 0 underruns
     0 output errors, 0 collisions, 227 interface resets
     0 output buffer failures, 0 output buffers swapped out
     452 carrier transitions
     DCD=up  DSR=up  DTR=up  RTS=up  CTS=up
```

图 10.5　查看 RouterB 配置

步骤 5：测试连通性，如图 10.6 所示。

```
Router A#ping 192.168.1.2

Type escape sequence to abort. !表示成功率为100%，否则，测试失败
Sending 5.100-byte ICMP Echos to 192.168.1.2,timeout is 2 seconds:
!!!!!
Sucess rate is 100 percent(5/5),round-trip min/avg/max = 32/32/32ms
Router A#
```

图 10.6　测试连通性

7. 实验总结

（1）账号和密码一定要对应，发送的账号和密码要和对方账号数据库中的账号密码相对应。

（2）不要忘记配置 DCE 端口的时钟频率。

（3）注意查看端口状态时，端口和协议都必须是 up 状态，一般情况下，协议是 down 状态时，通常是封装类型不匹配或者 DCE 端口时钟没有配置；端口是 down 状态时，通常是线缆故障。

（4）在实际工程应用中，DCE 设备通常由服务提供商配置，不需要在 DCE 端口配置时钟，但在实验室中，一般需要配置时钟。

10.1.3　路由器广域网 PPP 封装的 CHAP 验证配置

1. 实验背景知识

认证方式：询问握手认证协议（Challenge-Handshake Authentication Protocol，CHAP）。

相对于 PPP 的 PAP 验证方式来说，CHAP 是一种加密的 PPP 封装验证方式，能够避

免建立连接时传送用户的真实密码。NAS 向远处用户发送一个挑战口令,其中包括会话 ID 和一个任意生成的挑战字串。远程客户必须使用 MD5 单向哈希算法返回用户名、加密的挑战口令、会话 ID 及用户口令,其中,用户名以非哈希方式发送。

CHAP 对 PAP 进行了改进,不再直接通过链路发送明文口令,而是使用挑战口令以哈希算法对口令进行加密。因为服务器端存在客户的明文口令,所以服务器可以重复客户端进行的操作,并将结果与用户返回的口令进行对照。CHAP 规定,在每一次验证时任意生成一个挑战字串来防止受到再现攻击。在整个连接过程中,CHAP 规定将不定时地向客户端重复发送挑战口令,从而避免第三方的远程攻击。

2. 实验目的

(1) 掌握路由器广域网 PPP 的 CHAP 验证配置方法。
(2) 理解 DCE 和 DTE 端口连接特点。
(3) 理解 CHAP 验证过程。
(4) 理解广域网中路由器封装匹配。

3. 实验拓扑结构图和实物连线图

实验拓扑图如图 10.7 所示,实验实物连线图如图 10.8 所示。

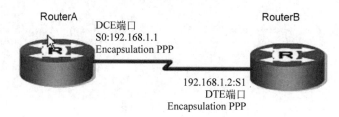

图 10.7　实验拓扑结构图

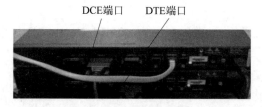

图 10.8　实验实物连线图

4. 实验 IP 地址与端口配置

实验 IP 地址与端口配置参数,如表 10.2 所示。

表 10.2　实验配置表

RouterA		RouterB	
端口	IP 地址	端口	IP 地址
S0：DCE	192.168.1.1	S1：DTE	192.168.1.2
账号	密码	账号	密码
RouterA	weileiB	RouterB	weileiB

5. 实验步骤

步骤 1: 配置 RouterA, 代码如下。

```
Router>en
Router#config t
Enter configuration commands, one per line.  End with CNTL/Z.
Router(config)#hostname RouterA
RouterA(config)#username RouterB password weileiB
RouterA(config)#int s0
RouterA(config-if)#ip add 192.168.1.1 255.255.255.0        !封装PPP
RouterA(config-if)#encap ppp
RouterA(config-if)#ppp auth chap                           !设置验证方式
RouterA(config-if)#ppp chap hostname RouterA
RouterA(config-if)#clock rate 64000
RouterA(config-if)#no shutdown
RouterA(config-if)#exit                     !设置发送给对方验证的账号
RouterA(config)#
00:03:44: %LINK-3-UPDOWN: Interface Serial0, changed state to down
```

步骤 2: 查看配置, 代码如下。

```
Router A#show int s0
Serial0 is up, line protocol is up
  Hardware is HD64570
  Internet address is 192.168.1.1/24
  MTU 1500 bytes, BW 1544 Kbit, DLY 20000 usec,
    reliability 255/255, txload 1/255, rxload 1/255
  Encapsulation PPP, loopback not set
  Keepalive set (10 sec)
  LCP Open
  Open: IPCP, CDPCP
  Last input 00:00:00, output 00:00:00, output hang never
  Last clearing of "show interface" counters 00:29:46
  Input queue: 0/75/0 (size/max/drops); Total output drops: 0
  Queueing strategy: weighted fair
  Output queue: 0/1000/64/0 (size/max total/threshold/drops)
    Conversations  0/1/256 (active/max active/max total)
    Reserved Conversations 0/0 (allocated/max allocated)
  5 minute input rate 0 bits/sec, 0 packets/sec
  5 minute output rate 0 bits/sec, 0 packets/sec
     377 packets input, 16774 bytes, 0 no buffer
     Received 0 broadcasts, 0 runts, 0 giants, 0 throttles
     0 input errors, 0 CRC, 0 frame, 0 overrun, 0 ignored, 0 abort
     376 packets output, 16755 bytes, 0 underruns
     0 output errors, 0 collisions, 10 interface resets
     0 output buffer failures, 0 output buffers swapped out
     1 carrier transitions
     DCD=up  DSR=up  DTR=up  RTS=up  CTS=up
Router-A#
```

步骤 3: 测试连通性, 代码如下。

```
Router B#ping 192.168.1.1

Type escape sequence to abort.
Sending 5, 100-byte ICMP Echos to 192.168.1.1, timeout is 2 seconds:
!!!!!
Success rate is 100 percent (5/5), round-trip min/avg/max = 28/31/32 ms
Router-B#ping 192.168.1.2

Type escape sequence to abort.
Sending 5, 100-byte ICMP Echos to 192.168.1.2, timeout is 2 seconds:
!!!!!
Success rate is 100 percent (5/5), round-trip min/avg/max = 56/58/60 ms
Router-B#
```

步骤 4: RouterB 配置, 代码如下。

```
Route>en
Route#config t
Enter configuration commands, one per line.  End with CNTL/Z.
Route(config)#hostname Router B
RouterB(config)#username RouterA password weileiB
RouterB(config)#int s1
RouterB(config-if)#ip add 192.168.1.2 255.255.255.0
RouterB(config-if)#encap ppp
RouterB(config-if)#ppp auth chap
RouterB(config-if)#ppp chap hostname RouterB
RouterB(config-if)#no shutdown
RouterB(config-if)#exit
RouterB(config)#
```

```
00:07:56: %LINK-3-UPDOWN: Interface Serial1, changed state to up
00:07:59: %LINEPROTO-5-UPDOWN: Line protocol on Interface Serial1, changed state
  to up
Router B(config)#exit
```

步骤 5：查看端口配置，代码如下。

```
Router B>show int s1
Serial1 is up, line protocol is up
  Hardware is HD64570
  Internet address is 192.168.1.2/24
  MTU 1500 bytes, BW 1544 Kbit, DLY 20000 usec,
    reliability 255/255, txload 1/255, rxload 1/255
  Encapsulation PPP, loopback not set
  Keepalive set (10 sec)
  LCP Open
  Open: IPCP, CDPCP
  Last input 00:00:08, output 00:00:08, output hang never
  Last clearing of "show interface" counters 00:23:27
  Input queue: 0/75/0 (size/max/drops); Total output drops: 0
  Queueing strategy: weighted fair
  Output queue: 0/1000/64/0 (size/max total/threshold/drops)
    Conversations  0/1/256 (active/max active/max total)
    Reserved Conversations 0/0 (allocated/max allocated)
  5 minute input rate 0 bits/sec, 0 packets/sec
  5 minute output rate 0 bits/sec, 0 packets/sec
    354 packets input, 15865 bytes, 0 no buffer
    Received 0 broadcasts, 0 runts, 0 giants, 0 throttles
    0 input errors, 0 CRC, 0 frame, 0 overrun, 0 ignored, 0 abort
    355 packets output, 15884 bytes, 0 underruns
    0 output errors, 0 collisions, 1 interface resets
    0 output buffer failures, 0 output buffers swapped out
    0 carrier transitions
    DCD=up  DSR=up  DTR=up  RTS=up  CTS=up
Router B>
```

步骤 6：测试连通性，代码如下。

```
Router A#ping 192.168.1.2

Type escape sequence to abort.
Sending 5, 100-byte ICMP Echos to 192.168.1.2, timeout is 2 seconds:
!!!!!
Success rate is 100 percent (5/5), round-trip min/avg/max = 28/31/32 ms
Router A#ping 192.168.1.1

Type escape sequence to abort.
Sending 5, 100-byte ICMP Echos to 192.168.1.1, timeout is 2 seconds:
!!!!!
Success rate is 100 percent (5/5), round-trip min/avg/max = 56/60/68 ms
Router A#
```

6. 实验调试

使用"debug ppp authentication"命令可以打开和查看 PPP 的 CHAP 认证过程。如
图 10.9 所示，表明 RouterA 是认证成功的。如果认证失败，会有错误提示或者警告，原因
有可能是密码错误等。

7. 实验总结

（1）双方密码一定要一致，如本实验中 RouterA 与 RouterB 的密码都为 weileiB,发送
的账号应与对方账号数据库中的账号对应。

（2）DCE 端的时钟频率一定要配置。

（3）对于有些配置命令，如果操作熟练之后，可以简写。如本实验中把"encapsulation"
命令简写为"encap"，把"authentication"命令简写为"auth"等。但有些路由器中 auth 简写
时有 authentication 和 authorization 两条命令对应，需要选择合适的命令。

（4）在配置验证时也可以选择同时使用 PAP 和 CHAP,例如：

```
Router A#debug ppp authentication ◄── !打开认证调试
PPP authentication debugging is on
Router A#int s0
           ^
% Invalid input detected at '^' marker.

Router-A#config t
Enter configuration commands, one per line.  End with CNTL/Z.
Router-A(config)#int s0 ◄── !由于CHAP认证是在链路建立之后进行一次,
Router-A(config-if)#shutdown        把s0端口关闭重新打开以便观察认证过程
Router-A(config-if)#no shutdown
Router-A(config-if)#
04:08:33: %LINK-5-CHANGED: Interface Serial0, changed state to administratively
down
04:08:34: %LINEPROTO-5-UPDOWN: Line protocol on Interface Serial0, changed state
 to down
04:08:35: Se0 PPP: Treating connection as a dedicated line
04:08:35: %LINK-3-UPDOWN: Interface Serial0, changed state to up
04:08:35: Se0 CHAP: Using alternate hostname RouterA
04:08:35: Se0 CHAP: O CHALLENGE id 2 len 28 from "RouterA"
04:08:35: Se0 CHAP: I CHALLENGE id 2 len 28 from "RouterB"
04:08:35: Se0 CHAP: Using alternate hostname RouterA
04:08:35: Se0 CHAP: O RESPONSE id 2 len 28 from "RouterA"
04:08:35: Se0 CHAP: I RESPONSE id 2 len 28 from "RouterB"
04:08:35: Se0 CHAP: O SUCCESS id 2 len 4
04:08:35: Se0 CHAP: I SUCCESS id 2 len 4
04:08:36: %LINEPROTO-5-UPDOWN: Line protocol on Interface Serial0, changed state
 to up
```

图 10.9　CHAP 认证实验调试命令

R(config - if)♯ppp authentication chap pap 或

R(config - if)♯ppp authentication pap chap

如果同时使用两种验证方式,那么在链路协商阶段将先用第一种验证方式验证。如果对方建议使用第二种验证方式或者只是简单拒绝使用第一种方式,那么将采用第二种方式验证。

8. 课后思考题

(1) CHAP 和 PAP 这两种验证有什么不同?

(2) CHAP 验证是否就一定非常安全呢?

(3) 尝试在两个路由器中配置不同的密码,观察是否还能建立正常的连接。

10.2　路由器广域网 HDLC 封装配置

1. 实验背景知识

高级数据链路控制(High-level Data Link Control,HDLC)是一种在同步网上传输数据、面向比特流的数据链路层协议,它是由 ISO 根据 IBM 公司的 SDLC 协议扩展开发而来的。

在串行链路上常用的封装方法有两种: HDLC 和 PPP。HDLC 协议是在点到点的串行线路上的帧封装格式,支持同步、全双工操作。其帧格式和以太网帧格式有很大的差别,HDLC 帧没有源 MAC 地址和目的 MAC 地址。Cisco 的 HDLC 封装与标准的 HDLC 不兼容。前者只在思科设备之间使用,后者可以用于不同厂商的设备之间。若在链路的两端都是 Cisco 路由器,且设备之间用同步专线连接,使用 HDLC 封装不仅没有问题,而且采用 Cisco HDLC 比采用 PPP 效率高得多。但是,如果 Cisco 路由器与非 Cisco 路由器进行同步专线连接时,不能用 Cisco HDLC,因为它们不支持 Cisco HDLC,可以使用 PPP。PPP 和 HDLC 相比有较多功能,PPP 支持多网络层协议、支持认证、支持多链路捆绑、支持回拨和压缩等。

　　HDLC 不能提供像 PAP 和 CHAP 那样的验证方式,缺少了对链路的安全保护。默认情况下,Cisco 路由器的串口是采用 Cisco HDLC 封装的。如果串口的封装不是 HDLC,要使用命令"encapsulation hdlc"把封装方式改为 HDLC,默认时 Cisco 设备一般采用 HDLC 封装。

2. 实验应用环境特点

　　(1) 企业网异地互联时,常要借助第三方的网络,如中国网通、中国电信等,所以与局域网的配置不同。
　　(2) 广域网通常需要付费、带宽有限,可靠性相比局域网要低。

3. 实验目的

　　(1) 掌握广域网 HDLC 封装配置。
　　(2) 理解 DCE、DTE 端口配置。
　　(3) 理解广域网中路由器的封装匹配问题。

4. 实验设备

　　(1) 思科 2503 系列路由器两台。
　　(2) 连接两台路由器的串口数据线一根。
　　(3) 反转线一根。

5. 实验拓扑图和实验实物连线图

　　实验拓扑图和实验实物连线图,分别如图 10.10 和图 10.11 所示。

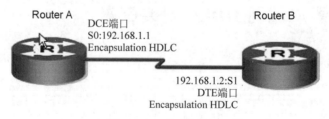

图 10.10　实验拓扑图

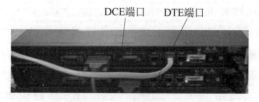

图 10.11　实验实物连线图

6. 实验 IP 地址与端口配置

实验 IP 地址与端口配置参数，如表 10.3 所示。

表 10.3　实验配置表

RouterA		RouterB	
端口	IP 地址	端口	IP 地址
S0：DCE	192.168.1.1	S1：DTE	192.168.1.2

7. 实验步骤

步骤 1：配置 RouterA，代码如下。

```
Router>en
Router#config t
Enter configuration commands, one per line.  End with CNTL/Z.
Router(config)#houstname Router A

% Invalid input detected at '^' marker.

Router(config)#hostname Router A
Router A(config)#int s0
Router A(config-if)#encap hdlc        !封装HDLC协议
Router A(config-if)#clock rate 64000
Router A(config-if)#no shutdown
Router A(config-if)#exit
Router A(config)#
00:03:21: %LINK-3-UPDOWN: Interface Serial0, changed state to down
Route>
Route>exit
```

补配路由器 S0 端口 IP 地址，代码如下。

```
Router B(config)#exit
Router B#
00:05:08: %SYS-5-CONFIG_I: Configured from console by console
Router A(config)#
Router A(config)#int s0                !开启S0端口
Router A(config-if)#ip add 192.168.1.1 255.255.255.0    !给S0端口配置IP地址
Router A(config-if)#no shutdown
Router A(config-if)#exit
Router A(config)#
```

步骤 2：查看配置，代码如下。

```
Router B#show int s1
Serial1 is up, line protocol is up
   Hardware is HD64570                 !查看HDLC封装协议
   Internet address is 192.168.1.2/24
   MTU 1500 bytes, BW 1544 Kbit, DLY 20000 usec,
      reliability 255/255, txload 1/255, rxload 1/255
   Encapsulation HDLC, loopback not set
   Keepalive set (10 sec)
   Last input 00:00:04, output 00:00:05, output hang never
   Last clearing of "show interface" counters never
   Input queue: 0/75/0 (size/max/drops); Total output drops: 0
   Queueing strategy: weighted fair
   Output queue: 0/1000/64/0 (size/max total/threshold/drops)
      Conversations  0/1/256 (active/max active/max total)
      Reserved Conversations 0/0 (allocated/max allocated)
   5 minute input rate 0 bits/sec, 0 packets/sec
   5 minute output rate 0 bits/sec, 0 packets/sec
      79 packets input, 6594 bytes, 0 no buffer
      Received 48 broadcasts, 0 runts, 0 giants, 0 throttles
      0 input errors, 0 CRC, 0 frame, 0 overrun, 0 ignored, 0 abort
      84 packets output, 7500 bytes, 0 underruns
      0 output errors, 0 collisions, 5 interface resets
      0 output buffer failures, 0 output buffers swapped out
      4 carrier transitions
      DCD=up  DSR=up  DTR=up  RTS=up  CTS=up
Router B#
```

步骤 3：配置 RouterB，代码如下。

```
Route>en
Route#config t
Enter configuration commands, one per line.  End with CNTL/Z.
Route(config)#hostname Router B
Router B(config)#int s1
Router B(config-if)#ip add 192.168.1.2 255.255.255.0
Router B(config-if)#encap hdlc ←——— !封装HDLC协议
Router B(config-if)#no shutdown
Router B(config-if)#exit
Router B(config)#
00:04:55: %LINK-3-UPDOWN: Interface Serial1, changed state to up
00:04:56: %LINEPROTO-5-UPDOWN: Line protocol on Interface Serial1, changed state
 to up
Router B(config)#exit
Router B#
00:05:08: %SYS-5-CONFIG I: Configured from console by console
```

步骤 4：查看 RouterB 的配置，代码如下。

```
Router B#
Router A#show int s0
Serial0 is up, line protocol is up
  Hardware is HD64570
  Internet address is 192.168.1.1/24
  MTU 1500 bytes, BW 1544 Kbit, DLY 20000 usec,    !查看HDLC封装协议
     reliability 255/255, txload 1/255, rxload 1/255
  Encapsulation HDLC, loopback not set
  Keepalive set (10 sec)
  Last input 00:00:06, output 00:00:05, output hang never
  Last clearing of "show interface" counters never
  Input queue: 0/75/0 (size/max/drops); Total output drops: 0
  Queueing strategy: weighted fair
  Output queue: 0/1000/64/0 (size/max total/threshold/drops)
     Conversations  0/1/256 (active/max active/max total)
     Reserved Conversations 0/0 (allocated/max allocated)
  5 minute input rate 0 bits/sec, 0 packets/sec
  5 minute output rate 0 bits/sec, 0 packets/sec
     92 packets input, 8204 bytes, 0 no buffer
     Received 61 broadcasts, 0 runts, 0 giants, 0 throttles
     1 input errors, 1 CRC, 0 frame, 0 overrun, 0 ignored, 1 abort
     90 packets output, 7362 bytes, 0 underruns
     0 output errors, 0 collisions, 6 interface resets
     0 output buffer failures, 0 output buffers swapped out
     7 carrier transitions
     DCD=up  DSR=up  DTR=up  RTS=up  CTS=up
```

步骤 5：验证连通性，代码如下。

```
Router A#
Router A#ping 192.168.1.1

Type escape sequence to abort.
Sending 5, 100-byte ICMP Echos to 192.168.1.1, timeout is 2 seconds:
!!!!!
Success rate is 100 percent (5/5), round-trip min/avg/max = 60/62/72 ms
Router A#ping 192.168.1.2

Type escape sequence to abort.
Sending 5, 100-byte ICMP Echos to 192.168.1.2, timeout is 2 seconds:
!!!!!
Success rate is 100 percent (5/5), round-trip min/avg/max = 28/31/32 ms
Router A#

Router B#
Router B#ping 192.168.1.1

Type escape sequence to abort.
Sending 5, 100-byte ICMP Echos to 192.168.1.1, timeout is 2 seconds:
!!!!!
Success rate is 100 percent (5/5), round-trip min/avg/max = 28/31/32 ms
Router B#ping 192.168.1.2

Type escape sequence to abort.
Sending 5, 100-byte ICMP Echos to 192.168.1.2, timeout is 2 seconds:
!!!!!
Success rate is 100 percent (5/5), round-trip min/avg/max = 60/62/68 ms
Router B#
```

8. 实验总结

（1）注意查看端口的状态，端口和协议都必须是 up 状态。

（2）路由器 RouterA 所连接的端口为 DCE，路由器 RouterB 所连接的端口为 DTE。

（3）协议是 down 状态时，通常封装是不匹配的，DCE 时钟频率无法配置。

（4）在实际工作中，DCE 设备通常由服务提供商配置，本实验在模拟软件环境中有用户配置。

（5）在 DDN 专线上，Cisco 路由器之间采用 Cisco HDLC 协议。

（6）在 Cisco 路由器与非 Cisco 路由器之间采用 PPP。

（7）Cisco 2500、Cisco 1600 系列的同步串口，默认状态下为 HDLC 封装，因此一般不显示封装 HDLC。

9．课后思考题

（1）将路由器 RouterA 的封装类型改为 PPP，再观察 Ping 命令测试的结果。

（2）如果在配置中没有封装协议，默认的是什么封装协议呢？

10.3　路由器广域网帧中继封装配置

1．实验背景知识

1）帧中继概述

帧中继（Frame Relay，FR）技术是在 OSI 模型的第二层（数据链路层）上用简化的方法传送和交换数据单元的一种技术。它是面向连接的数据链路技术，为提供高性能和高效率数据传输进行了技术支撑。它靠高层协议进行差错校正，并充分利用了现代的光纤和数字网络技术。总之，帧中继是一种用于构建中等高速报文交换式广域网的技术，同时它也是由国际电信联盟通信标准化组和美国国家标准化协会制定的一种标准。

2）帧中继的作用

帧中继的作用包括以下四方面。

第一，帧使用数据链路连接标识（Data Link Connection Identifier，DLCI）进行标识，它工作在第二层。帧中继的优点在于它的开销低。

第二，帧中继在带宽方面没有限制，它可以提供高效的带宽。典型速率一般为 56k～2Mb/s，最大速率可以达到 45Mb/s。

第三，采用虚拟电路技术，对分组交换技术进行简化，具有吞吐量大、时延小，适合突发性业务等特点，能充分利用网络资源。

第四，可以组建虚拟专用网（VPN），即将网络上的几个节点划分为一个分区，并设置相对独立的网络管理机构，对分区内数据流量及各种资源进行管理。分区内多个节点共享分区内网络资源，相互间的数据处理和传送相对独立，对帧中继网络中的其他用户不造成影响。采用虚拟专用网所需要的费用比组建一个实际的专用网经济合算，因此对大企业用户十分有利。

3）帧中继与 ATM 的比较

目前，计算机局域网（LAN）之间或主机间的互连主要使用两种技术：帧中继和 ATM。国内很多地方都已经开始将这两种技术应用到企业网、校园网等部门网络中。目前，大多数帧中继应用的运行速率为 56kb/s、65kb/s 或 512kb/s，而 ATM 可达到 155Mb/s、622Mb/s

或 2.5Gb/s,但 ATM 技术复杂,ATM 设备比帧中继设备昂贵很多,一般用户难以接受。从未来发展看,ATM 适宜承担 ISDN(宽带综合业务数字网)的骨干网部分,用户接入网可以是时分多路复用、帧中继、语音、图像、LAN、多媒体等,帧中继将作为用户接入网发挥其作用。

4) 帧中继的前景

第一,帧中继是一种高性能、高效率的数据链路技术。

第二,帧中继工作在 OSI 参考模型的物理层和数据链路层,但依赖 TCP 上层协议进行纠错控制。

第三,提供帧中继端口的网络可以是 ISP 服务商,也可以是一个企业的专有企业网络。

第四,目前是世界上最流行的 WAN 协议之一,是优秀的网络专家必备的技术之一。

2. 实验应用环境

(1) 适应于企业网等异地互联网络,所以与局域网的配置不同。

(2) 广域网通常需要付费,带宽比较有限,可靠性相比局域网要低。

3. 实验目的

(1) 掌握路由器广域网帧中继封装配置。

(2) 理解 DLCI、LMI 等概念。

(3) 理解 DCE、DTE 端口配置。

(4) 理解路由器的封装匹配问题。

4. 实验设备

(1) 思科 2503 系列路由器两台。

(2) 连接两台路由器的串口数据线一根。

(3) 反转线一根。

5. 实验拓扑结构图及实物连线图

远程接入的方式有很多,不过很多技术开始渐渐被淘汰,例如 PPP、X.25 等。目前有一种包交换广域网技术还比较流行,该技术是从 X.25 发展而来的,这就是本实验即将用到的帧中继技术,是通过虚电路实现包交换的。

实验结构拓扑图如图 10.12 所示,RouterA 的 S0 端口和 RouterB 的 S1 端口连接。RouterA 可看作公司的路由器,而 RouterB 是电信部门的路由器。在 RouterA 上进行帧中继的配置工作,S0 的 IP 地址设置为 192.168.1.1,子网掩码为 255.255.255.0。实物连线图如图 10.13 所示。

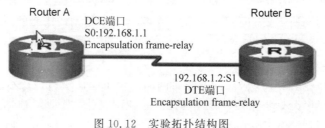

图 10.12　实验拓扑结构图

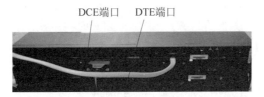

图 10.13　实验实物连线图

6. 实验 IP 地址与端口配置

实验 IP 地址与端口配置参数，如表 10.4 所示。

表 10.4　实验配置表

RouterA		RouterB	
端口	IP 地址	端口	IP 地址
S0：DCE	192.168.1.1	S1：DTE	192.168.1.2

7. 实验步骤

步骤 1：配置 RouterA，代码如下。

```
Router>
Router>en
Router#config t
Enter configuration commands, one per line.  End with CNTL/Z.
Router(config)#hostname Router A
Router A(config)#int s0
Router A(config-if)#ip add 192.168.1.1 255.255.255.0
Router A(config-if)#encap fram
Router A(config-if)#frame-relay local-dlci 16
Router A(config-if)#fram intf dce
Must enable frame-relay switching to configure DCE/NNI
Router-A(config-if)#fram map ip 192.168.1.2 pvc 16 broadcast

% Invalid input detected at '^' marker.

Router A(config-if)#fram map ip 192.168.1.2 16 broadcast
Router A(config-if)#clock rate 64000
Router A(config-if)#no shutdown
Router A(config-if)#exit
Router A(config)#
00:04:03: %LINK-3-UPDOWN: Interface Serial0, changed state to down
```

步骤 2：路由器 RouterB 配置，代码如下。

```
Router B>en
Router B#config t
Enter configuration commands, one per line.  End with CNTL/Z.
Router B(config)#int s1
Router B(config-if)#encap fram
Router B(config-if)#fram local-dlci 16
Router B(config-if)#fram intf dte
Router B(config-if)#fram map ip 192.168.1.1 16 broadcast
Router B(config-if)#no shutdown
Router B(config-if)#exit
Router B(config)#
01:00:34: %LINK-3-UPDOWN: Interface Serial1, changed state to up
01:00:45: %LINEPROTO-5-UPDOWN: Line protocol on Interface Serial1, changed state
 to up
```

8. 实验总结

（1）在电信的路由器上往往还需要添加 DLCI 的路由命令，例如 frame-relay route 100 interfaces s0 101，这里就不详细展开说明了。

（2）总体上讲,frame-relay 在 DTE 上设置还是非常简单的,只需要把 DLCI 号和 IP 地址一一对应好即可。值得注意的是,对于 DLCI 号来说,它是一个本地有效的号码。路由器 A 上 DLCI 号 16 与路由器 B 上的 DLCI 号 16 指的是不同的链路。

10.4　路由器广域网 X.25 封装配置

1. 实验背景知识

1）X.25 技术

X.25 规范对应 OSI 模型的第三层,X.25 的第三层描述了分组的格式及分组交换的过程。X.25 的第二层由平衡式链路访问规程(Link Access Procedure Balanced,LAPB)实现,它定义了用于 DTE/DCE 连接的帧格式。X.25 的第一层定义了电气和物理端口特性。

X.25 网络设备分为数据终端设备(DTE)、数据电路终端设备(DCE)及分组交换设备(PSE)。DTE 是 X.25 的末端系统,如终端计算机或网络主机,一般位于用户端、Cisco 路由器就是 DTE 设备。DCE 是专用通信设备,如调制解调器和分组交换机。PSE 有公共网络的主干交换机。

X.25 定义了数据通信的电话网络,每个分配给用户的 X.25 端口都具有一个 X.121 地址。当用户申请到的是 SVC(交换虚电路)时,X.25 一端的用户在访问另一端的用户时,首先将呼叫对方的 X.121 地址,然后接收到呼叫的一端可以接受或拒绝。如果接受请求,便建立连接实现数据传输,当没有数据传输时挂断连接。整个呼叫过程就类似拨打普通电话一样,其不同的是 X.25 可以实现一点对多点的连接。其中,X.121 地址、HTC 均必须与 X.25 服务提供商分配的参数相同。X.25 PVC(永久虚电路)没有呼叫的过程,类似 DDN 专线。

2）X.25 配置命令

有关 X.25 的配置命令,如表 10.5 所示。

表 10.5　X.25 配置命令

任　　务	命　　令
设置 X.25 封装	encapsulation X.25 [dce]
设置 X.121 地址	X.25 address X.121-address
设置远方站点的地址映射	X.25 map protocol address [protocol2 address2[…[protocol9 address9]]] X.121-address [option]
设置最大的双向虚电路数	X.25 htc citcuit-number[1]
设置一次连接可同时建立的虚电路数	X.25 nvc count[2]
设置 X.25 在清除空闲虚电路前的等待周期	X.25 idle minutes
重新启动 X.25,或清一个 SVC,启动一个 PVC 相关参数	clear X.25 {serial number｜cmns-interface mac-address} [vc-number][3]
清 X.25 虚电路	clear X.25-vc
显示端口及 X.25 相关信息	show interfaces serial show X.25 interface show X.25 map show X.25 vc

实验注意事项：

（1）虚电路号从 1 到 4095，Cisco 路由器默认为 1024，国内一般分配为 16。

（2）虚电路计数从 1 到 8，默认为 1。

（3）在改变了 X.25 各层的相关参数后，应重新启动 X.25（使用 clear X.25 {serial number | cmns-interface mac-address} [vc-number]或 clear X.25-vc 命令），否则新设置的参数可能不能生效。同时应对照服务提供商对于 X.25 交换机端口的设置配置路由器的相关参数，若出现参数不匹配则可能会导致连接失败或其他意外情况。

2. 实验目的

（1）掌握广域网 X.25 封装配置。

（2）理解 X.121 地址概念。

3. 实验应用环境

（1）企业环境中异地网络，中国网通、中国电信等广域网。

（2）广域网通常需要付费，带宽比较有限，可靠性相比局域网要低。

4. 实验设备

（1）思科 2503 系列路由器两台。

（2）连接两台路由器的串口数据线一根。

（3）反转线一根。

5. 实验拓扑结构图及实物连线图

实验拓扑结构图如图 10.14 所示，RouterA 看作公司的路由器，而 RouterB 是电信部门的路由器。在 RouterA 上进行帧中继的配置工作。S0 的 IP 地址设置为 192.168.1.1，子网掩码为 255.255.255.0。实验实物连线图如图 10.15 所示。

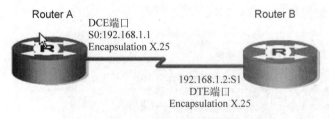

图 10.14　实验拓扑结构图

图 10.15　实验实物连线图

6. 实验 IP 地址与端口配置

实验 IP 地址与端口配置参数,如表 10.6 所示。

表 10.6 实验配置表

RouterA		RouterB	
端口	IP 地址	端口	IP 地址
S0:DCE	192.168.1.1	S1:DTE	192.168.1.2

7. 实验步骤

步骤 1:配置 RouterA,代码如下。

```
Route>en
Route#config t
Enter configuration commands, one per line.  End with CNTL/Z.
Route(config)#int s1
Route(config-if)#ip add 192.168.1.1 255.255.255.0
Route(config-if)#encap x25-dce                    !封装X.25协议
Route(config-if)#x25 addr ?
  X.121 Addr  X.121 address

Route(config-if)#x25 addr x.121                    !配置X.25协议的X.121地址,
                            ^                        一般由电信部门提供
% Invalid input detected at '^' marker.

Route(config-if)#x25 addr X.121
                            ^
% Invalid input detected at '^' marker.

Route(config-if)#x25 addr 123456789
Route(config-if)#X25 map ip 192.168.1.2 123456789 br !映射的X.25地址
Route(config-if)#x25 htc ?
  <0-4095>   Virtual Circuit number

Route(config-if)#x25 htc 100      !配置最高的双向通道数
Route(config-if)#x25 nvc 99
                          ^
% Invalid input detected at '^' marker.

Route(config-if)#x25 nvc ?
  <1-8>  SVCs

Route(config-if)#x25 nvc 8         !配置虚电路数
Route(config-if)#clock rate 64000
Route(config-if)#no shutdown
Route(config-if)#exit
Route(config)#
00:06:18: %LINK-3-UPDOWN: Interface Serial1, changed state to up
```

步骤 2:查看配置信息,代码如下。

```
Route>en
Route#show int s1
Serial1 is up, line protocol is up
  Hardware is HD64570
  Internet address is 192.168.1.1/24
  MTU 1500 bytes, BW 1544 Kbit, DLY 20000 usec,
     reliability 255/255, txload 1/255, rxload 1/255
  Encapsulation X25, loopback not set
  X.25 DCE, address 123456789, state R1, modulo 8, timer 0
     Defaults: idle VC timeout 0
       cisco encapsulation, nvc 8
       input/output window sizes 2/2, packet sizes 128/128
     Timers: T10 60, T11 180, T12 60, T13 60
     Channels: Incoming-only none, Two-way 1-100, Outgoing-only none
     RESTARTs 1/0 CALLs 0+0/1+0/0+0 DIAGs 0/0
  LAPB DCE, state CONNECT, modulo 8, k 7, N1 12056, N2 20
     T1 3000, T2 0, interface outage (partial T3) 0, T4 0
     VS 7, VR 7, tx NR 7, Remote VR 7, Retransmissions 0
     Queues: U/S frames 0, I frames 0, unack. 0, reTx 0
     IFRAMEs 7/7 RNRs 0/0 REJs 0/0 SABM/Es 9/1 FRMRs 0/0 DISCs 0/0
  Last input 00:17:29, output 00:17:29, output hang never
  Last clearing of "show interface" counters 00:26:30
  Queueing strategy: fifo
  Output queue 0/40, 0 drops; input queue 0/75, 0 drops
  5 minute input rate 0 bits/sec, 0 packets/sec
  5 minute output rate 0 bits/sec, 0 packets/sec
```

```
    18 packets input, 670 bytes, 0 no buffer
    Received 0 broadcasts, 0 runts, 0 giants, 0 throttles
    0 input errors, 0 CRC, 0 frame, 0 overrun, 0 ignored, 0 abort
    21 packets output, 565 bytes, 0 underruns
    0 output errors, 0 collisions, 9 interface resets
    0 output buffer failures, 0 output buffers swapped out
    6 carrier transitions
    DCD=up  DSR=up  DTR=up  RTS=up  CTS=up
```

步骤 3：查看 X.25 状态，代码如下。

```
Route#show x25 vc
SVC 100,  State: D1,  Interface: Serial1
  Started 00:18:29, last input 00:18:29, output 00:18:29
  Connects 123456789 <-> ip 192.168.1.2
  Call PID ietf, Data PID none
  Window size input: 2, output: 2
  Packet size input: 128, output: 128
  PS: 5  PR: 5  ACK: 5  Remote PR: 4  RCNT: 0  RNR: no
  P/D state timeouts: 0   timer (secs): 0
  data bytes 500/500 packets 5/5 Resets 0/0 RNRs 0/0 REJs 0/0 INTs 0/0
Route#
```

步骤 4：RouterB 的配置，代码如下。

```
Router>
Router>en
Router#config t
Enter configuration commands, one per line.  End with CNTL/Z.
Router(config)#ip add 192.168.1.2 255.255.255.0
                      ^
% Invalid input detected at '^' marker.

Router(config)#ip addr 192.168.1.2 255.255.255.0
                     ^
% Invalid input detected at '^' marker.

Router(config)#int s0
Router(config-if)#ip addr 192.168.1.2 255.255.255.0
Router(config-if)#encap x25-dte
                           ^
% Invalid input detected at '^' marker.

Router(config-if)#encap x25
Router(config-if)#x25 add 123456789
Router(config-if)#x25 map ip 192.168.1.1 123456789 br
Router(config-if)#x25 htc 100
Router(config-if)#x25 nvc 8
Router(config-if)#no shutdown
Router(config-if)#
00:09:49: %LINK-3-UPDOWN: Interface Serial0, changed state to up
00:09:50: %LINEPROTO-5-UPDOWN: Line protocol on Interface Serial0, changed state
 to up
```

步骤 5：查看配置信息，代码如下。

```
Router#show int s0
Serial0 is up, line protocol is up
  Hardware is HD64570
  Internet address is 192.168.1.2/24
  MTU 1500 bytes, BW 1544 Kbit, DLY 20000 usec,
     reliability 255/255, txload 1/255, rxload 1/255
  Encapsulation X25, loopback not set
  X.25 DTE, address 123456789, state R1, modulo 8, timer 0
     Defaults: idle VC timeout 0
        cisco encapsulation, nvc 8
        input/output window sizes 2/2, packet sizes 128/128
     Timers: T20 180, T21 200, T22 180, T23 180
     Channels: Incoming-only none, Two-way 1-100, Outgoing-only none
     RESTARTs 1/0 CALLs 1+0/0+0/0+0 DIAGs 0/0
  LAPB DTE, state CONNECT, modulo 8, k 7, N1 12056, N2 20
     T1 3000, T2 0, interface outage (partial T3) 0, T4 0
     VS 7, VR 7, tx NR 7, Remote VR 7, Retransmissions 0
     Queues: U/S frames 0, I frames 0, unack. 0, reTx 0
     IFRAMEs 7/7 RNRs 0/0 REJs 0/0 SABM/Es 1/0 FRMRs 0/0 DISCs 0/0
  Last input 00:14:15, output 00:14:15, output hang never
  Last clearing of "show interface" counters 00:16:01
  Queueing strategy: fifo
  Output queue 0/40, 0 drops; input queue 0/75, 0 drops
  5 minute input rate 0 bits/sec, 0 packets/sec
  5 minute output rate 0 bits/sec, 0 packets/sec
     12 packets input, 547 bytes, 0 no buffer
     Received 0 broadcasts, 0 runts, 0 giants, 0 throttles
     0 input errors, 0 CRC, 0 frame, 0 overrun, 0 ignored, 0 abort
     13 packets output, 564 bytes, 0 underruns
```

```
    0 output errors, 0 collisions, 1 interface resets
    0 output buffer failures, 0 output buffers swapped out
    0 carrier transitions
    DCD=up  DSR=up  DTR=up  RTS=up  CTS=up
```

步骤6: 查看 X.25 状态, 代码如下。

```
Router#show x25 vc
SVC 100,  State: D1,  Interface: Serial0
    Started 00:15:51, last input 00:15:51, output 00:15:51
    Connects 123456789 <-> ip 192.168.1.1
    Call PID cisco, Data PID none
    Window size input: 2, output: 2
    Packet size input: 128, output: 128
    PS: 5  PR: 5  ACK: 4  Remote PR: 5  RCNT: 1  RNR: no
    P/D state timeouts: 0  timer (secs): 0
    data bytes 500/500 packets 5/5 Resets 0/0 RNRs 0/0 REJs 0/0 INTs 0/0
Router#
```

步骤7: 实验调试及测试连通性。

(1) 查看 RouterA 的 MAP 信息, 代码如下。

```
Router>
Router>en
Router#show x25 map
Serial0: X.121 123456789 <-> ip 192.168.1.1
   permanent, broadcast, 1 VC: 100
Router#
```

(2) 查看 RouterB 的 MAP 信息, 代码如下。

```
Route>
Route>en
Route#show x25 map
Serial1: X.121 123456789 <-> ip 192.168.1.2
   permanent, broadcast, 1 VC: 100
Route#
```

(3) 从 RouterA Ping 到 RouterB, 代码如下。

```
Route#ping 192.168.1.2

Type escape sequence to abort.
Sending 5, 100-byte ICMP Echos to 192.168.1.2, timeout is 2 seconds:
!!!!!
Success rate is 100 percent (5/5), round-trip min/avg/max = 32/35/36 ms
Route#
```

(4) 从 RouterB Ping 到 RouterA, 代码如下。

```
Router>
Router>en
Router#ping 192.168.1.1

Type escape sequence to abort.
Sending 5, 100-byte ICMP Echos to 192.168.1.1, timeout is 2 seconds:
!!!!!
Success rate is 100 percent (5/5), round-trip min/avg/max = 32/33/36 ms
Router#
```

8. 实验总结及思考题

(1) 注意 X.25 地址在本实验中必须一致, 但在实际项目工程中以服务商提供的为准。

(2) MAP 映射的是对端的 IP 地址和 X.25 地址。

(3) 思考 X.25 封装与帧中继有什么不同。

(4) MAP 的作用是什么?

9. 实验命令注释

X.25 MAP (SVC)是 LAN 协议到远端主机的映射。按下面的命令增加或删除一条交换虚电路映射。

"NO"X25 MAP IP address svc x121 - address[broadcast][ebackup]

参数说明：

（1）IP address：IP 地址。

（2）X121-address：X.121 地址。

（3）broadcast：该地址映射允许发送广播报文。

（4）ebackup：该地址映射为增强备份类型。

（5）NO：删除一条交换虚电路映射，否则为增加一条交换虚电路映射。

（6）缺省：不设置到远程主机的映射。

10. 实验使用说明

（1）当对方的 X.121 地址不定时（如对方通过 X.32 或拨号 X.28 入网），应将对方的 X.121 地址配置为 8 个"0"，此时路由器不主动呼叫对方。

（2）由于大多数数据报路由协议依靠广播或者组播发送信息到其他邻居，因此必须在 X.25 上使用 Broadcast 关键词运行这样的路由协议。

（3）为了避免配置上的混乱，一个给定的协议/地址对不能在同一端口上用于多个映射。

10.5 　静态路由的配置

静态路由是网络管理员指定的路由，它指出了分组从发送方传输到接收方时应采用的路径中的下一跳的端口或地址。这些由网络管理员指定的路由，可用于准确地控制 IP 互联网络的路由选择行为。

如果 Cisco IOS 软件无法找到目的地的路由，静态路由就显得至关重要。静态路由对于指定"最后使用的网关"也很有用。"最后使用的网关"是一个地址，对于目标网络未出现在路由选择表中的分组，路由器将其发送到该地址。

大型和复杂的网络环境通常不宜采用静态路由。一方面，网络管理员难以全面地了解整个网络的拓扑结构；另一方面，当网络的拓扑结构和链路状态发生变化时，路由器中的静态路由信息需要大范围地调整，这一工作的难度和复杂程度非常高。

要配置静态路由，可以在全局配置模式下执行 ip route 命令，该命令中的参数可进一步定义静态路由。通过使用静态路由，可手工配置路由选择表。只要相应路径仍处于活动状态，静态路由表就保留在路由选择表中。

1. 实验设备与材料清单

（1）Cisco 2503 系列路由器两台。

（2）端口转换模块两个。

（3）计算机两台。

2. 实验拓扑结构图与实物连线图

实验拓扑结构图与实物连线图,分别如图 10.16 和图 10.17 所示。

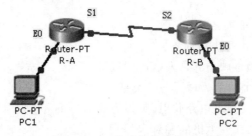

图 10.16　实验拓扑结构图

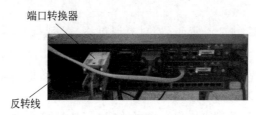

图 10.17　实验实物连线图

3. 实验 IP 地址与端口配置

实验 IP 地址与端口配置参数,如表 10.7 所示。

表 **10.7**　实验配置表

RouterA		RouterB	
端口	IP 地址	端口	IP 地址
S1：DCE	192.168.1.1	S0：DTE	192.168.1.2
E0	192.168.2.1	E0	192.168.3.1
PC1		PC2	
IP 地址	192.168.2.2	IP 地址	192.168.3.2

4. 实验步骤

步骤 1：配置 RouterA,代码如下。

```
Router>
Router>en
Router#config t
Enter configuration commands, one per line.  End with CNTL/Z.
Router(config)#hostname Router-A
```

RouterA S0 端口的配置:

```
Router-A#config t
Enter configuration commands, one per line.  End with CNTL/Z.
Router-A(config)#int s0
Router-A(config-if)#ip add 192.168.1.1 255.255.255.0
Router-A(config-if)#encapsulaton ppp
```

```
% Invalid input detected at '^' marker.

Router-A(config-if)#encapsulation ppp
Router-A(config-if)#bandwidth 64
Router-A(config-if)#clock route 64000
                         ^
% Invalid input detected at '^' marker.

Router-A(config-if)#clock rate 64000
Router-A(config-if)#no shutdown
Router-A(config-if)#end
Router-A#
18:33:42: %LINK-3-UPDOWN: Interface Serial0, changed state to up
18:33:43: %LINEPROTO-5-UPDOWN: Line protocol on Interface Serial0, changed state
 to up
18:33:43: %SYS-5-CONFIG_I: Configured from console by console
```

RouterA E0 端口的配置：

```
Router-A>
Router-A>en
Router-A#config t
Enter configuration commands, one per line.  End with CNTL/Z.
Router-A(config)#int e0
Router-A(config-if)#ip add 192.168.2.1 255.255.255.0
Router-A(config-if)#no shutdown
Router-A(config-if)#
18:58:34: %LINK-3-UPDOWN: Interface Ethernet0, changed state to up
18:58:35: %LINEPROTO-5-UPDOWN: Line protocol on Interface Ethernet0, changed sta
te to up
Router-A(config-if)#end
Router-A#
```

用 ip route 配置 RouterA 静态路由：

```
Router-A#
Router-A#config t
Enter configuration commands, one per line.  End with CNTL/Z.
Router-A(config)#ip route 192.168.3.0 255.255.255.0 192.168.1.2
Router-A(config)#exit
Router-A#
19:09:44: %SYS-5-CONFIG_I: Configured from console by console
```

步骤 2：查看 RouterA 的配置，代码如下。

```
Router-A#show int s0
Serial0 is up, line protocol is up
  Hardware is HD64570
  Internet address is 192.168.1.1/24
  MTU 1500 bytes, BW 64 Kbit, DLY 20000 usec,
     reliability 255/255, txload 1/255, rxload 1/255
  Encapsulation PPP, loopback not set
  Keepalive set (10 sec)
  LCP Open
  Open: IPCP, CDPCP
  Last input 00:00:08, output 00:00:08, output hang never
  Last clearing of "show interface" counters 00:12:05
  Queueing strategy: fifo
  Output queue 0/40, 0 drops; input queue 0/75, 0 drops
  5 minute input rate 0 bits/sec, 0 packets/sec
  5 minute output rate 0 bits/sec, 0 packets/sec
     161 packets input, 5951 bytes, 0 no buffer
     Received 0 broadcasts, 0 runts, 0 giants, 0 throttles
     0 input errors, 0 CRC, 0 frame, 0 overrun, 0 ignored, 0 abort
     162 packets output, 6236 bytes, 0 underruns
     0 output errors, 0 collisions, 1 interface resets
     0 output buffer failures, 0 output buffers swapped out
     0 carrier transitions
     DCD=up  DSR=up  DTR=up  RTS=up  CTS=up
```

步骤 3：同样方法，配置 RouterB，代码如下。

```
Router>
Router>en
Router#config t
Enter configuration commands, one per line.  End with CNTL/Z.
Router(config)#hostname Router-B
Router-B(config)#int s0
Router-B(config-if)#exit
Router-B(config)#int s1
Router-B(config-if)#ip add 192.168.1.2 255.255.255.0
Router-B(config-if)#encapsulation ppp
```

```
Router-B(config-if)#no shutdown
Router-B(config-if)#end
Router-B#
4d17h: %LINK-3-UPDOWN: Interface Serial1, changed state to down
4d17h: %SYS-5-CONFIG_I: Configured from console by console
```

```
Router-B#
Router-B#config t
Enter configuration commands, one per line.  End with CNTL/Z.
Router-B(config)#int e0
Router-B(config-if)#ip add 192.168.3.1 255.255.255.0
Router-B(config-if)#no shutdown
Router-B(config-if)#end
4d17h: %LINK-3-UPDOWN: Interface Ethernet0, changed state to up
4d17h: %LINEPROTO-5-UPDOWN: Line protocol on Interface Ethernet0, changed state
to up
Router-B#
4d17h: %SYS-5-CONFIG_I: Configured from console by console
Router-B#
```

```
Router-B>
Router-B>en
Router-B#config t
Enter configuration commands, one per line.  End with CNTL/Z.
Router-B(config)#ip route 192.168.2.0 255.255.255.0 192.168.1.1
Router-B(config)#exit
Router-B#
4d17h: %SYS-5-CONFIG_I: Configured from console by console
```

步骤 4：查看 RouterB 的配置，代码如下。

```
Router-B>en
Router-B#show int s1
Serial1 is up, line protocol is up
  Hardware is HD64570
  Internet address is 192.168.1.2/24
  MTU 1500 bytes, BW 1544 Kbit, DLY 20000 usec,
     reliability 255/255, txload 1/255, rxload 1/255
  Encapsulation PPP, loopback not set
  Keepalive set (10 sec)
  LCP Open
  Open: IPCP, CDPCP
  Last input 00:00:04, output 00:00:04, output hang never
  Last clearing of "show interface" counters 00:15:24
  Input queue: 0/75/0 (size/max/drops); Total output drops: 0
  Queueing strategy: weighted fair
  Output queue: 0/1000/64/0 (size/max total/threshold/drops)
     Conversations  0/2/256 (active/max active/max total)
     Reserved Conversations 0/0 (allocated/max allocated)
  5 minute input rate 0 bits/sec, 0 packets/sec
  5 minute output rate 0 bits/sec, 0 packets/sec
     185 packets input, 7142 bytes, 0 no buffer
     Received 0 broadcasts, 0 runts, 0 giants, 0 throttles
     0 input errors, 0 CRC, 0 frame, 0 overrun, 0 ignored, 0 abort
     184 packets output, 6857 bytes, 0 underruns
     0 output errors, 0 collisions, 5 interface resets
     0 output buffer failures, 0 output buffers swapped out
     1 carrier transitions
     DCD=up  DSR=up  DTR=up  RTS=up  CTS=up
```

步骤 5：在 RouterA 特权模式测试连通性，结果如下。

```
Router-A#ping 192.168.1.2

Type escape sequence to abort.
Sending 5, 100-byte ICMP Echos to 192.168.1.2, timeout is 2 seconds:
!!!!!
Success rate is 100 percent (5/5), round-trip min/avg/max = 32/32/32 ms
Router-A#
```

10.6 默认路由的配置

如果路由器运行在一个比较复杂的网络环境中，让路由器使用动态路由协议发现路由是明智的选择；如果网络环境比较简单，人为的为路由器配置路径可能是一个优选的方案，人工配置的路径属于静态路由。

1. 配置静态路由的格式

ip route　目的网络　　掩码　　{网关地址|端口}
例：R1(config)♯ip route 0.0.0.0 0.0.0.0 s0(端口)　　　　　　　//用于 PPP 封装链路
例：R1(config)♯ip route 0.0.0.0 0.0.0.0 12.12.12.2(网关地址)

其中，0.0.0.0 0.0.0.0 代表任意地址和任意掩码。

默认路由是指路由器没有任何具体路由可用时所采纳的路由。默认路由不是路由器自动产生的，也是需要网络管理人员配置，所以一般把默认路由看作一条特殊的静态路由。使用默认路由可以简化配置，减少路由表的内容，优化网络性能。因为路由表越大，路由器更新路由表所占用网络带宽就越多，余留给用户数据的带宽就越少，收敛时间越长。

2. 环回端口背景知识

1）环回端口简介

环回端口(Loopback)是虚拟端口，是一种纯软件性质的虚拟端口。任何送到该端口的网络数据报文都会被认为是送往设备自身的。大多数平台都支持使用这种端口来模拟真正的端口。这样做的好处是虚拟端口不会像物理端口那样因为各种因素的影响而导致端口被关闭。事实上，将 Loopback 端口和其他物理端口相比较，可以发现 Loopback 端口有以下 3 条优点。

第一，Loopback 端口状态永远是 up 的，即使没有配置地址。这是它的一个非常重要的特性。

第二，Loopback 端口可以配置地址，而且可以配置全 1 的掩码，可以节省宝贵的地址空间。

第三，Loopback 端口不能封装任何链路层协议。

对于目标地址不是 Loopback 端口，下一跳端口是 Loopback 端口的报文，路由器会将其丢弃。对于 Cisco 路由器，可以配置[no] ip unreachable 命令，设置是否发送 ICMP 不可达报文。

2）环回端口的应用

基于综上所述，决定了 Loopback 端口可以广泛应用在各个方面。其中最主要的应用就是：路由器使用 Loopback 端口地址作为该路由器产生的所有 IP 包的源地址，这样使过滤通信量变得非常简单。

(1) 在 Router ID 中的应用。

如果 Loopback 端口存在且有 IP 地址，在路由协议中就会将其用作 Router ID，这样 Loopback 端口一直都是 up 的，网路就比较稳定。如果 Loopback 端口不存在或者没有 IP 地址，Router ID 就是最高的 IP 地址，这样就比较危险，因为只要是物理地址就有可能 down 掉。对于 Cisco 路由器来说，Router ID 是不能配置的；对于 VRP 来说，Router ID 可以配置，也可以将 Loopback 端口地址配成 Router ID。在 IBGP 配置中使用 Loopback 端口，可以使会话一直进行，即使通往外部的端口关闭了也不会停止。

配置举例：

interface loopback 0　ip address 215.17.1.34 255.255.255.255 router bgp 200　neighbor 215.

17.1.35 remote - as 200 neighbor update - source loopback 0

（2）在远程访问中的应用。

使用 Telnet 实现远程访问。配置 Telnet，使从路由器始发的报文使用 Loopback 地址作为源地址。配置命令如下：

ip telnet source - interface Loopback0

使用 RCMD 实现远程访问。配置 RCMD，使从路由器始发的报文使用 Loopback 地址作为源地址。配置命令如下：

ip rcmd source - interface Loopback0

（3）在 TACACS＋中的应用。

配置 TACACS＋，使从该路由器始发的报文使用的源地址是 Loopback 地址。
配置命令如下：

ip tacacs source - interface Loopback0   tacacs - server host 215.17.1.1

可以通过过滤来保护 TACACS＋服务器。只允许从 Loopback 地址访问 TACACS＋端口，从而使读/写日志变得简单，TACACS＋日志记录中只有 Loopback 端口的地址，而没有出端口的地址。

（4）在 RADIUS 用户验证中的应用。

配置 RADIUS，使从该路由器始发的报文使用的源地址是 Loopback 地址。
配置命令如下：

ip radius source - interface Loopback0 radius - server host 215.17.1.1 auth - port 1645 acct - port 1646

这样配置是从服务器的安全角度考虑的，可以通过过滤来保护 RADIUS 服务器和代理——只允许从 Loopback 地址访问 RADIUS 端口，从而使读/写日志变得简单，RADIUS 日志记录中只有 Loopback 端口的地址，而没有出端口的地址。

（5）在记录信息方面的应用，输出网络流量记录。

配置网络流量输出，使从该路由器始发的报文使用的源地址是 Loopback 地址。
配置命令如下：

ip flow - export source Loopback0   Exporting NetFlow records Exporting NetFlow

这样配置是从服务器的安全角度考虑的，可以通过过滤保护网络流量收集——只允许从 Loopback 地址访问指定的流量端口。

（6）在 SNMP 中的应用。

如果使用 SNMP（简单网络管理协议），发送 traps 时将 Loopback 地址作为源地址。
配置命令如下：

snmp - server trap - source Loopback0   snmp - server host 169.223.1.1 community

这样做是为了保障服务器的安全，可以通过过滤保护 SNMP 的管理系统——只允许从 Loopback 端口访问 SNMP 端口，从而使得读/写 trap 信息变得简单。SNMP traps 将

Loopback 端口地址作为源地址,而不是出口地址。

(7) 在 TFTP 中的应用。

通过 TFTP 从 TFTP 服务器配置路由器,可以将路由器的配置保存在 TFTP 服务器,配置 TFTP,将 Loopback 地址作为源于该路由器的包的源地址。

配置命令如下:

```
ip tftp source - interface Loopback0
```

这样做对 TFTP 服务器的安全是很有好处的:通过过滤来保护存储配置和 IOS 映像的 TFTP 服务器——只允许从 Loopback 地址来访问 TFTP 端口,TFTP 服务器必须是不可见的。

3) Cisco 路由器环回端口的作用

无论是 Cisco 设备,还是 H3C 等品牌设备的 Loopback 端口,均具有以下作用。

(1) 可以作为路由器的管理地址。

系统管理员完成网络规划之后,为了方便管理,会为每一台路由器创建一个 Loopback 端口,并在该端口上单独指定一个 IP 地址作为管理地址。管理员会使用该地址对路由器远程登录(Telnet),该地址实际上起到了类似设备名称的同等作用。

(2) 同时该端口地址作为动态路由协议 OSPF、BGP 的 router id。

动态路由协议 OSPF、BGP 在运行过程中需要为该协议指定一个 router id,作为此路由器的唯一标识,并要求在整个自治系统内唯一。由于 router id 是一个 32 位的无符号整数,这一点与 IP 地址十分相像,而且 IP 地址是不会出现重复的,所以通常将路由器的 router id 指定为与该设备上的某个端口的地址相同。由于 Loopback 端口的 IP 地址通常被视为路由器的标识,所以也就成了 router id 的最佳选择。

(3) 该端口地址作为 BGP 建立 TCP 连接的源地址。

在 BGP 中,两个运行 BGP 的路由器之间建立邻居关系是通过 TCP 建立连接完成的。在配置 BGP 邻居时,通常指定 Loopback 端口为建立 TCP 连接的源地址(通常只用于 IBGP,是为了增强 TCP 连接的健壮性)。

3. 实验目的

(1) 理解路由表的概念。

(2) 掌握 ip route 命令的使用。

(3) 掌握根据需求配置静态路由和默认路由。

(4) 理解环回端口的作用。

4. 实验拓扑图

实验拓扑图如图 10.18 所示。

5. 实验步骤

步骤 1:在路由器 R1,R2,R3 上配置 IP 地址。

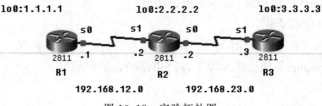

图 10.18 实验拓扑图

```
R1(config)＃int loopback0                                    //配置环回端口
R1(config－if)＃ip address 1.1.1.1 255.255.255.0
R1(config－if)＃int s0
R1(config－if)＃clock rate 64000                              //配置时钟
R1(config－if)＃ip address 192.168.12.1 255.255.255.0
R1(config－if)＃no shut
R2(config)＃int loopback0                                    //配置环回端口
R2(config－if)＃ip address 2.2.2.2 255.255.255.0
R2(config－if)＃int s1
R2(config－if)＃ip address 192.168.12.2 255.255.255.0
R2(config－if)＃no shut
R2(config－if)＃int s0
R2(config－if)＃clock rate 64000
R2(config－if)＃ip address 192.168.23.2 255.255.255.0
R2(config－if)＃no shut
R3(config)＃int loopback0                                    //配置环回端口
R3(config－if)＃ip address 3.3.3.3 255.255.255.0
R3(config－if)＃int s1
R3(config－if)＃ip address 192.168.23.1 255.255.255.0
R3(config－if)＃no shut
```

步骤 2：在 R1 上配静态路由。

```
R1(config)＃ip route 2.2.2.0 255.255.255.0 s0            //s0 是 R1 的串口
R1(config)＃ip route 3.3.3.0 255.255.255.0 192.168.12.2
```

步骤 3：在 R2 上配静态路由。

```
R2(config)＃ip rooute 1.1.1.0 255.255.255.0 s1
R2(config)＃ip route 3.3.3.0 255.255.255.0 s0
R2(config)＃ip route 192.168.12.0 255.255.255.0 s1/0
```

步骤 4：在 R3 上配静态路由。

```
R3(config)＃ip rooute 2.2.2.0 255.255.255.0 s1
R3(config)＃ip route 1.1.1.0 255.255.255.0 s1
R3(config)＃ip route 192.168.12.0 255.255.255.0 s1/0
```

步骤 5：环回端口地址测试。

分别从 R1 上 Ping 2.2.2.2 和 3.3.3.3。

（1）从路由器 R1 测试 R2 环回端口地址。

```
R1＃Ping 2.2.2.2
Type escape sequence to abort.
```

Sending 5, 100 – byte ICMP Echos to 2.2.2.2, timeout is 2 seconds:

!!!!!

Success rate is 100 percent (5/5), round – trip min/avg/max = 20/20/20 ms

（2）从路由器 R1 测试 R3 环回端口地址。

R1♯Ping 3.3.3.3

Type escape sequence to abort.

Sending 5, 100 – byte ICMP Echos to 3.3.3.3, timeout is 2 seconds:

!!!!!

Success rate is 100 percent (5/5), round – trip min/avg/max = 40/42/50 ms

步骤 6：删除所有的静态路由。

R1(config)♯no ip rooute 2.2.2.0 255.255.255.0 s0　　　//s0 是 R1 的串口

R1(config)♯no ip route 3.3.3.0 255.255.255.0 192.168.12.2

R2(config)♯no ip rooute 1.1.1.0 255.255.255.0 s1

R2(config)♯no ip route 3.3.3.0 255.255.255.0 s0

R2(config)♯no **ip route 192.168.12.0 255.255.255.0 s1/0**

R3(config)♯no ip rooute 2.2.2.0 255.255.255.0 s1

R3(config)♯no ip route 1.1.1.0 255.255.255.0 s1

R3(config)♯no **ip route 192.168.12.0 255.255.255.0 s1/0**

步骤 7：配置默认路由。

R1(config)♯ ip rooute 0.0.0.0 0.0.0.0 s0

R2(config)♯ ip rooute 0.0.0.0 0.0.0.0 s0

R2(config)♯ ip rooute 0.0.0.0 0.0.0.0 s1

R3(config)♯ ip rooute 0.0.0.0 0.0.0.0 s1

6. 实验调试

步骤 1：查看 R1 的路由表。

R1♯show ip route

Codes: C – connected, S – static, I – IGRP, R – RIP, M – mobile, B – BGP

　　　D – EIGRP, EX – EIGRP external, O – OSPF, IA – OSPF inter area

　　　N1 – OSPF NSSA external type 1, N2 – OSPF NSSA external type 2

　　　E1 – OSPF external type 1, E2 – OSPF external type 2, E – EGP

　　　i – IS – IS, L1 – IS – IS level – 1, L2 – IS – IS level – 2, ia – IS – IS inter area

　　　* – candidate default, U – per – user static route, o – ODR

　　　P – periodic downloaded static route

Gateway of last resort is 0.0.0.0 to network 0.0.0.0

　　　1.0.0.0/24 is subnetted, 1 subnets

C　　1.1.1.0 is directly connected, Loopback0

C　　192.168.12.0/24 is directly connected, Serial1/0

S *　　0.0.0.0/0 is directly connected, Serial1/0

步骤 2：查看 R2 的路由表。

R2♯show ip route

Codes: C – connected, S – static, I – IGRP, R – RIP, M – mobile, B – BGP

　　　D – EIGRP, EX – EIGRP external, O – OSPF, IA – OSPF inter area

```
    N1 - OSPF NSSA external type 1, N2 - OSPF NSSA external type 2
    E1 - OSPF external type 1, E2 - OSPF external type 2, E - EGP
    i - IS-IS, L1 - IS-IS level-1, L2 - IS-IS level-2, ia - IS-IS inter area
    * - candidate default, U - per-user static route, o - ODR
    P - periodic downloaded static route
Gateway of last resort is not set
    2.0.0.0/24 is subnetted, 1 subnets
C    2.2.2.0 is directly connected, Loopback0
C    192.168.12.0/24 is directly connected, Serial1/1
C    192.168.23.0/24 is directly connected, Serial1/0
S *    0.0.0.0/0 is directly connected, Serial1/0
S *    0.0.0.0/0 is directly connected, Serial1/1
```

步骤 3：查看 R3 的路由表。

```
Router # show ip route
Codes: C - connected, S - static, I - IGRP, R - RIP, M - mobile, B - BGP
    D - EIGRP, EX - EIGRP external, O - OSPF, IA - OSPF inter area
    N1 - OSPF NSSA external type 1, N2 - OSPF NSSA external type 2
    E1 - OSPF external type 1, E2 - OSPF external type 2, E - EGP
i - IS-IS, L1 - IS-IS level-1, L2 - IS-IS level-2, ia - IS-IS inter area
    * - candidate default, U - per-user static route, o - ODR
    P - periodic downloaded static route
Gateway of last resort is 0.0.0.0 to network 0.0.0.0
    3.0.0.0/24 is subnetted, 1 subnets
C    3.3.3.0 is directly connected, Loopback0
C    192.168.23.0/24 is directly connected, Serial1/1
S *    0.0.0.0/0 is directly connected, Serial1/1
```

步骤 4：再次实验测试，分别从 R1 上 Ping 2.2.2.2 和 3.3.3.3。

```
R1 # Ping 2.2.2.2
Type escape sequence to abort.
Sending 5, 100-byte ICMP Echos to 2.2.2.2, timeout is 2 seconds:
!!!!!
Success rate is 100 percent (5/5), round-trip min/avg/max = 20/20/20 ms
R1 # Ping 3.3.3.3
Type escape sequence to abort.
Sending 5, 100-byte ICMP Echos to 3.3.3.3, timeout is 2 seconds:
!!!!!
Success rate is 100 percent (5/5), round-trip min/avg/max = 40/42/50 ms
```

7. 实验总结

自主分析静态路由的调试结果与默认路由的调试结果的相同点和不同点。

10.7 RIP 配置

路由器要动态地获取可用路由和最佳路由，必须使用同一种路由选择协议，该路由选择协议用于在路由器之间通告有关直连路由和获悉的路由的信息。本章实验项目简要地介绍如何配置和查看 RIP、IGRP、EIGRP 和 OSPF 的运行方式。

　　路由信息协议(Routing Information Protocol,RIP)是一种使用广泛的内部网关协议, 也是在内部网络上使用的路由协议(在少数情形下,也可以用于连接到因特网。RIP 是位于 网络层的),它可以通过不断地交换信息让路由器动态地适应网络连接的变化,这些信息包 括每个路由器可以到达哪些网络,这些网络有多远等。RIP 属于网络层协议,并使用 UDP 作为传输协议。

　　RIP 是一种分布式的基于距离向量的路由选择协议,是因特网的标准协议,其最大的优 点就是简单。RIP 要求网络中每一个路由器都要维护从它自己到其他每一个目的网络的距 离记录。RIP 将"距离"定义为:从一个路由器到直接连接的网络的距离定义为 1;从一个 路由器到非直接连接的网络的距离定义为每经过一个路由器则距离加 1。"距离"也称为 "跳数"。RIP 允许一条路径最多只能包含 15 个路由器,因此,距离等于 16 时即为不可达。 可见 RIP 只适用于小型互联网。

　　RFC1058 文档描述了 RIP 第 1 版(RIPv1/RIP-1);RIP 第 2 版(RIPv2/RIP-2)对于 RIP-1 做了改进,是一种无类路由选择协议,它是在 RFC1721 和 RFC1722 中定义的。

　　RIP 具有如下重要特征。

　　(1) 是一种距离矢量路由选择协议。

　　(2) 使用跳数作为度量值来选择路径。

　　(3) 允许的最大跳数为 15 跳。

　　(4) 路由选择更新为路由选择表,默认情况下每隔 30 秒广播一次。

　　(5) 在思科路由器上,RIP 最多可以在 6 条(默认是 4 条)成本相等的路径之间均衡负载。

1. 实验目的

　　(1) 在路由上启动 RIPv1 路由进程。

　　(2) 启用参与路由协议的端口,并通告网络。

　　(3) 理解路由表的含义。

　　(4) 查看和调试 RIPv1 相关信息。

2. 实验拓扑图

本实验拓扑图如图 10.19 所示。

图 10.19　实验拓扑图

3. 实验步骤

步骤 1:配置 R1 的路由。

R1(config - if) # int s0

```
R1(config-if)#clock rate 64000
R1(config-if)#ip address 192.168.12.1 255.255.255.0
R1(config-if)#no shut
R1(config-if)#int loopback0
R1(config-if)#ip address 1.1.1.1 255.255.255.0
R1(config)#route rip
R1(config-route)#version 1
R1(config-route)#network 1.0.0.0
R1(config-route)#network 192.168.12.0
```

步骤 2：配置 R2 的路由。

```
R2(config-if)#int s0
R2(config-if)#clock rate 64000
R2(config-if)#ip address 192.168.12.2 255.255.255.0
R2(config-if)#no shut
R2(config-if)#int s1
R2(config-if)#ip address 192.168.23.2 255.255.255.0
R2(config-if)#no shut
R2(config)#route rip
R2(config-route)#version 1
R2(config-route)#network 192.168.23.0
R2(config-route)#network 192.168.12.0
```

步骤 3：配置 R3 的路由。

```
R3(config-if)#int s0
R3(config-if)#clock rate 64000
R3(config-if)#ip address 192.168.34.3 255.255.255.0
R3(config-if)#no shut
R3(config-if)#int s1
R3(config-if)#ip address 192.168.23.3 255.255.255.0
R3(config-if)#no shut
R3(config)#route rip
R3(config-route)#version 1
R3(config-route)#network 192.168.23.0
R3(config-route)#network 192.168.34.0
```

步骤 4：配置 R4 的路由。

```
R4(config-if)#int s1
R4(config-if)#ip address 192.168.34.4 255.255.255.0
R4(config-if)#no shut
R4(config-if)#int loopback0
R4(config-if)#ip address 4.4.4.4 255.255.255.0
R3(config)#route rip
R3(config-route)#version 1
R3(config-route)#network 4.0.0.0
R3(config-route)#network 192.168.34.0
```

4. 实验调试

步骤 1：查看 R1 的路由表。

```
R1 # show ip route
Codes: C - connected, S - static, I - IGRP, R - RIP, M - mobile, B - BGP
       D - EIGRP, EX - EIGRP external, O - OSPF, IA - OSPF inter area
       N1 - OSPF NSSA external type 1, N2 - OSPF NSSA external type 2
       E1 - OSPF external type 1, E2 - OSPF external type 2, E - EGP
       i - IS-IS, L1 - IS-IS level-1, L2 - IS-IS level-2, ia - IS-IS inter area
       * - candidate default, U - per-user static route, o - ODR
            P - periodic downloaded static route
       Gateway of last resort is not set
            1.0.0.0/24 is subnetted, 1 subnets
       C        1.1.1.0 is directly connected, Loopback0
       R     4.0.0.0/8 [120/3] via 192.168.12.2, 00:00:19, Serial1/0
       C     192.168.12.0/24 is directly connected, Serial1/0
       R     192.168.23.0/24 [120/1] via 192.168.12.2, 00:00:19, Serial1/0
       R     192.168.34.0/24 [120/2] via 192.168.12.2, 00:00:19, Serial1/0
```

步骤 2：查看路由协议配置和统计信息。

```
R1 # show ip protocols
Routing Protocol is "rip"
Sending updates every 30 seconds, next due in 2 seconds
Invalid after 180 seconds, hold down 180, flushed after 240
Outgoing update filter list for all interfaces is not set
Incoming update filter list for all interfaces is not set
Redistributing: rip
Default version control: send version 1, receive 1
  Interface            Send  Recv  Triggered RIP  Key-chain
  Loopback0             1     1
  Serial1/0            1     1
Automatic network summarization is in effect
Maximum path: 4
Routing for Networks:
    1.0.0.0
    192.168.12.0
Passive Interface(s):
Routing Information Sources:
Gateway           Distance      Last Update
    192.168.12.2        120        00:00:12
Distance: (default is 120)
```

5. 实验测试

实验测试时，可分别从 R1、R2、R3 上 Ping R4 的环回端口地址 4.4.4.4，查看配置 RIP 之后的连通性。

例如，从路由器 R1 测试 R4 的环回端口地址，测试代码与结果如下。

```
R1 # Ping 4.4.4.4
Type escape sequence to abort.
Sending 5, 100-byte ICMP Echos to 2.2.2.2, timeout is 2 seconds: !!!!!
Success rate is 100 percent (5/5), round-trip min/avg/max = 20/20/20 ms
```

6. 实验总结

(1) 配置的 RIP 的版本是 1。

(2) 每一台路由器的相邻网络必须都通告,才能保证正常通信。

(3) 调试时仔细观察路由条目是否带子网信息,例如"4.0.0.0"是不带子网信息的。

7. 实验注意事项

有关 RFC,可以通过 http://www.isi.edu.edu/in-notes/rfcxxxx.txt 了解,其中,xxxx 为 RFC 的编号。如果不知道编号,可以访问 http://www.rfc-editor.org/cgi-bin/rfcsearch.pl,然后按主题进行搜索。

10.8 IGRP 配置

IGRP(Interior Gateway Routing Protocol)是一种内部网关路由协议,是思科于 19 世纪 80 年代中期开发的一种高级距离矢量路由选择协议,它有几种不同于其他距离矢量路由选择协议的特点,如 RIP,特点如下。

(1) 可扩展性更高。对路由选择方式进行了改进,与 RIP 相比,适用于更大型的网络。IGRP 克服了 RIP 最多 15 跳的限制,其默认最大跳数为 100,可将最大跳数配置为 255。

(2) 度量值更复杂。IGRP 使用复合度量值,在路由选择方面灵活性更大。默认情况下,IGRP 根据带宽和延迟计算得到一个复合度量值,在度量值计算公式中还包含可靠性、负载和 MTU。

(3) 支持多条路径。IGRP 最多可在信源和目标网络之间维护 6 条成本不等的路径,这不像 RIP 那样,路径的成本必须相等。可以使用多条路径,以增加带宽和实现路由冗余。

当 IP 网络要求路由选择协议比 RIP 更简单、健壮,可扩展性更高时,可以使用 IGRP。IGRP 还发送触发更新,这是它优于 RIP-1 的另一个地方。

1. 实验目的

(1) 如何在路由器上配置 IGRP。

(2) 理解 IGRP 工作的原理。

(3) 如何显示 IP 路由选择表信息。

2. 实验拓扑图

本实验拓扑图如图 10.20 所示。

3. 实验条件

(1) 思科 2500 系列路由器(两台)。

(2) 计算机两台。

(3) 双绞线(若干根)。

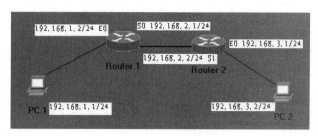

图 10.20　实验拓扑图

（4）反转电缆一根。

（5）数据线一根。

4．实验过程

步骤 1：硬件连接。

PC1 连接路由器 R1 的 E0 端口，路由器 R1 的 S0 端口连接路由器 R2 的 S1 端口（数据线的 DCE 端口连接 R2 的 S1 端口），路由器 R2 的 E0 连接 PC2。R1 的 E0 端口的 IP 是 192. 168.1.2 255.255.255.0，R1 的 S0 端口的 IP 是 192.168.2.1 255.255.255.0，R2 的 E0 端口的 IP 是 192.168.3.1 255.255.255.0，R2 的 S1 端口的 IP 是 192.168.2.2 255.255.255.0。

步骤 2：启动设备。

分别打开设备，给设备加电，设备都处于自检状态，直到连接交换机的指示灯处于绿灯状态，表示网络处于稳定连接状态。

步骤 3：设置 PC 的 IP 地址和网关。

（1）PC1 的 IP 地址是 192.168.1.1，255.255.255.0，网关是 192.168.1.2。

（2）PC2 的 IP 地址是 192.168.3.2，255.255.255.0，网关是 192.168.3.1。

步骤 4：路由器 R1 的配置。

对端口 E0、S0 端口设定 IP，并指定 S0 端口的封装类型为 PPP，代码如下。

```
R1(config)#int e0
R1(config-if)#ip add 192.168.1.2 255.255.255.0
R1(config-if)#no shut

R1(config)#int s0
R1(config-if)#ip add 192.168.2.1 255.255.255.0
R1(config-if)#encapsulation ppp
R1(config-if)#no shut
R1(config-if)#exit
```

启用 IGRP，并设置网络，代码如下。

```
R1(config)#router igrp 200
R1(config-router)#network 192.168.1.0
R1(config-router)#network 192.168.2.0
R1(config-router)#end
```

步骤 5：路由器 R2 的配置。

对端口 E0、S1 端口设定 IP，并指定 S1 端口的时钟源及封装类型为 PPP，代码如下。

```
R2(config)#int e0
R2(config-if)#ip add 192.168.3.1 255.255.255.0
R2(config-if)#no shut
R2(config-if)#exit
```

```
R2(config)#int s1
R2(config-if)#ip add 192.168.2.2 255.255.255.0
R2(config-if)#encapsulation ppp
R2(config-if)#clock rate 56000
R2(config-if)#no shut
```

启用 IGRP,并设置网络,代码如下。

```
R2(config)#router igrp 200
R2(config-router)#network 192.168.2.0
R2(config-router)#network 192.168.3.0
R2(config-router)#end
```

5. 实验测试

(1) 在路由器上用 show ip route 和 show ip protocols 命令查看配置信息,代码如下。

```
Gateway of last resort is not set

C    192.168.1.0/24 is directly connected, Ethernet0
     192.168.2.0/24 is variably subnetted, 2 subnets, 2 masks
C       192.168.2.2/32 is directly connected, Serial0
C       192.168.2.0/24 is directly connected, Serial0
I    192.168.3.0/24 [100/8576] via 192.168.2.2, 00:00:15, Serial0

R1#show ip protocols
Routing Protocol is "igrp 200"
  Sending updates every 90 seconds, next due in 47 seconds
  Invalid after 270 seconds, hold down 280, flushed after 630
  Outgoing update filter list for all interfaces is
  Incoming update filter list for all interfaces is
  Default networks flagged in outgoing updates
  Default networks accepted from incoming updates
  IGRP metric weight K1=1, K2=0, K3=1, K4=0, K5=0
  IGRP maximum hopcount 100
  IGRP maximum metric variance 1
  Redistributing: igrp 200
  Routing for Networks:
    192.168.1.0
    192.168.2.0
  Routing Information Sources:
    Gateway         Distance      Last Update
    192.168.2.2          100      00:00:33
  Distance: (default is 100)
```

(2) 在 PC2 上用 Ping 命令测试 PC1 和 PC2 的连通性。

10.9　EIGRP 配置

增强性内部网关路由选择协议(Enhanced Interior Gateway Routing Protocol,EIGRP)是 Cisco 开发的 IGRP 高级版本,它是一种专用的内部网关协议,适用于众多不同的拓扑和介质。EIGRP 的扩展性好,汇聚速度非常快,且开销很低。EIGRP 是思科设备上常用的路由选择协议,有时被认为是一种混合路由选择协议,因为它兼有距离矢量协议和链路状态协议的特征。

EIGRP 计算度量值的方式与 IGRP 相同,同时也支持非等成本路径之间负载均衡;然而,在汇聚速度和运行效率方面,EIGRP 比 IGRP 高很多。虽然 EIGRP 计算度量值的方式与 IGRP 相同,均是默认情况下使用带宽+延迟作为度量标准,但度量值为 IGRP 的256 倍。

1. 实验目的

(1) 如何在路由器上配置 EIGRP。

（2）理解 EIGRP 工作的原理。

（3）如何显示 IP 路由选择表信息。

2. 实验拓扑图

本实验拓扑图如图 10.21 所示。

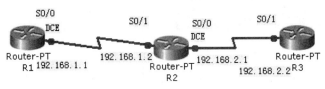

图 10.21　实验拓扑图

3. 实验条件

（1）Cisco 2500 系列路由器三台。

（2）反转电缆一根。

（3）数据线两根。

4. 实验过程

步骤 1：硬件连接。

路由器 R1 的 S0 端口连接路由器 R2 的 S0 端口（数据线的 DCE 端口连接 R1 的 S0 端口），路由器 R2 的 S1 端口连接路由器 R3 的 S1 端口（数据线的 DCE 端口连接 R2 的 S1 口）。R1 的 S0 端口的 IP 是 192.168.1.1,255.255.255.0；R2 的 S0 端口的 IP 是 192.168.1.2,255.255.255.0；R2 的 S1 端口的 IP 是 192.168.2.1,255.255.255.0；R3 的 S1 端口的 IP 是 192.168.2.2,255.255.255.0。

步骤 2：启动设备。

分别打开设备,给设备加电,设备都处于自检状态,直到连接交换机的指示灯处于绿灯状态,表示网络处于稳定连接状态。

步骤 3：路由器 R1 的配置。

对 S0 端口设定 IP,并设置时钟率,代码如下。

```
R1#conf t
Enter configuration commands, one per line.  End with CNTL/Z.
R1(config)#int s0
R1(config-if)#ip add 192.168.1.1 255.255.255.0
R1(config-if)#clock rate 64000
R1(config-if)#no shut
R1(config-if)#exit
```

启用 EIGRP,并设置网络,代码如下。

```
R1(config)#router eigrp 100
R1(config-router)#network 192.168.1.0
R1(config-router)#end
```

步骤 4：路由器 R2 的配置。

对 S0 端口和 S1 端口设定 IP,并对 S1 端口设置时钟率,代码如下。

```
R2#conf t
Enter configuration commands, one per line.  End with CNTL/Z.
R2(config)#int s0
R2(config-if)#ip add 192.168.1.2 255.255.255.0
R2(config-if)#no shut
R2(config-if)#exit
R2(config)#int s1
R2(config-if)#ip add 192.168.2.1 255.255.255.0
R2(config-if)#clock rate 64000
R2(config-if)#no shut
R2(config-if)#exit
```

启用 EIGRP,并设置网络,代码如下。

```
R2(config)#router eigrp 100
R2(config-router)#network 192.168.1.0
R2(config-router)#network 192.168.2.0
R2(config-router)#end
```

步骤 5:路由器 R3 的配置。

对 S1 端口设定 IP,代码如下。

```
R3(config)#int s1
R3(config-if)#ip add 192.168.2.2 255.255.255.0
R3(config-if)#no shut
R3(config-if)#exit
```

启用 EIGRP,并设置网络,代码如下。

```
R3(config)#router eigrp 100
R3(config-router)#network 192.168.2.0
R3(config-router)#end
```

5. 实验测试

(1) 在 R1 上用 Ping 命令测试 R1 与 R2、R3 的连通性,代码如下。

```
R1#ping 192.168.1.2

Type escape sequence to abort.
Sending 5, 100-byte ICMP Echos to 192.168.1.2, timeout is 2 seconds:
!!!!!
Success rate is 100 percent (5/5), round-trip min/avg/max = 28/31/32 ms
R1#ping 192.168.2.1

Type escape sequence to abort.
Sending 5, 100-byte ICMP Echos to 192.168.2.1, timeout is 2 seconds:
!!!!!
Success rate is 100 percent (5/5), round-trip min/avg/max = 32/32/32 ms
R1#ping 192.168.2.2

Type escape sequence to abort.
Sending 5, 100-byte ICMP Echos to 192.168.2.2, timeout is 2 seconds:
!!!!!
Success rate is 100 percent (5/5), round-trip min/avg/max = 56/59/64 ms
```

(2) 用 show ip protocols 和 show ip route 命令查看配置信息,代码如下。

```
R1#show ip route
Codes: C - connected, S - static, I - IGRP, R - RIP, M - mobile, B - BGP
       D - EIGRP, EX - EIGRP external, O - OSPF, IA - OSPF inter area
       N1 - OSPF NSSA external type 1, N2 - OSPF NSSA external type 2
       E1 - OSPF external type 1, E2 - OSPF external type 2, E - EGP
       i - IS-IS, L1 - IS-IS level-1, L2 - IS-IS level-2, ia - IS-IS inter area
       * - candidate default, U - per-user static route, o - ODR
       P - periodic downloaded static route

Gateway of last resort is not set

C    192.168.1.0/24 is directly connected, Serial0
D    192.168.2.0/24 [90/2681856] via 192.168.1.2, 00:02:02, Serial0
```

10.10　OSPF 配置

OSPF 的全称是开放最短路径优先协议（Open Shortest Path First）。Open 的意思在这里就是表明这个协议是公开性的。OSPF 是由 IETF 国际标准组织制定的一种基于链路状态的内部网关协议。SPF（Shortest Path First，最短路径优先）指的是路由选择过程中的一个算法，如果了解动态路由协议，就会知道 OSPF 是一种典型的 IGP（Interior Gateway Protocols，内部网关协议），它是描述路由信息运行在同一个自制系统内部的动态路由协议。OSPF 是一种典型的链路状态（Link-state）的路由协议，一般用于同一个路由域内。在这里，路由域是指一个自治系统（Autonomous System，AS），它是指一组通过统一的路由政策或路由协议互相交换路由信息的网络。在这个 AS 中，所有的 OSPF 路由器都维护一个相同的描述这个 AS 结构的数据库，该数据库中存放的是路由域中相应链路的状态信息，OSPF 路由器正是通过这个数据库计算出其 OSPF 路由表的。

OSPF 协议是一种内部网关协议，与 IGRP、EIGRP 和 RIP 不同，OSPF 是一种无类链路状态路由选择协议，而不是一种分类距离矢量协议。本节介绍如何在思科路由器上配置单区域 OSPF。

OSPF 被标准化后，广泛用于公共和私有网络中。网络互联专业人员必须掌握有关配置和维护 OSPF 的知识。为了更好地说明 OSPF 路由协议的基本特征，我们将 OSPF 路由协议与距离矢量路由协议（Routing Information Protocol，RIP）做一比较，归纳为如下几点。

（1）RIP 中用于表示目的网络远近的参数为跳（HOP），也即到达目的网络所要经过的路由器个数。在 RIP 中，该参数被限制为最大 15，对于 OSPF 路由协议，路由表中表示目的网络的参数为 Cost，该参数为一个虚拟值，与网络中链路的带宽等相关，也就是说，OSPF 路由信息不受物理跳数的限制。因此，OSPF 适合应用于大型网络中，支持几百台的路由器，甚至如果规划合理支持到 1000 台以上的路由器也是没有问题的。

（2）RIP 不支持变长子网屏蔽码（VLSM），这被认为是 RIP 不适用于大型网络的又一重要原因。而产生 VLSM 的原因就是由于 IPv4 地址的匮乏。VLSM 就是网络中用不同长度掩码的规划方式。现实中通常是根据一个网络所需的 IP 数先确定掩码，将所有网络的掩码都确定后再合理划分。最终的目的是提高 IP 的利用率，这种方式并不能增加 IP 的数量。现在我们划分 IPv4 地址的时候通常掩码都是随意的，就是因为协议支持 VLSM。

（3）RIP 路由收敛较慢。路由收敛快慢是衡量路由协议的一个关键指标。RIP 路由协议周期性地将整个路由表作为路由信息广播至网络中，该广播周期为 30 秒。在一个较为大型的网络中，RIP 会产生很大的广播信息，占用较多的网络带宽资源；并且由于 RIP 30 秒的广播周期，影响了 RIP 的收敛，甚至会出现不收敛的现象。而 OSPF 是一种链路状态的路由协议，当网络比较稳定时，网络中的路由信息是比较少的，并且其广播也不是周期性的，因此 OSPF 路由协议在大型网络中也能够较快地收敛。

（4）在 RIP 中，网络是一个平面的概念，并无区域及边界等的定义。在 OSPF 路由协议中，一个网络，或者说是一个路由域可以划分为很多个区域（Area），每一个区域通过 OSPF 边界路由器相连，区域间可以通过路由总结（Summary）来减少路由信息，减小路由表，提高路由器的运算速度。

(5) 无路由自环。RIP 采用 DV 算法,使用 RIP 会产生自环,而且很难清除。OSPF 采用 SPF 算法,从算法本身避免了环路的产生。计算的结果是 一棵树,路由是树上的叶子节点。从根节点到叶子节点是单向不可回复的路径。每一条 LSA(链路状态广播)都标记了生成者(用生成该 LSA 的路由器的 Router ID 标记),其他路由器只负责传输。这样不会在传输的过程中发生对该信息的改变或错误理解。

(6) OSPF 路由协议支持路由验证,只有互相通过路由验证的路由器之间才能交换路由信息。并且 OSPF 可以对不同的区域定义不同的验证方式,提高网络的安全性。在 OSPF 路由协议的定义中,初始定义了两种协议验证方式,即方式 0 及方式 1。采用验证方式 0 表示 OSPF 对所交换的路由信息不验证。在 OSPF 的数据包头内 64 位的验证数据位可以包含任何数据,OSPF 接收到路由数据后对数据包头内的验证数据位不做任何处理。采用验证方式 1 为简单口令字验证。这种验证方式是基于一个区域内的每一个网络来定义的,每一个发送至该网络的数据包的包头内都必须具有相同的 64 位长度的验证数据位,也就是说,验证方式 1 的口令字长度为 64b,或者为 8 个字符。

(7) OSPF 路由协议对负载分担的支持性能较好。OSPF 路由协议支持多条 Cost 相同的链路上的负载分担,如果到同一个目标地址有多条路径,而且花费都是相等,那么可以将这多条路由显示在路由表中。目前,一些厂家的路由器支持 6 条链路的负载分担。

(8) 以组播地址发送报文。动态路由协议为了能够自动找到网络中的邻居,通常都是以广播的地址发送。RIP 使用广播报文发送给网络上所有的设备,所以在网络上的所有设备收到此报文后都需要做相应的处理,但是在实际应用中,并不是所有的设备都需要接收这种报文。因此,这种周期性以广播形式发送报文的形式对它就产生了干扰。同时,由于这种报文会定期发送,在一定程度上也占用了宝贵的带宽资源。后来,随着各种技术的不断提升和发展,出现了以组播地址发送协议报文的形式。例如,OSPF 使用 224.0.0.5 发送,EIGRP 使用 224.0.0.2 发送。所以,OSPF 采用组播地址发送,只有运行 OSPF 协议的设备才会接收发送来的报文,其他设备不参与接收。

10.10.1 点到点链路上的 OSPF

1. 实验目的

(1) 掌握在路由器上启动 OSPF 路由进程。
(2) 启用参与路由协议的端口,并通告网络所在的区域。
(3) 熟悉点到点链路上的 OSPF 特征。
(4) 掌握点到点链路 OSPF 的配置方法。
(5) 查看和调试 OSPF 路由协议相关信息。

2. 实验拓扑图

OSPF 实验拓扑图如图 10.22 所示。

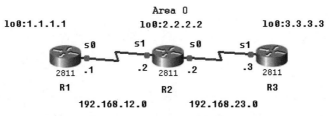

图 10.22　OSPF 实验拓扑图

3. 实验步骤

步骤 1：配置 R1 的路由。

```
R1(config)＃int s0
R1(config－if)＃ip add 192.168.12.1 255.255.255.0
R1(config－if)＃clock rate 64000
R1(config－if)＃no shut
R1(config－if)＃int loopback0
R1(config－if)＃ip address 1.1.1.1 255.255.255.0
R1(config)＃router ospf 1
R1(config－router)＃router－id 1.1.1.1          //标识路由器的序列号,竞选 DR 和 BDR
R1(config－router)＃net 192.168.12.0 255.255.255.0 area 0
R1(config－router)＃net 1.1.1.0 255.255.255.0 area 0
```

步骤 2：配置 R2 的路由。

```
R2(config)＃int s1
R2(config－if)＃ip add 192.168.12.2 255.255.255.0
R2(config－if)＃no shut
R2(config)＃int s0
R2(config－if)＃ip add 192.168.23.2 255.255.255.0
R2(config－if)＃clock rate 64000
R2(config－if)＃no shut
R2(config－if)＃int loopback0
R2(config－if)＃ip address 2.2.2.2 255.255.255.0
R2(config)＃router ospf 1
R2(config－router)＃router－id 2.2.2.2
R2(config－router)＃net 192.168.12.0 255.255.255.0 area 0
R2(config－router)＃net 192.168.23.0 255.255.255.0 area 0
R2(config－router)＃net 2.2.2.0 255.255.255.0 area 0
```

步骤 3：配置 R3 的路由。

```
R3(config)＃int s1
R3(config－if)＃ip add 192.168.23.3 255.255.255.0
R3(config－if)＃no shut
R3(config－if)＃int loopback0
R3(config－if)＃ip address 3.3.3.3 255.255.255.0
R3(config)＃router ospf 1
R3(config－router)＃router－id 3.3.3.3          //标识路由器的序列号,竞选 DR 和 BDR
R3(config－router)＃net 192.168.23.0 255.255.255.0 area 0
R3(config－router)＃net 3.3.3.0 255.255.255.0 area 0
```

4. 实验调试

步骤 1：show ip route

```
R1♯ show ip route
Codes: C － connected, S － static, I － IGRP, R － RIP, M － mobile, B － BGP
       D － EIGRP, EX － EIGRP external, O － OSPF, IA － OSPF inter area
       N1 － OSPF NSSA external type 1, N2 － OSPF NSSA external type 2
       E1 － OSPF external type 1, E2 － OSPF external type 2, E － EGP
       i － IS－IS, L1 － IS－IS level－1, L2 － IS－IS level－2, ia － IS－IS inter area
       * － candidate default, U － per－user static route, o － ODR
       P － periodic downloaded static route
Gateway of last resort is not set
     1.0.0.0/24 is subnetted, 1 subnets
C       1.1.1.0 is directly connected, Loopback0
2.0.0.0/24 is subnetted, 1 subnets
R       2.2.2.0 [120/1] via 192.168.12.2, 00:00:09, Serial1/0
     3.0.0.0/24 is subnetted, 1 subnets
R       3.3.3.0 [120/2] via 192.168.12.2, 00:00:09, Serial1/0
C     192.168.12.0/24 is directly connected, Serial1/0
R     192.168.23.0/192.168.12.0/24 is directly connected, Serial1/0
```

步骤 2：show ip protocos   //查看协议的类型

```
R1♯ show ip protocols
Routing Protocol is "ospf 1"                    //显示的协议是"ospf 1"
  Outgoing update filter list for all interfaces is not set
  Incoming update filter list for all interfaces is not set
  Router ID 1.1.1.1
  Number of areas in this router is 1. 1 normal 0 stub 0 nssa
  Maximum path: 4
  Routing for Networks:
    192.168.12.0 0.0.0.255 area 0
1.0.0.0 0.0.0.255 area 0
Routing Information Sources:
    Gateway          Distance      Last Update
    192.168.12.2        110        00:01:16
  Distance: (default is 110)
```

步骤 3：show ip ospf 1   //显示 OSPF 的进程及区域

```
R2♯ show ip ospf 1
Routing Process "ospf 1" with ID 2.2.2.2
Supports only single TOS(TOS0) routes
Supports opaque LSA
SPF schedule delay 5 secs, Hold time between two SPFs 10 secs
Minimum LSA interval 5 secs. Minimum LSA arrival 1 secs
Number of external LSA 0. Checksum Sum 0x000000
Number of opaque AS LSA 0. Checksum Sum 0x000000
Number of DCbitless external and opaque AS LSA 0
Number of DoNotAge external and opaque AS LSA 0
```

Number of areas in this router is 1. 1 normal 0 stub 0 nssa
External flood list length 0
    Area BACKBONE(0)
        Number of interfaces in this area is 2
        Area has no authentication
        SPF algorithm executed 3 times
        Area ranges are
        Number of LSA 3. Checksum Sum 0x01bd43
        Number of opaque link LSA 0. Checksum Sum 0x000000
        Number of DCbitless LSA 0
        Number of indication LSA 0
        Number of DoNotAge LSA 0
        Flood list length 0

步骤 4：show ip ospf interface　　　　　　//在 R2 中查看 OSPF 端口信息

R2♯show ip ospf interface
Serial1/1 is up, line protocol is up
   Internet address is 192.168.12.2/24, Area 0
Process ID 1, Router ID 2.2.2.2, Network Type POINT-TO-POINT, Cost: 781
 Transmit Delay is 1 sec, State POINT-TO-POINT,
Timer intervals configured, Hello 10, Dead 40, Wait 40, Retransmit 5
  Hello due in 00:00:07
  Index 1/1, flood queue length 0
  Next 0x0(0)/0x0(0)
  Last flood scan length is 1, maximum is 1
  Last flood scan time is 0 msec, maximum is 0 msec
  Neighbor Count is 1 , Adjacent neighbor count is 1
  Adjacent with neighbor 192.168.12.1
  Suppress hello for 0 neighbor(s)
  Serial1/0 is up, line protocol is up
  Internet address is 192.168.23.2/24, Area 0

步骤 5：show ip ospf neighbor　　　　　　//在 R2 中查看邻居

R2♯show ip ospf neighbor
Neighbor ID　Pri　State　Dead Time　Address　　　Interface
3.3.3.3　1　FULL/-　　00:00:36　192.168.23.3　Serial1/0
1.1.1.1　1　FULL/-　　00:00:32　192.168.12.1　Serial1/1

步骤 6：show ip ospf database

R2♯show ip ospf database
OSPF Router with ID (2.2.2.2) (Process ID 1)
Router Link States (Area 0)
Link ID　　ADV Router　Age　Seq♯　　Checksum Link count
1.1.1.1　　1.1.1.1　　1196　　0x80000002 0x0080a9 2
2.2.2.2　　2.2.2.2　　1106　　0x80000004 0x00c114 4
3.3.3.3　　3.3.3.3　　1106　　0x80000002 0x007b86 2

5．实验测试

分别从 R1 上 Ping 2.2.2.2 和 3.3.3.3。

（1）从路由器 R1 测试与 R2 环回端口地址的连通性。

```
R1#Ping 2.2.2.2
Type escape sequence to abort.
Sending 5, 100-byte ICMP Echos to 2.2.2.2, timeout is 2 seconds:
!!!!!
Success rate is 100 percent (5/5), round-trip min/avg/max = 20/20/20 ms
```

（2）从路由器 R1 测试与 R3 环回端口地址的连通性。

```
R1#Ping 3.3.3.3
Type escape sequence to abort.
Sending 5, 100-byte ICMP Echos to 3.3.3.3, timeout is 2 seconds:
!!!!!
Success rate is 100 percent (5/5), round-trip min/avg/max = 40/42/50 ms
```

6. 实验总结

（1）OSPF 路由进程 ID 范围必须为 1～65 535，而且只有本地含义，不同路由器之间的 ID 可以不同，如果先后启动路由器，至少要保证有一个端口为 up。

（2）熟记 OSPF 的配置命令，以及通告网络的格式。

（3）实验调试步骤 5 中相关解释如下。

Pri：邻居路由端口的优先级。

State：当前连接路由端口状态。

Dead Time：清除邻居关系前的等待时间。

Address：邻居端口地址。

Interface：与邻居相连的端口。

（4）在 OSPF 路由协议配置中如果不宣告直连的网络，会对网络有什么影响？

10.10.2 广播多路访问链路上的 OSPF

1. 实验目的

（1）学会在路由上启动 OSPF 路由进程。

（2）掌握如何启动参与路由协议的端口，并通告网络及所在区域。

（3）掌握修改参考带宽的方法。

（4）学会 DR 选举的控制。

（5）了解广播多路访问链路上的 OSPF 的特征。

2. 实验拓扑图

本实验拓扑图如图 10.23 所示。

3. 实验步骤

步骤 1：配置 R1。

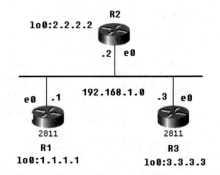

图 10.23　实验拓扑图

```
R1(config)♯ine0
R1(config-if)♯ ip add192.168.1.1 255.255.255.0
R1(config-if)♯ clock rate 64000
R1(config-if)♯no shut
R1(config-if)♯ int loopback0
R1(config-if)♯ ip address 1.1.1.1 255.255.255.0
R1(config)♯ router ospf 1
R1(config-router)♯ router-id 1.1.1.1
R1(config-router)♯ net 192.168.1.0 255.255.255.0 area 0
R1(config-router)♯ net 1.1.1.0 255.255.255.0 area 0
```

步骤 2：配置 R2。

```
R2(config)♯in e0
R2(config-if)♯ ip add 192.168.1.2 255.255.255.0
R2(config-if)♯ clock rate 64000
R2(config-if)♯no shut
R2(config-if)♯ int loopback0
R2(config-if)♯ ip address 2.2.2.2 255.255.255.0
R2(config)♯router ospf 1
R2(config-router)♯ router-id 2.2.2.2
R2(config-router)♯ net 192.168.1.0 255.255.255.0 area 0
R2(config-router)♯ net 2.2.2.0 255.255.255.0 area 0
```

步骤 3：配置 R3。

```
R3(config)♯in e0
R3(config-if)♯ ip add 192.168.1.3 255.255.255.0
R3(config-if)♯no shut
R2(config-if)♯ int loopback0
R2(config-if)♯ ip address 3.3.3.3 255.255.255.0
R3(config)♯router ospf 1
R3(config-router)♯ router-id 3.3.3.3
R3(config-router)♯ net 192.168.1.0 255.255.255.0 area 0
R3(config-router)♯ net 3.3.3.0 255.255.255.0 area 0
```

步骤 4：测试端口是否通了，从 R1 Ping R3 的环回口。

```
R1♯Ping 3.3.3.3
Type escape sequence to abort.
Sending 5, 100-byte ICMP Echos to 192.168.1.3, timeout is 2 seconds:
!!!!!
Success rate is 100 percent (5/5), round-trip min/avg/max = 30/40/50 ms
```

4. 实验调试

步骤 1：show ip ospf neighbor

```
R1♯ show ip ospf neighbor
Neighbor ID   Pri   State         Dead Time      Address        Interface
2.2.2.2   1   FULL/BDR       00:00:33       192.168.1.2    FastEthernet0/0
3.3.3.3   1   FULL/DROTHER   00:00:32       192.168.1.3    FastEthernet0/0
```

步骤 2：show ip ospf int e0

```
R1♯show ip ospf int F0/0
FastEthernet0/0 is up, line protocol is up
Internet address is 192.168.1.1/24, Area 0
Process ID 1, Router ID 1.1.1.1, Network Type BROADCAST, Cost: 1
Transmit Delay is 1 sec, State DR, Priority 1
Designated Router (ID) 1.1.1.1, Interface address 192.168.1.1
Backup Designated Router (ID) 2.2.2.2, Interface address 192.168.1.2
Timer intervals configured, Hello 10, Dead 40, Wait 40, Retransmit 5
Hello due in 00:00:03
  Index 1/1, flood queue length 0
  Next 0x0(0)/0x0(0)
  Last flood scan length is 1, maximum is 1
  Last flood scan time is 0 msec, maximum is 0 msec
  Neighbor Count is 2, Adjacent neighbor count is 2
  Adjacent with neighbor 192.168.1.2   (Backup Designated Router)
  Adjacent with neighbor 192.168.1.3
  Suppress hello for 0 neighbor(s)
```

步骤 3：debug ip ospf adj　　//显示 OSPF 邻接关系创建或中断的过程

```
R1♯debug ip ospf adj
OSPF adjacency events debugging is on
01:33:22: % OSPF-5-ADJCHG: Process 1, Nbr 1.1.1.1 on FastEthernet0/0 from FULL to DOWN,
Neighbor Down: Dead timer expired
01:33:22: % OSPF-5-ADJCHG: Process 1, Nbr 1.1.1.1 on FastEthernet0/0 from FULL to Down:
Interface down or detached
01:33:22: OSPF: Build router LSA for area 0, router ID 2.2.2.2, seq 0x80000005
01:33:22: OSPF: DR/BDR election on FastEthernet0/0
01:33:22: OSPF: Elect BDR 2.2.2.2
01:33:22: OSPF: Elect DR 2.2.2.2
01:33:22:         DR: 2.2.2.2 (Id)    BDR: 2.2.2.2 (Id)
01:33:29:         DR: 2.2.2.2 (Id)    BDR: 3.3.3.3 (Id)
01:33:29: OSPF: Build router LSA for area 0, router ID 2.2.2.2, seq 0x80000007
01:33:29: OSPF: Build net LSA for area 0, router ID 2.2.2.2, seq 0x80000002
01:33:39: OSPF: DR/BDR election on FastEthernet0/0
```

10.10.3　多区域 OSPF 配置

1. 实验目的

（1）在路由器上启动 OSPF 的路由进程。
（2）启动参与路由协议的端口，并且通告网络及所在的区域。
（3）了解 LSA 的类型和特征。
（4）了解 OSPF 拓扑结构数据库的特征和含义。
（5）查看和调试 OSPF 路由协议相关信息。

2．实验拓扑结构图

本实验拓扑结构图如图 10.24 所示。

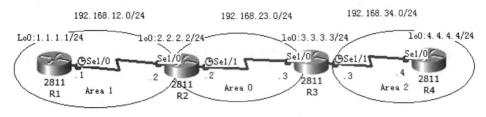

图 10.24　实验拓扑结构图

3．实验步骤

步骤 1：配置路由器 R1。

```
R1(config)#router ospf 1
R1(config)#router-id  1.1.1.1
R1(config)#network  1.1.1.0  255.255.255.0  area 1
R1(config)#network  192.168.12.0  255.255.255.0  area 1
```

步骤 2：配置路由器 R2。

```
R2(config)#router ospf 1
R2(config)#router-id  2.2.2.2
R2(config)#network  2.2.2.0  255.255.255.0  area 1
R2(config)#network  192.168.12.0  255.255.255.0  area 1
R2(config)#network  192.168.23.0  255.255.255.0  area 0
```

步骤 3：配置路由器 R3。

```
R3(config)#router ospf 1
R3(config)#router-id  3.3.3.3
R3(config)#network  3.3.3..0  255.255.255.0  area 0
R3(config)#network  192.168.23.0  255.255.255.0  area 0
R3(config)#network  192.168.34.0  255.255.255.0  area 2
```

步骤 4：配置路由器 R4。

```
R4(config)#router ospf 1
R4(config)#router-id  4.4.4.4
R4(config)#network  4.4.4.0  255.255.255.0  area 2
R4(config)#network  192.168.34.0  255.255.255.0  area 2
```

4．实验调试

```
show ip route                                  //查看路由信息
R2(config)#show ip route ospf
     1.0.0.0/32 is subnetted, 1 subnets
O    1.1.1.1 [110/782] via 192.168.12.1, 00:01:54, Serial1/0
```

```
          3.0.0.0/32 is subnetted, 1 subnets
O     3.3.3.3 [110/782] via 192.168.23.3, 00:00:47, Serial1/1
          4.0.0.0/32 is subnetted, 1 subnets
O IA  4.4.4.4 [110/1563] via 192.168.23.3, 00:00:14, Serial1/1
O IA  192.168.34.0 [110/1562] via 192.168.23.3, 00:00:47, Serial1/1
```

实验结论 1：

以上输出表明路由器 R2 的路由表中既有区域内的路由 1.1.1.0 和 3.3.3.0，又有区域间的路由 192.168.34.0。

```
show ip ospf database                               //查看链路状态数据库
R1(config)♯show ip ospf database
      OSPF Router with ID (1.1.1.1) (Process ID 1)
      Router Link States (Area 1)                   //区域 1 类型 1 的 LSA
      Link ID          ADV Router       Age      Seq♯       Checksum Link count
      1.1.1.1          1.1.1.1          330      0x80000003 0x001ff4 3
      2.2.2.2          2.2.2.2          324      0x80000003 0x002102

         Summary Net Link States (Area 1)           //区域 1 类型 3 的 LSA
      Link ID          ADV Router       Age      Seq♯       Checksum
      192.168.23.0     2.2.2.2          315      0x80000001 0x003b8b
      2.2.2.2          2.2.2.2          305      0x80000002 0x00f854
      3.3.3.3          2.2.2.2          260      0x80000003 0x0066d1
      192.168.34.0     2.2.2.2          260      0x80000004 0x00594f
      4.4.4.4          2.2.2.2          227      0x80000005 0x00d150


R2♯show ip ospf database
      OSPF Router with ID (2.2.2.2) (Process ID 1)

      Router Link States (Area 0)                       //区域 0 类型 1 的 LSA
      Link ID          ADV Router       Age      Seq♯       Checksum Link count
      2.2.2.2          2.2.2.2          392      0x80000003 0x009f4c 3
      3.3.3.3          3.3.3.3          375      0x80000004 0x00bf22 3

           Summary Net Link States (Area 0)             //区域 0 类型 3 的 LSA
      Link ID          ADV Router       Age      Seq♯       Checksum
      192.168.12.0     2.2.2.2          423      0x80000001 0x00b41d
      1.1.1.1          2.2.2.2          423      0x80000002 0x00c47c
      192.168.34.0     3.3.3.3          376      0x80000001 0x00a314
      4.4.4.4          3.3.3.3          340      0x80000002 0x001c15

          Router Link States (Area 1)                   //区域 1 类型 1 的 LSA
      Link ID          ADV Router       Age      Seq♯       Checksum Link count
      1.1.1.1          1.1.1.1          437      0x80000003 0x001ff4 3
      2.2.2.2          2.2.2.2          431      0x80000003 0x002102 2
           Summary Net Link States (Area 1)             //区域 1 类型 3 的 LSA
      Link ID          ADV Router       Age      Seq♯       Checksum
      192.168.23.0     2.2.2.2          422      0x80000001 0x003b8b
      2.2.2.2          2.2.2.2          412      0x80000002 0x00f854
```

3.3.3.3	2.2.2.2	367	0x80000003 0x0066d1
192.168.34.0	2.2.2.2	367	0x80000004 0x00594f
4.4.4.4	2.2.2.2	334	0x80000005 0x00d150

实验结论 2：

以上输出结果包含区域 1 和区域 0 的 LSA 类型 1，LSA 类型 3 的链路状态信息，同时可以看到路由器 R1 和 R2 的区域 1 的链路状态数据库完全相同。

10.11　NAT 地址转换的配置

网络地址转换（Network Address Translation，NAT）属于接入广域网（WAN）技术，是一种将私有（保留）地址转换为合法 IP 地址的技术，被广泛应用于各种类型 Internet 接入方式和各种类型的网络中。原因很简单，NAT 不仅完美地解决了 IP 地址不足的问题，而且还有效地避免了来自网络外部的攻击，隐藏并保护网络内部的计算机。因为专用网络之外的所有计算机都通过一个共享的 IP 地址来监控通信，因此，NAT 还为专用网络提供了一个隐匿层。并且，NAT 与防火墙或代理服务器不同，但它确实有利于安全。尽管如此，NAT 也有无法克服的弊端。首先，NAT 会使网络吞吐量降低，由此影响网络的性能。其次，NAT 必须对所有去往和来自于 Internet 的 IP 数据报进行地址转换，但是大多数 NAT 无法将转换后的地址信息传递给 IP 数据报负载，这个缺陷将导致某些必须将地址信息嵌在 IP 数据报负载中的高层应用如 FTP 和 WINS 注册等的失败。如今，IPv6 已日益成熟，可以大大解决 IPv4 短缺的问题。

1. NAT 工作流程

（1）如图 10.25 所示，这个 Client 终端的 Gateway 网关设定为 NAT 主机，所以当要连上 Internet 时，该封装包会被送到 NAT 主机，这时的封装包 Header 的源 IP 地址为 192.168.1.100。

（2）而通过这个 NAT 主机，它会将 Client 的对外联机封包的源 IP 地址（192.168.1.100）伪装成 ppp0（假设为拨接情况）这个端口所具有的公共 IP，因为是公共 IP 了，所以这个封包就可以连上 Internet 了。同时 NAT 主机会记忆这个联机的封包是由哪一个（192.168.1.100）Client 端传送来的。

（3）由 Internet 传送回来的封包，当然由 NAT 主机来接收了，这时，NAT 主机会去查询原本记录的路由信息，并将目标 IP 由 ppp0 上面的公共 IP 改回原来的 192.168.1.100。

（4）最后则由 NAT 主机将该封包传送给原先发送封包的 Client。

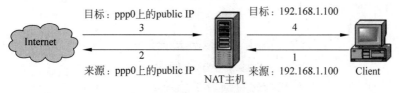

图 10.25　NAT 工作流程

2. 实验背景

Internet 的 NIC 为了组建企业网、局域网的方便,划定了 3 个专用局域网 IP 地址(或私有 IP 地址):①A 类 IP 地址范围 10.0.0.0~10.255.255.255;②B 类 IP 地址范围 172.16.0.0~172.31.255.255;③C 类地址范围 192.168.0.0~192.168.255.255。但是,使用这些 IP 地址的计算机是不能直接与 Internet 进行通信的,要实现与 Internet 的信息传输,需要采取一定的方式将局域网 IP 地址转换为外网地址,即公有 IP 地址。NAT 就是实现这种地址转换的方法之一,目前被广泛运用。NAT 用于缓解 Internet IPv4 地址资源紧张的问题,实现不同的地址段的透明转换,实现内网与外网间的互访。NAT 地址转换可通过高性能交换机或路由器的底层硬件支持实现,可以实现高速 IP 地址翻译。

10.11.1 静态 NAT 的配置

1. 实验目的

(1) 了解静态 NAT 的特征。
(2) 了解静态 NAT 的基本配置和调试。

2. 实验拓扑图

本实验拓扑图如图 10.26 所示。

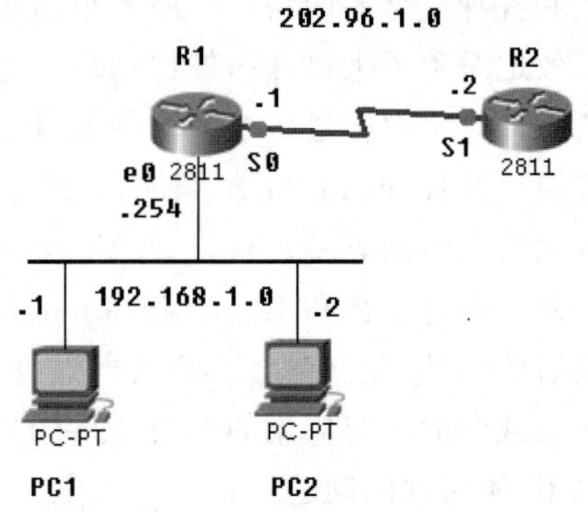

图 10.26 实验拓扑图

3. 实验步骤

步骤 1:配置 R1 提供 NAT 服务。

```
R1(config)# int e0
R1(config-if)# ip address 192.168.1.254 255.255.255.0
R1(config-if)# no shut
R1(config-if)# int s0
R1(config-if)#  ip address 202.96.1.1 255.255.255.0
R1(config-if)# no shut
R1(config)# ip nat inside source static 192.168.1.1 202.96.1.3        //配置静态 NAT 映射
R1(config)# ip nat inside source static 192.168.1.2 202.96.1.4
R1(config)# int e0
R1(config-if)# ip nat inside                                          //配置 NAT 外端口
R1(config-if)# int s0
R1(config-if)# ip nat outside                                         //配置 NAT 内端口
R1(config-if)# router rip
R1(config-router)# ver 2
R1(config-router)# no auto-summary
R1(config-router)# net 202.96.1.0
R1(config-router)# net 192.168.1.0
```

步骤 2:配置 R2。

```
R2(config)# int loopback0
```

```
R2(config-if)#ip address  2.2.2.2  255.255.255.0
R2(config-if)#int s0
R2(config-if)# ip address 202.96.1.2 255.255.255.0
R2(config-if)#no shut
R2(config-if)#router rip
R2(config-router)#ver 2
R2(config-router)#no auto-summary
R2(config-router)#net 202.96.1.0
R2(config-router)#net 2.0.0.0
```

4. 实验调试

步骤 1：debug ip nat

此命令可以查看地址翻译过程，分别在 PC1 和 PC2 上 Ping 2.2.2.2。

```
Router#debug ip nat
IP NAT debugging is on
R1#
NAT: s=192.168.1.1->202.96.1.3, d=2.2.2.2[0]
NAT*: s=2.2.2.2, d=202.96.1.3->192.168.1.1[0]
NAT: s=192.168.1.1->202.96.1.3, d=2.2.2.2[0]
NAT*:s=2.2.2.2,d=202.96.1.3->192.168.1.1[0]
```

步骤 2：show ip nat translations　　　　　　　　　　　//查看 NAT 表

```
Router#show ip nat translations
Pro   Inside global    Inside local     Outside local    Outside global
---    202.96.1.3       192.168.1.1      ---              ---
---    202.96.1.4       192.168.1.2      ---              ---
```

5. 实验总结

(1) 在给 PC1、PC2 配置 IP 时一定要设定网关 192.168.1.254，否则在执行 debug 命令后是看不到解析信息的。

(2) 给 R2 通告网络时，一定要通告 2.0.0.0 网段，否则看不到地址解析过程。

(3) 分别在 PC1、PC2 中执行 Ping 2.2.2.2 命令，注意观察 R1 中 debug 的地址解析信息。

10.11.2　动态 NAT 的配置

1. 实验目的

(1) 了解动态 NAT 的特征。

(2) 了解动态 NAT 的基本配置和调试。

2. 实验拓扑图

本实验拓扑图如图 10.27 所示。

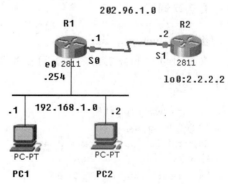

图 10.27　实验拓扑图

3. 实验步骤

步骤 1：配置 R1 提供 NAT 服务。

```
R1(config)# int e0
R1(config-if)# ip address 192.168.1.254 255.255.255.0
R1(config-if)# no shut
R1(config-if)# int s0
R1(config-if)# ip address 202.96.1.1 255.255.255.0
R1(config-if)# clock rate 64000
R1(config-if)# no shut
R1(config)# router rip
R1(config-router)# ver 2
R1(config-router)# no auto-summary
R1(config-router)# net 202.96.1.0
R1(config-router)# net 192.168.1.0
R1(config)# ip nat pool NAT 202.96.1.3 202.96.1.100 netmask 255.255.255.0   //配置动态 NAT
                                                                           //转换地址池
R1(config)# ip nat inside source list 1 pool NAT          //配置动态 NAT 映射
R1(config)# access-list 1 permit 192.168.1.0 0.0.0.255    //允许动态 NAT 转换的内部地址
R1(config)# int e0
R1(config-if)# ip nat inside
R1(config-if)# int s0
R1(config-if)# ip nat outside
```

步骤 2：配置 R2。

```
R2(config)# int s1
R2(config-if)# ip address 202.96.1.2 255.255.255.0
R2(config-if)# no shut
R2(config)# int loopback0
R2(config-if)# ip address 2.2.2.2 255.255.255.0
R2(config)# router rip
R2(config-router)# ver 2
R2(config-router)# no auto-summary
R2(config-router)# net 202.96.1.0
R2(config-router)# net 2.0.0.0
```

4. 实验调试

步骤 1：debug ip nat

在 PC1 上 telnet 2.2.2.2 访问服务器(R2 的环回端口)，在 PC2 上 telnet 2.2.2.2，结果如下。

```
Router# debug ip nat
IP NAT debugging is on
Router# clear ip nat translation *                        //清除动态 NAT 表
Router#
NAT: s = 192.168.1.1 -> 202.96.1.3, d = 2.2.2.2[2]
NAT*: s = 2.2.2.2, d = 202.96.1.3 -> 192.168.1.1[2]
```

NAT: s = 192.168.1.2 - > 202.96.1.4, d = 2.2.2.2[3]
NAT * : s = 2.2.2.2, d = 202.96.1.4 - > 192.168.1.2[3]

步骤 2：show ip nat translations

```
Router # show ip nat translations
Pro   Inside global      Inside local    Outside local     Outside global
---     202.96.1.3         192.168.1.1       ---               ---
---     202.96.1.4         192.168.1.2       ---               ---
```

步骤 3：show ip nat statistics　　　　　　　　　　　　//查看 NAT 转换统计信息

```
Router # show ip nat statistics
Total translations: 2 (0 static, 2 dynamic, 0 extended)      //总共转换两次
Outside Interfaces: Serial1/0
Inside Interfaces: FastEthernet0/0
Hits: 29   Misses: 95
Expired translations: 0
Dynamic mappings:
-- Inside Source
access - list 1 pool NAT refCount 2
pool NAT: netmask 255.255.255.0
start 202.96.1.3 end 202.96.1.100
type generic, total addresses 98 , allocated 2 (2 % ), misses 0
```

5．实验总结

（1）配置动态 NAT 时注意命令的输入要正确无误，还有地址转换的范围要设置清楚，熟记动态 NAT 的配置命令。

（2）实验调试的第 2 步中"clear ip nat translation * "命令的" * "前有空格，输入时需要注意。

10.12　路由器作为 DHCP 服务器的配置

DHCP(Dynamic Host Configuration Protocol,动态主机设置协议)是一个局域网的网络协议，基于 UDP 工作，主要是给内部网络或网络服务供应商自动分配 IP 地址，也是给用户和内部网络管理员作为对所有计算机集中管理的手段。

DHCP 指的是由服务器控制一段 IP 地址范围，客户机登录服务器时就可以动态获得服务器分配的 IP 地址和子网掩码。

（1）DHCP 服务器可以是搭建基于 Windows/Linux 等系统平台的应用级别的 DHCP 服务器；担任 DHCP 服务器的计算机需要安装 TCP/IP，并为内部网络或网络服务供应商自动分配 IP 地址、子网掩码、默认网关等内容。

（2）在有思科路由器的网络中，完全不必重新搭建新的 DHCP 服务器，只需要将思科路由器配置成一个 DHCP 服务器，使路由器具有路由和 DHCP 的双重功能。

1. 实验目的

掌握在 Cisco 路由器上配置 DHCP 服务,实现 IP 地址自动分配。

2. 实验拓扑图

本实验拓扑图如图 10.28 所示。

图 10.28 实验拓扑图

3. 实验步骤

步骤 1：连接实物图。

按照实验拓扑图连接实物,配置路由器 E0 端口 IP 地址,客户端机器使用 DHCP 获取 IP 地址。

步骤 2：配置路由器,代码如下。

```
Router>en
Router#config t
Enter configuration commands, one per line.  End with CNTL/Z.
Router(config)#hostname wenhua
wenhua(config)#ip dhcp pool weilei-pool        ← 创建DHCP地址池
wenhua(dhcp-config)#network 192.168.1.0 255.255.255.0
wenhua(dhcp-config)#domain-name wenhua.net
wenhua(dhcp-config)#dns-server 10.100.100.18    ← DHCP分配地址池的
wenhua(dhcp-config)#default-router 192.168.1.254    网络或子网
wenhua(dhcp-config)#lease 2 0 0    ← 设置租期, 2天
wenhua(dhcp-config)#exit
wenhua(config)#ip dhcp excluded-address 192.168.1.250 192.168.1.254
wenhua(config)#end
wenhua#                                    ← 排除特定的IP地址
```

步骤 3：检查配置,代码如下。

```
wenhua#show running
Building configuration...

Current configuration:
!
version 12.0
service timestamps debug uptime
service timestamps log uptime
no service password-encryption
!
hostname wenhua
!
!
!
!
!
ip subnet-zero
ip dhcp excluded-address 192.168.1.250 192.168.1.254
!
ip dhcp pool weilei-pool
   network 192.168.1.0 255.255.255.0
   domain-name wenhua.net
   dns-server 10.100.100.18
   default-router 192.168.1.254
   lease 2
!
isdn voice-call-failure 0
!
```

```
!
!
interface Ethernet0
  no ip address
```

步骤 4：实验测试。

在 DOS 窗口中输入 ipconfig /renew 网络命令查看是否自动获得 IP 地址。发现没有获得到 IP 地址，实验没有成功，如图 10.29 所示。

```
C:\Documents and Settings\Administrator>ipconfig /renew

Windows IP Configuration

An error occurred while renewing interface 本地连接 : unable to contact your DHC
P server. Request has timed out.

C:\Documents and Settings\Administrator>
C:\Documents and Settings\Administrator>
C:\Documents and Settings\Administrator>
C:\Documents and Settings\Administrator>
C:\Documents and Settings\Administrator>
```

图 10.29　实验测试没有获得 IP 地址

4. 实验调试

通过实验测试发现本机没有获得到 IP 地址，通过分析，可能原因是：没有给路由器的 E0 端口配置 IP 地址。路由器 E0 端口 IP 地址配置命令如下。

```
wenhua#
wenhua#config t
Enter configuration commands, one per line.  End with CNTL/Z.
wenhua(config)#int e0\

% Invalid input detected at '^' marker.

wenhua(config)#int e0
wenhua(config-if)#ip add 192.168.1.250
% Incomplete command.

wenhua(config-if)#ip add 192.168.1.250 255.255.255.0
wenhua(config-if)#no shutdown
wenhua(config-if)#exit
wenhua(config)#exit
wenhua#
00:15:05: %LINK-3-UPDOWN: Interface Ethernet0, changed state to up
00:15:06: %SYS-5-CONFIG_I: Configured from console by console
00:15:06: %LINEPROTO-5-UPDOWN: Line protocol on Interface Ethernet0, changed sta
te to up_
```

通过 DOS 窗口再次测试，主机获得到了 IP 地址，如图 10.30 所示。

```
C:\Documents and Settings\Administrator>
C:\Documents and Settings\Administrator>ipconfig /renew

Windows IP Configuration

Ethernet adapter 本地连接:

        Connection-specific DNS Suffix  . : wenhua.net
        IP Address. . . . . . . . . . . . : 192.168.1.2
        Subnet Mask . . . . . . . . . . . : 255.255.255.0
        Default Gateway . . . . . . . . . : 192.168.1.254
```

图 10.30　再次测试获得 IP 地址

5. 实验总结

(1) 在实际的网络环境中，客户端可以通过交换机连接到思科路由器，同时为该路由器配置 DHCP 功能,使其不仅具有路由功能,还具有 DHCP 功能。另外,将客户端配置成自动获取 IP 地址、子网掩码、网关等信息,这样不仅可以免去部署专门的 DHCP 服务器的麻烦,节省网络资源,同时充分挖掘了路由器的功能,也方便今后的网络管理。特别是大型网络环境中,将不同子网的关键路由器配置成 DHCP 服务器,管理和维护都比较方便。

(2) 关闭 DHCP 服务。Cisco IOS 默认开启 DHCP 服务,因此只要配置了地址池,即可使用 DHCP 功能。如果想关闭路由器的 DHCP 服务,可以使用以下命令。

```
Router(config)#no service dhcp
```

(3) 从稳定性和功能上看,路由器实现的 DHCP 服务要优于在服务器上用 Windows/Linux 操作系统实现的 DHCP 服务。

(4) 对于 Windows 2013 等网络版操作系统,还需要将 DHCP Client 服务启用,否则在 Windows 2013 系统中将不能自动获得 IP 地址。

10.13　路由器 QoS 的配置

IP QoS 是指 IP 网络的一种能力,即在跨越多种底层网络技术(MP、FR、ATM、Ethernet、SDH、MPLS 等)的 IP 网络上,满足其在丢包率、延迟、抖动和带宽等方面的要求,为特定的业务提供其所需要的服务。更简单地说,QoS 是针对各种不同需求,提供不同服务质量的网络服务,如图 10.31 所示。

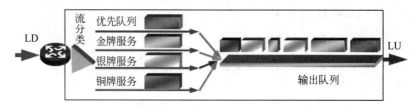

图 10.31　QoS 的四种服务模式

1. IP QoS 的目标

(1) 避免并管理 IP 网络拥塞。
(2) 减少 IP 报文的丢失率。
(3) 调控 IP 网络的流量。
(4) 为特定用户或特定业务提供专用带宽。
(5) 支撑 IP 网络上的实时业务。

2. IP QoS 的内涵

(1) 带宽/吞吐量:网络的两个节点之间特定应用业务流的平均速率。
(2) 时延:数据包在网络的两个节点之间传送的平均往返时间。
(3) 抖动:时延的变化。
(4) 丢包率:在网络传输过程中丢失报文的百分比,用来衡量网络正确转发用户**数据**

的能力。

（5）可用性：网络可以为用户提供服务的时间的百分比。

3. IP QoS 的目的

（1）网络拥塞时，保证不同优先级的报文得到不同的 QoS 待遇。

（2）方式：将不同优先级的报文放入不同的队列，不同队列将得到不同的调度优先级、概率或带宽保证。

4. IP QoS 的算法

（1）FIFO(First In First Out)：先入先出队列。

（2）PQ(Priority Queue)：优先权队列。

（3）CQ(Custom Queue)：定制队列。

（4）WFQ(Weighted Fair Queuing)：加权公平队列。

（5）CBWFQ(Class Based Weighted Fair Queuing)：基于分类的加权公平队列。

5. IP QoS 应用背景

（1）网络带宽紧张，或者在突发流量时带宽不足。

（2）网络中存在多种业务，并且这些不同的业务各自对带宽和延迟的要求不同。

（3）即使带宽足够，为了防止网络中出现异常的突发流量的情况，也需要对关键业务做 QoS 保证。

10.13.1　Cisco 路由器 QoS-PQ 配置

PQ 使用了 4 个子队列，优先级分别是 High,Middle,Normal,Low。PQ 会先服务高优先级的子队列，若高优先级子队列里没有数据后，再服务中等优先级子队列，以此类推。如果 PQ 正在服务中等优先级子队列，但是高优先级里又来了数据包，则 PQ 会中断中等优先级子队列的服务，转而服务高优先级子队列。每一个子队列都有一个最大队列深度(queue-size)，如果达到了最大队列深度，则进行尾丢弃，如图 10.32 所示。

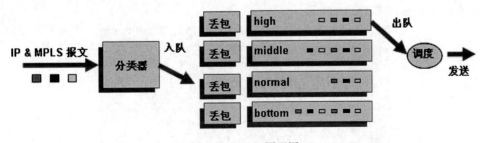

图 10.32　PQ 原理图

1. QoS-PQ 原理说明

（1）优先队列，分为 4 个队列，分别为 High、Middle、Normal 和 Low。

（2）根据报文的输入端口、满足 ACL 情况、IP Precedence、DSCP、EXP、Label 等规则对报文进行分类,进入相应队列。

（3）PQ 中每一个队列的丢包策略可采用尾丢弃、RED 和 WRED。

（4）为不同的业务定义不同的调度策略,由于涉及复杂的流分类,系统资源存在一定的开销。

（5）数据包先按配置要求分类,再按队列优先级发送。

2. QoS-PQ 的优点

（1）对高优先级的数据流提供了低延迟的转发。

（2）大多数平台上都支持该队列机制。

（3）支持所有的 IOS 版本(10.0 以上)。

3. QoS-PQ 的缺点

（1）对单一子队列而言,会继承 FIFO 队列的所有缺点。

（2）对低优先级的数据流而言,可能会被"饿死",因为只要高优先级队列里有数据,PQ就不会服务低优先级队列。

（3）需要在每一跳上都手动配置分类。

4. 实验目的

（1）了解路由器服务质量的基本配置。

（2）理解路由器优先权排队。

5. 实验设备

（1）思科 2503 系列路由器两台。

（2）计算机三台。

6. 实验拓扑图

本实验拓扑图如图 10.33 所示。

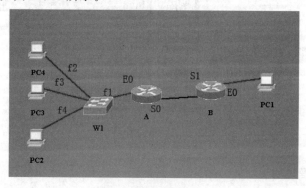

图 10.33　实验拓扑图

7. 实验 IP 地址与端口配置

实验中路由器和主机 IP 地址与端口配置参数,如表 10.8 和表 10.9 所示。

表 10.8　路由器配置

RouterA		RouterB	
E0	192.168.0.1/24	E0	192.168.2.1/24
S0:DTE 端口	192.168.1.1/24	S1:DCE 端口	192.168.1.2/24

表 10.9　主机配置

	PC1	PC2	PC3	PC4
IP	192.168.2.2/24	192.168.0.20/24	192.168.0.30/24	192.168.0.40/24
网关	192.168.2.1	192.168.0.1	192.168.0.1	192.168.0.1

8. 实验步骤

步骤 1:配置 RouterA,代码如下。

```
Router>
Router>
Router>en
Router#config t
Enter configuration commands, one per line.  End with CNTL/Z.
Router(config)#int e0
Router(config-if)#ip add 192.168.0.1 255.255.255.0
Router(config-if)#no shut
Router(config-if)#exit
Router(config)#
6d05h: %LINK-3-UPDOWN: Interface Ethernet0, changed state to up
6d05h: %LINEPROTO-5-UPDOWN: Line protocol on Interface Ethernet0, changed state
to up
Router(config)#int s0
Router(config-if)#ip add 192.168.1.1 255.255.255.0
Router(config-if)#no shut
Router(config-if)#exit
Router(config)#
6d05h: %LINK-3-UPDOWN: Interface Serial0, changed state to down
```

步骤 2:配置 RouterA 的路由,代码如下。

```
Router(config)#
Router(config)#ip route 192.168.2.0 255.255.255.0 192.168.1.2
Router(config)#exit
Router#
6d05h: %SYS-5-CONFIG_I: Configured from console by console
```

步骤 3:配置路由器 B,代码如下。

```
Router>en
Router#config t
Enter configuration commands, one per line.  End with CNTL/Z.
Router(config)#int e0
Router(config-if)#ip add 192.168.2.1 255.255.255.0
Router(config-if)#no shut
Router(config-if)#exit
Router(config)#
6d05h: %LINK-3-UPDOWN: Interface Ethernet0, changed state to up
Router(config)#int s1
Router(config-if)#ip add 192.168.1.2 255.255.255.0
Router(config-if)#no shut
Router(config-if)#
6d05h: %LINK-3-UPDOWN: Interface Serial1, changed state to up
6d05h: %LINEPROTO-5-UPDOWN: Line protocol on Interface Serial1, changed state to
 up
Router(config-if)#clock rate 64000
Router(config-if)#no shut
Router(config-if)#exit
Router(config)#ip route 192.168.0.0 255.255.255.0 192.168.1.1
```

步骤 4：在 RouterA 上验证连通性，代码如下。

```
Router#Ping 192.168.2.1

Type escape sequence to abort.
Sending 5, 100-byte ICMP Echos to 192.168.2.1, timeout is 2 seconds:
!!!!!
Success rate is 100 percent (5/5), round-trip min/avg/max = 28/31/32 ms
Router#
```

步骤 5：在 RouterB 上验证连通性，代码如下。

```
Router#ping 192.168.0.1

Type escape sequence to abort.
Sending 5, 100-byte ICMP Echos to 192.168.0.1, timeout is 2 seconds:
!!!!!
Success rate is 100 percent (5/5), round-trip min/avg/max = 28/31/32 ms
```

步骤 6：在 RouterA 的广域网端口配置 QoS-PQ。

```
Router >
Router > en
Router # config t
Enter configuration commands, one per line.   End with CNTL/Z.
Router(config) # ip access - list extended 1              //列表名 1 不存在
% Invalid access list name.
Router(config) # ip access - list extended1              //格式书写错误
                            ^
% Invalid input detected at '^' marker.
Router(config) # ip access - list extended ?             //"?"表示帮助命令
  < 100 - 199 >   Extended IP access - list number
   WORD          Access - list name
Router(config) # ip access - list extended 100           //在全局配置模式下配置一个扩展访问
                                                         //控制列表 100
Router(config - ext - nacl) # permit ip 192.168.0.10 255.255.255.0 192.168.2.2 255.255.255.0
                                                         //定义 ACL100
Router(config - ext - nacl) # exit
Router(config) # ip access - list extended 101           //在全局配置模式下配置一个扩展访问
                                                         //控制列表 101
Router(config - ext - nacl) # permit ip 92.168.0.20 255.255.255.0 192.168.2.2 255.255.255.0
                                                         //定义 ACL101
Router(config - ext - nacl) # exit
Router(config) # priority - list 1 protocol ip high list 100   //把 Acl100 定义数据映射到
                                                              //High 优先级队列
Router(config) # priority - list 1 protocol ip low list 101    //把 Acl101 定义数据映射到
                                                              //Low 优先级队列
Router(config) # int s0
Router(config - if) # priority - group 1                       //把 PQ 映射到端口 s0/1 上
Router(config - if) #
```

9. 实验测试

测试 PC1 与 PC2,PC3 之间的连通性，如图 10.34 所示。

```
C:\Documents and Settings\Administrator>ping 192.168.2.2

Pinging 192.168.2.2 with 32 bytes of data:

Request timed out.
Reply from 192.168.2.2: bytes=32 time=24ms TTL=62
Reply from 192.168.2.2: bytes=32 time=18ms TTL=62
Reply from 192.168.2.2: bytes=32 time=18ms TTL=62

Ping statistics for 192.168.2.2:
    Packets: Sent = 4, Received = 3, Lost = 1 (25% loss),
Approximate round trip times in milli-seconds:
    Minimum = 18ms, Maximum = 24ms, Average = 20ms

C:\Documents and Settings\Administrator>
```

图 10.34　测试 PC1 与 PC2,PC3 之间的连通性

10.13.2　Cisco 路由器 QoS-CQ 配置基于定制队列

QoS 定制队列(Custom Queuing,CQ),是指用户可配置队列占用的带宽比例关系。CQ 共分为 17 个队列,如图 10.35 所示。

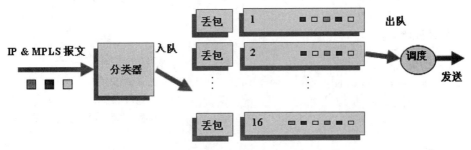

图 10.35　QoS-CQ 原理图

1. QoS-CQ 原理图说明

(1) 根据报文的输入端口、满足 ACL 情况、IP Precedence、DSCP、EXP、Label 等规则对报文进行分类,进入相应队列。

(2) CQ 中每一个队列的丢包策略可采用尾丢弃、RED 和 WRED。

(3) 可为不同的业务定义不同的调度策略,系统资源存在一定的开销。

(4) 数据包先用户定义分类再按优先队列等待发送。

2. 实验目的

学习 QoS-CQ(定制队列)的配置。

3. 实验步骤

步骤 1: 首先用 ACL 定义一些流量(过滤流量)。

Router(config)# access - list 101 permit ospf any any

```
Router(config)#access-list 101 permit eigrp any any
Router(config)#access-list 102 permit ip any 192.168.0.1 0.0.0.0
Router(config)#access-list 102 permit ip host 192.168.0.1 any
Router(config)#access-list 103 permit tcp any host 192.168.0.1 eq 23
Router(config)#access-list 103 permit tcp any host 192.168.0.1 eq 21
Router(config)#access-list 103 permit tcp any host 192.168.0.1 eq 20
Router(config)#access-list 104 permit udp any lt 200 any lt 200
Router(config)#access-list 104 permit tcp any range 135 139 any range 135 139
Router(config)#access-list 105 permit udp any range 16333 35252 any range 16333 35252
```

步骤 2：然后再将这些流量进行先后排队（队列排序）。

```
Router (config)#queue-list 1 protocol ip 1 list 101    //将与List101匹配的流量排在第一位
Router(config)#queue-list 1 protocol ip 2 list 102
Router(config)#queue-list 1 protocol ip 3 list 103
Router(config)#queue-list 1 protocol ip 4 list 104
Router(config)#queue-list 1 protocol ip 5 list 105
```

步骤 3：最后将排好队的流量策略应用到端口上（将 CQ 应用到端口）。

```
Router(config)#int s0
Router (config-if)#custom-queue-list 1              //将这个定制好的队列应用到端口上
```

4. 实验验证

```
Router#sh queueing                                 //查看队列
Current fair queue configuration:
```

Interface	Discard threshold	Dynamic queues	Reserved queues	Link queues	Priority queues
BRI0	64	16	0	8	1
BRI0:1	64	16	0	8	1
BRI0:2	64	16	0	8	1
Serial1	64	256	0	8	1

```
Current DLCI priority queue configuration:
Current priority queue configuration:
Current custom queue configuration:
```

List	Queue	Args
1 1	protocol ip	list 101
1 2	protocol ip	list 102
1 3	protocol ip	list 103
1 4	protocol ip	list 104
1 5	protocol ip	list 105

10.13.3　Cisco 路由器 QoS-CBWFQ 配置（基于类分配带宽）

WFQ(Weighted Fair Queuing)，公平队列：根据源和目标 IP 地址、TCP 或 UDP 的源和目标端口号、Label 进行 HASH，不同的数据流分入不同的队列，自动完成，如图 10.36 所示。

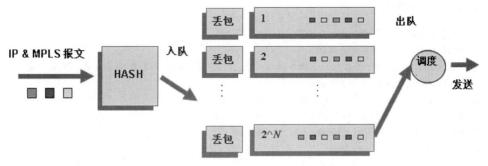

图 10.36　QoS-CBWFQ 原理图

1. QoS-CQ 原理图说明

(1) 所有队列的丢包策略可同时采用尾丢弃、RED 和 WRED(基于 IP Pre 或 EXP),权值依赖于 IP 报文头中携带的 IP 优先级。

(2) 简单、高效,没有任何附加开销。

(3) 数据包按流分类再按队列优先级等待发送。

(4) 优先级数值越小,所得带宽越少,反之数值越大,带宽越多。

(5) CBWFQ(基于类分配带宽)基本配置。

2. 实验要求

(1) 给上一个实验中所定义的三种应用流量 QQ、SMTP、FTP 分配不同的带宽。

(2) 给三种流量分配不同的带宽。

3. 实验过程

步骤 1: 定义流量(直接调用上一个实验的配置)。

```
Router(config)♯class - map QQ
Router(config - cmap)♯match access - group name QQ    //匹配一个名为 QQ 的命名 ACL
Router(config - cmap)♯exi
Router(config)♯ip access - list extended QQ
Router(config - ext - nacl)♯permit ip any 61.172.240.0 0.0.0.255
Router(config - ext - nacl)♯permit udp any any eq 4000
Router(config - ext - nacl)♯permit udp any any eq 8000
Router(config - ext - nacl)♯exi
Router(config)♯class - map smtp
Router(config - cmap)♯match access - group 100
Router(config - cmap)♯exit
Router(config)♯access - list 100 permit tcp any any eq smtp
Router(config)♯class - map ftp
Router(config - cmap)♯match access - group 101
Router(config - cmap)♯exi
Router(config)♯access - list 101 permit tcp any any eq 20
Router(config)♯access - list 101 permit tcp any any eq 21
```

步骤 2：定义策略。

```
Router(config)♯policy-map CBWFQ
Router(config-pmap)♯class QQ
Router(config-pmap-c)♯bandwidth percent 5          //为类型 QQ 的流量分配 5% 的带宽
Router(config-pmap)♯class smtp
Router(config-pmap-c)♯bandwidth percent 25
Router(config-pmap)♯class ftp
Router(config-pmap-c)♯bandwidth percent 20
Router(config-pmap-c)♯exi
```

步骤 3：应用到端口上。

```
Router(config)♯int s0
Router(config-if)♯service-policy output CBWFQ
```

4. 实验验证

```
Router♯show policy-map                              //查看策略
Policy Map wy
Class QQ
police cir 10000 bc 1500
conform-action drop
exceed-action drop
Class smtp
police cir 10000 bc 1500
conform-action drop
exceed-action drop
Class ftp
police cir 10000 bc 1500
conform-action drop
exceed-action drop
Policy Map CBWFQ
Class QQ
Bandwidth 5 (%) Max Threshold 64 (packets)
Class smtp
Bandwidth 25 (%) Max Threshold 64 (packets)
Class ftp
Bandwidth 20 (%) Max Threshold 64 (packets)
```

10.14　路由器 DNS 的配置

　　DNS 的全称为 Domain Name System，即域名解析系统。DNS 帮助用户在互联网上寻找路径。在互联网上的每一个计算机都拥有一个唯一的地址，称作"IP 地址"（即互联网协议地址）。由于 IP 地址（为一串数字）不方便记忆，DNS 允许用户使用一串常见的字母（即"域名"）取代。

1. 实验背景

让 Cisco 路由器具有 DNS 功能，DNS 是重要的网络服务，在大型网络中一般是需要部署 DNS 服务器的。其实，在 Cisco 路由器中也可以设置 DNS 服务器，不过与通常所指的 DNS 服务器不同的是，在 Cisco 路由器中配置 DNS 主要是两个方面：一是开启 Cisco 路由器的 DNS 功能，并添加相应的 DNS 的 IP 地址，使其具有域名解析功能；二是，在 Cisco 中可以添加多条 DNS 记录，每条 DNS 是有优先级的，在 Cisco 中需要调整其顺序设置优先级别。

2. 实验过程

步骤 1：配置 DNS 服务器。

登录路由器，然后输入如下配置命令即可。

```
vnet81#configure terminal                      //进入配置模式
vnet81(config)#ip name - server
vnet81(config)#ip name - server 202.100.64.68  //设置 DNS 为 202.100.64.68
vnet81(config)#exit
vnet81#show running - config                    //查看路由器配置,DNS 配置成功
vnet81#write                                    //保存配置
```

上述配置虽然比较简单，但是非常实用。在 Cisco 路由器中开启并设置 DNS 后，客户端就不用在 TCP/IP 属性中设置 DNS 服务器的地址了，就可以直接从路由器中获得 DNS 服务器的地址。这样既加快了域名解析速度，也省去了设置的麻烦。另外，在比较大的网络中，DNS 服务器的负载比较大，需要响应客户端的 DNS 请求，如果在每个子网的关键路由器中添加这样一条 DNS 记录就能够在一定程度上解放 DNS 服务器。

步骤 2：调整 DNS 优先级别。

同样地，登录到 Cisco 路由器，进行设置。如果此前已经设置了 DNS，而这条 DNS 是优先级别最高的，要调整其优先级需要先删除这条记录，然后再重新设置，其命令是：

```
vnet81#configure terminal                       //进入配置模式
vnet81#no ip name - server                       //删除 DNS 配置
vnet81#ip name - server 61.164.95.98 202.100.64.68  //添加两台 DNS 记录,它们之间是有优先
                                                  //级的,最前面的优先级高,每一跳记录之间用空格分开
vnet81#show run                                   //查看 DNS 配置
```

在实际的网络环境中，一般本地的 DNS 服务器设置为第一个，使其可以优先进行域名解析，这样可以提高解析的速度。后面的 DNS 一般设置为本地 ISP 的 DNS 服务器地址，作为候补。

3. 实验总结

上面的两例应用往往为大家所忽略或者不知，其实在 Cisco 路由器中还有很多实用的功能有待挖掘。在企业 IT 投入紧缩的情况下，让网络设备的功能最大化何尝不是我们努力的方向。

10.15　访问控制列表的配置

访问控制列表(Access Control List,ACL)是应用在路由器端口的指令列表,这些指令列表用来告诉路由器哪些数据包可以接收,哪些数据包需要拒绝。

至于数据包是被接收还是拒绝,可以由类似于源地址、目标地址、端口号等的特定指示条件决定。

访问控制列表从概念上来讲并不复杂,复杂的是对它的配置和使用,许多初学者往往在使用访问控制列表时出现错误。

信息点间通信和内外网络的通信都是企业网络中必不可少的业务需求,但是为了保证内网的安全性,需要通过安全策略来保障非授权用户只能访问特定的网络资源,从而达到对访问进行控制的目的。简言之,ACL 可以过滤网络中的流量,是控制访问的一种网络技术手段。

ACL 的定义也是基于每一种协议的。如果路由器端口配置成为支持三种协议(IP、AppleTalk 以及 IPX)的情况,那么,用户必须定义三种 ACL 分别控制这三种协议的数据包。

ACL 可以限制网络流量,提高网络性能。例如,ACL 可以根据数据包的协议,指定数据包的优先级。

ACL 提供对通信流量的控制手段。例如,ACL 可以限定或简化路由更新信息的长度,从而限制通过路由器某一网段的通信流量。

ACL 是提供网络安全访问的基本手段。例如,ACL 允许主机 A 访问人力资源网络,而拒绝主机 B 访问。

ACL 可以在路由器端口处决定哪种类型的通信流量被转发或被阻塞。例如,用户可以允许 E-mail 通信流量被路由,拒绝所有的 Telnet 通信流量。

例如,某部门要求只能使用 WWW 这个功能,就可以通过 ACL 实现;又如,为了某部门的保密性,不允许其访问外网,也不允许外网访问它,就可以通过 ACL 实现。

10.15.1　标准访问控制列表的配置

1. 实验背景

Cisco IOS 软件在许多功能上使用了 ACL。ACL 主要应用于如下情形。

(1) 实现对数据包的过滤,限制用户访问某些外部网段、端口、应用服务器,或者限制外部数据存取内部网络的某些网段、端口、应用服务器等。

(2) 在端口上控制报文传输。

(3) 控制 VTY(Virtual Teletype Terminal)的访问虚拟终端。

2. 实验目的

(1) 掌握访问列表实验安全性的配置。

(2) 理解标准访问控制列表的作用。

3．应用环境

（1）某些安全性要求比较高的主机或网络需要进行访问控制。

（2）很多网络应用都可以使用访问控制列表提供操作条件。

4．实验设备

（1）路由器两台。

（2）计算机两台。

（3）网线两条。

5．实验拓扑图

本实验拓扑结构如图 10.37 所示。

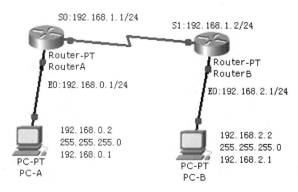

图 10.37　实验拓扑图

6．IP 地址与端口参数配置

按照如表 10.10 所示的参数，配置路由器与 PC 的 IP 地址与端口参数。

表 10.10　路由器端口和 PC-A、PC-B 的 IP 地址及子网掩码设置

RouterA	IP 地址及子网掩码	RouterB	IP 地址及子网掩码
S1：DCE	192.168.1.1/24	S0：DTE	192.168.1.2/24
F0	192.168.0.1/24	F0	192.168.2.1/24
PC-A		PC-B	
IP	192.168.0.2/24	IP	192.168.2.2/24
网关	192.168.0.1	网关	192.168.2.1

7．实验步骤

根据实验拓扑图 10.37，按照如下步骤进行实验配置。

步骤 1：配置路由器 A。

Router >

```
Router > en
Router # config t
Enter configuration commands, one per line.   End with CNTL/Z.
Router(config) # int s1
Router(config - if) # ip add 192.168.1.1 255.255.255.0
Router(config - if) # no shut
Router(config - if) #
3d08h: % LINK - 3 - UPDOWN: Interface Serial1, changed state to up
Router(config - if) #
3d08h: % LINEPROTO - 5 - UPDOWN: Line protocol on Interface Serial1, changed state to up
Router(config - if) # int e0
Router(config - if) # ip add 192.168.0.1 255.255.255.0
Router(config - if) # no
3d08h: % LINEPROTO - 5 - UPDOWN: Line protocol on Interface Serial1, changed state to down
 %  Incomplete command.
Router(config - if) # no shut
Router(config - if) # exit
Router(config) #
3d08h: % LINK - 3 - UPDOWN: Interface Ethernet0, changed state to up
3d08h: % LINEPROTO - 5 - UPDOWN: Line protocol on Interface Ethernet0, changed state to up
Router(config) # int s1
Router(config - if) # clock rate 64000       //S1 端口配置时钟率
Router(config - if) # no shut
Router(config - if) # exit
Router(config) #
3d08h: % LINK - 3 - UPDOWN: Interface Serial1, changed state to up
3d08h: % LINEPROTO - 5 - UPDOWN: Line protocol on Interface Serial1, changed state to up
```

步骤 2：配置路由器 B，代码如下。

```
Router>en
Router#config t
Enter configuration commands, one per line.  End with CNTL/Z.
Router(config)#int s0
Router(config-if)#ip add 192.168.1.2 255.255.255.0
Router(config-if)#no shutdown
Router(config-if)#                            ← down表示：需要在DCE
3d08h: %LINK-3-UPDOWN: Interface Serial0, changed state to down   端口配置时钟率
Router(config-if)#exit
Router(config)#int e0
Router(config-if)#ip add 192.168.2.1 255.255.255.0
Router(config-if)#no shut
Router(config-if)#exit
Router(config)#
3d08h: %LINK-3-UPDOWN: Interface Ethernet0, changed state to up
Router(config)#
Router(config-if)#exit
```

步骤 3：配置路由器 A 和 B 的静态路由。
（1）配置路由器 B 静态路由。

```
Router > enable
Router # config t
Enter configuration commands, one per line.   End with CNTL/Z.
Router(config) # ip router 192.168.0.0 255.255.255.0 192.168.1.1
                        ^
 %  Invalid input detected at '^' marker.
Router(config) # ip route 192.168.0.0 255.255.255.0 192.168.1.1
Router(config) # exit
```

```
Router#
3d08h: % SYS－5－CONFIG_I: Configured from console by console
Router#
```

（2）配置路由器 A 静态路由。

```
Router(config)#ip route 192.168.2.0 255.255.255.0 192.168.1.2
Router(config)#exit
Router#
```

步骤 4：测试 PC-A 与 PC-B 的连通性。

（1）从 PC-A 到 PC-B 的连通性，如图 10.38 所示。

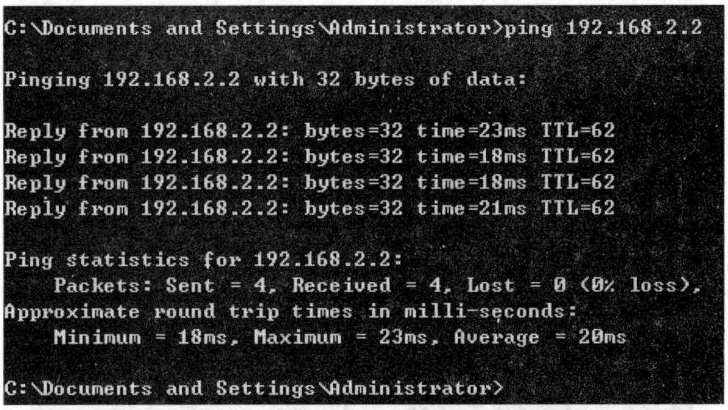

图 10.38　从 PC-A 到 PC-B 的连通性

（2）从 PC-B 到 PC-A 的连通性，如图 10.39 所示。

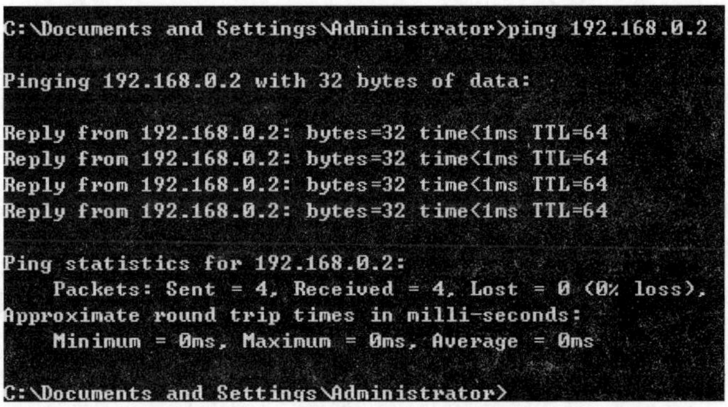

图 10.39　从 PC-B 到 PC-A 的连通性

步骤 5：配置访问控制列表禁止 PC-A 所在的网段对 PC-B 的访问。

为了尽量减小访问控制列表的影响范围，应该将它们放在地址较远的地方。因此，应该对路由器 B 的 E0 端口的外出方向配置标准访问控制列表，限制源地址为 192.168.0.1/24 的 IP 数据包通过。

```
Router>
Router> en
Router#config t
Enter configuration commands, one per line.　End with CNTL/Z.
```

```
Router(config)♯access - list 3 deny 192.168.0.0    0.0.0.255    //deny:如果条件匹配,拒绝
                                                                 //该数据报通过
Router(config)♯access - list 3 permit any        //permit:如果条件匹配,允许该数据报通过
Router(config)♯int e0
Router(config - if)♯ip access - group 3 out     //将访问控制列表应用到 E0 端口的外出方向
Router(config - if)♯
```

步骤 6:实验验证,代码如下。

```
Router>en
Router#show ip access-list
Standard IP access list 1
    deny   0.0.0.0, wildcard bits 255.255.255.0
    permit any
Standard IP access list 2
    deny   0.0.0.0, wildcard bits 255.255.255.0
    permit any
Standard IP access list 3
    deny   192.168.0.0, wildcard bits 0.0.0.255
    permit any
Router#
```

步骤 7:实验测试,如图 10.40 所示。

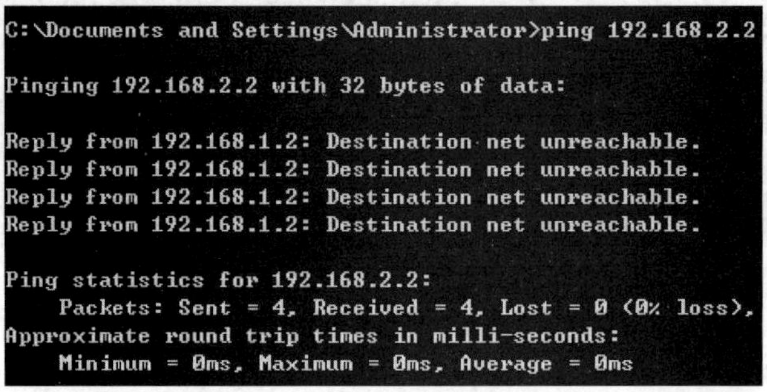

图 10.40　再次测试连通性

8. 实验总结

(1) 标准访问控制列表是基于源地址的。

(2) 每条访问控制列表都有隐含的拒绝。

(3) 标准访问控制列表一般绑定在目标最近的端口。

(4) 注意方向:以该端口为参数点,IN 为数据流进的方向,OUT 为数据流出的方向。

(5) 既然在 IP 访问控制列表配置模式中配置允许规则,那么如果要从 IP 访问控制列表中删除 Permit 规则,该如何配置呢? 即在命令前加 NO 前缀,代码如下。

```
Router#
Router#config t
Enter configuration commands, one per line.  End with CNTL/Z.
Router(config)#no access-list 1 deny 192.168.0.0 255.255.255.0
Router(config)#no access-list 2 deny 192.168.0.0 255.255.255.0
Router(config)#no access-list 3 deny 192.168.0.0 0.0.0.255
Router(config)#exit
Router#
3d09h: %SYS-5-CONFIG_I: Configured from console by console
Router#
```

查看访问控制列表,验证如下。

```
Router#
Router#show ip access-list

Router#
```

再次测试连通性,如图 10.41 所示。

```
C:\Documents and Settings\Administrator>ping 192.168.2.2

Pinging 192.168.2.2 with 32 bytes of data:

Reply from 192.168.2.2: bytes=32 time=26ms TTL=62
Reply from 192.168.2.2: bytes=32 time=18ms TTL=62
Reply from 192.168.2.2: bytes=32 time=18ms TTL=62
Reply from 192.168.2.2: bytes=32 time=18ms TTL=62

Ping statistics for 192.168.2.2:
    Packets: Sent = 4, Received = 4, Lost = 0 (0% loss),
Approximate round trip times in milli-seconds:
    Minimum = 18ms, Maximum = 26ms, Average = 20ms
```

图 10.41　测试连通性

9. 实验思考题

(1) 为什么访问控制列表最后加一条允许呢?

(2) 除了绑定在 F0/0 以外,在现在的环境中还能绑定在哪些端口上? 什么方向?

(3) 如果实验目标位禁止对 PC-A 的访问,那又该如何配置呢?

10.15.2　扩展访问控制列表的配置

1. 实验目的

(1) 掌握扩展访问列表的配置。

(2) 理解扩展访问列表丰富的过滤条件。

2. 实验应用环境

(1) 可以针对目标 IP 地址进行控制。

(2) 针对某些服务进行控制。

(3) 可以针对某些协议进行控制。

3. 实验设备

(1) 路由器两台。

(2) 计算机两台。

(3) 网线两条。

4. 实验拓扑图

本实验拓扑图如图 10.42 所示。

5. 实验配置要求

(1) 按照如表 10.11 所示的参数,配置路由器端口和 PC-A,PC-B 的 IP 地址等参数。

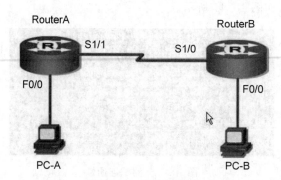

图 10.42　实验拓扑图

表 10.11　路由器端口和 PC-A,PC-B 的 IP 地址及子网掩码设置

RouterA	IP 地址及子网掩码	RouterB	IP 地址及子网掩码
S1：DCE	192.168.1.1/24	S0：DTE	192.168.1.2/24
F0	192.168.0.1/24	F0	192.168.2.1/24
PC-A		PC-B	
IP	192.168.0.2/24	IP	192.168.2.2/24
网关	192.168.0.1	网关	192.168.2.1

(2) 实验目标。

在实验拓扑图 10.42 中,禁止 192.168.0.0/24 Telnet 到 PC-B,但是能够相互 Ping 通。

6. 实验步骤

步骤 1:配置路由器 A。

```
Router >
Router > en
Router # config t
Enter configuration commands, one per line.   End with CNTL/Z.
Router(config) # int s1
Router(config - if) # ip add 192.168.1.1 255.255.255.0
Router(config - if) # no shut
Router(config - if) #
3d08h: % LINK - 3 - UPDOWN: Interface Serial1, changed state to up
Router(config - if) #
3d08h: % LINEPROTO - 5 - UPDOWN: Line protocol on Interface Serial1, changed state to up
Router(config - if) # int e0
Router(config - if) # ip add 192.168.0.1 255.255.255.0
Router(config - if) # no
3d08h: % LINEPROTO - 5 - UPDOWN: Line protocol on Interface Serial1, changed state to down
 % Incomplete command.
Router(config - if) # no shut
Router(config - if) # exit
Router(config) #
3d08h: % LINK - 3 - UPDOWN: Interface Ethernet0, changed state to up
3d08h: % LINEPROTO - 5 - UPDOWN: Line protocol on Interface Ethernet0, changed state to up
Router(config) # int s1
```

```
Router(config-if)♯clock rate 64000                //配置时钟率
Router(config-if)♯no shut
Router(config-if)♯exit
Router(config)♯
3d08h: % LINK-3-UPDOWN: Interface Serial1, changed state to up
3d08h: % LINEPROTO-5-UPDOWN: Line protocol on Interface Serial1, changed state to up
```

步骤 2：配置路由器 B，代码如下。

```
Router>en
Router#config t
Enter configuration commands, one per line.  End with CNTL/Z.
Router(config)#int s0
Router(config-if)#ip add 192.168.1.2 255.255.255.0
Router(config-if)#no shutdown
Router(config-if)#
3d08h: %LINK-3-UPDOWN: Interface Serial0, changed state to down
Router(config-if)#exit
Router(config)#int e0
Router(config-if)#ip add 192.168.2.1 255.255.255.0
Router(config-if)#no shut
Router(config-if)#exit
Router(config)#
3d08h: %LINK-3-UPDOWN: Interface Ethernet0, changed state to up
Router(config)#
Router(config-if)#exit
```

down:表示需要在DCE
端口配置时钟率

步骤 3：配置路由器 A 和 B 的静态路由。

（1）配置路由器 A 静态路由。

```
Router > EN
Router♯config t
Enter configuration commands, one per line.  End with CNTL/Z.
Router(config)♯ip route 192.168.0.0 255.255.255.0 192.168.1.1
Router(config)♯exit
Router♯
3d08h: % SYS-5-CONFIG_I: Configured from console by console
Router♯
```

（2）配置路由器 B 静态路由。

```
Router(config)♯ip route 192.168.2.0 255.255.255.0 192.168.1.2
Router(config)♯exit
Router♯
```

步骤 4：测试 PC-A 与 PC-B 的连通性。

（1）从 PC-A 到 PC-B 的连通性，如图 10.43 所示。

```
C:\Documents and Settings\Administrator>ping 192.168.2.2

Pinging 192.168.2.2 with 32 bytes of data:

Reply from 192.168.2.2: bytes=32 time=23ms TTL=62
Reply from 192.168.2.2: bytes=32 time=18ms TTL=62
Reply from 192.168.2.2: bytes=32 time=18ms TTL=62
Reply from 192.168.2.2: bytes=32 time=21ms TTL=62

Ping statistics for 192.168.2.2:
    Packets: Sent = 4, Received = 4, Lost = 0 (0% loss),
Approximate round trip times in milli-seconds:
    Minimum = 18ms, Maximum = 23ms, Average = 20ms

C:\Documents and Settings\Administrator>
```

图 10.43　测试 PC-A 到 PC-B 的连通性

（2）从 PC-B 到 PC-A 的连通性，如图 10.44 所示。

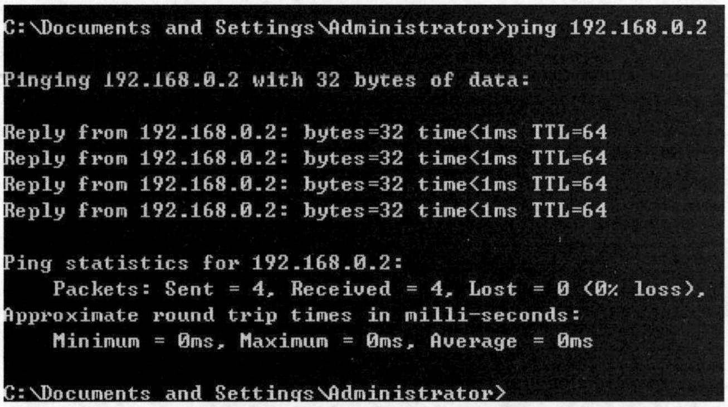

```
C:\Documents and Settings\Administrator>ping 192.168.0.2

Pinging 192.168.0.2 with 32 bytes of data:

Reply from 192.168.0.2: bytes=32 time<1ms TTL=64
Reply from 192.168.0.2: bytes=32 time<1ms TTL=64
Reply from 192.168.0.2: bytes=32 time<1ms TTL=64
Reply from 192.168.0.2: bytes=32 time<1ms TTL=64

Ping statistics for 192.168.0.2:
    Packets: Sent = 4, Received = 4, Lost = 0 (0% loss),
Approximate round trip times in milli-seconds:
    Minimum = 0ms, Maximum = 0ms, Average = 0ms

C:\Documents and Settings\Administrator>
```

图 10.44　测试 PC-B 到 PC-A 的连通性

（3）测试 192.1610.0.0/24 能否 Telnet 到 PC-B，如图 10.45 所示。

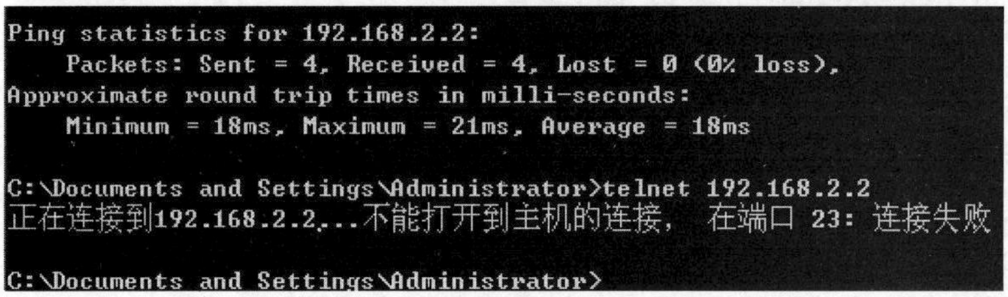

```
Ping statistics for 192.168.2.2:
    Packets: Sent = 4, Received = 4, Lost = 0 (0% loss),
Approximate round trip times in milli-seconds:
    Minimum = 18ms, Maximum = 21ms, Average = 18ms

C:\Documents and Settings\Administrator>telnet 192.168.2.2
正在连接到192.168.2.2...不能打开到主机的连接，  在端口 23: 连接失败

C:\Documents and Settings\Administrator>
```

图 10.45　Telnet 到 PC-B

解决"连接失败"的方法：依次进入"控制面板"→"管理工具"→"服务"项，查看本地服务中的 Telnet 一项，双击打开属性，选择"启动"即可，如图 10.46 所示。

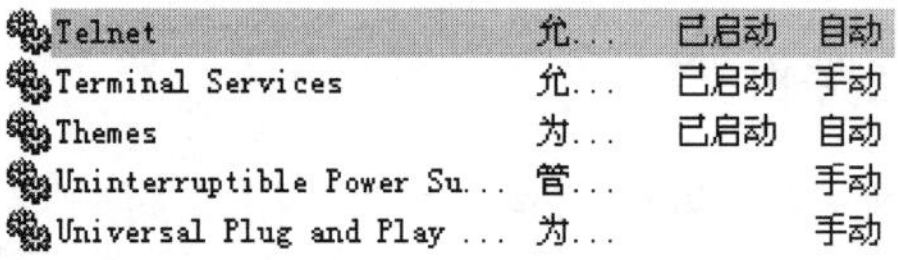

Telnet	允...	已启动	自动
Terminal Services	允...	已启动	手动
Themes	为...	已启动	自动
Uninterruptible Power Su...	管...		手动
Universal Plug and Play ...	为...		手动

图 10.46　启动 Telnet 服务

（4）再次测试 192.168.0.0/24 能否 Telnet 到 PC-B，如图 10.47 和图 10.48 所示。

```
欢迎使用 Microsoft Telnet Client

Escape 字符是 'CTRL+]'

您将要把您的密码信息送到 Internet 区内的一台远程计算机上。这可能不安全。您还要送吗<y/n>:
```

图 10.47　输入 Telnet 192.168.2.2

步骤 5：在路由器 A 上配置访问控制列表。

```
Router>
Router>en
Router#config t
```

```
Telnet 192.168.0.2
*===============================================================
Welcome to Microsoft Telnet Server.
*===============================================================
C:\Documents and Settings\Administrator>
C:\Documents and Settings\Administrator>
```

图 10.48　测试成功

```
Enter configuration commands, one per line.   End with CNTL/Z.
Router(config)# ip access-list extended 100
Router(config-ext-nacl)# $ 0.0.0.255 192.168.2.2 255.255.255.255 eq 23
Router(config-ext-nacl)#permit icmp any any
Router(config-ext-nacl)#exit
Router(config)# ip access-group 100 in
                                      ^
% Invalid input detected at '^' marker.          //没有进入端口配置模式
Router(config)# ip access-?
access-list
Router(config)# int e0                           //进入路由器 A 的 E0 端口配置模式
Router(config-if)# ip access-group 100 in
Router(config-if)# exit
Router(config)# exit
Router#
3d10h: %SYS-5-CONFIG_I: Configured from console by console
```

步骤 6：实验验证，查看访问控制列表如下。

```
Router#
3d10h: %SYS-5-CONFIG_I: Configured from console by console
Router#show ip access-list
Extended IP access list 100
    permit icmp any any (505 matches)
    deny tcp 192.168.0.0 0.0.0.255 any eq telnet
Router#
```

步骤 7：实验测试，如图 10.49 和图 10.50 所示。

```
C:\Documents and Settings\Administrator>ping 192.168.2.2

Pinging 192.168.2.2 with 32 bytes of data:

Reply from 192.168.2.2: bytes=32 time=21ms TTL=62
Reply from 192.168.2.2: bytes=32 time=18ms TTL=62
Reply from 192.168.2.2: bytes=32 time=18ms TTL=62
Reply from 192.168.2.2: bytes=32 time=18ms TTL=62
```

图 10.49　测试连通性

```
Ping statistics for 192.168.2.2:
    Packets: Sent = 4, Received = 4, Lost = 0 (0% loss),
Approximate round trip times in milli-seconds:
    Minimum = 18ms, Maximum = 21ms, Average = 18ms

C:\Documents and Settings\Administrator>telnet 192.168.2.2
正在连接到192.168.2.2...不能打开到主机的连接， 在端口 23: 连接失败

C:\Documents and Settings\Administrator>
```

图 10.50　测试 Telnet

7. 实验总结

（1）扩展访问列表通常放在离源比较近的地方。

（2）扩展访问列表可以基于源、目标 IP、协议、端口号等条件过滤。

（3）比较长的命令，可以通过"?"的方式查看提示。

（4）注意隐含的 DENY 属性。

8. 实验思考题

（1）为什么扩展访问列表通常放在离源比较近的端口？

（2）访问列表中主机还有什么表示方式？

（3）为什么访问列表中至少还有一条允许？

（4）如果禁止访问 PC-A 的 HTTP 服务，那又该如何配置呢？

10.15.3 基于时间的访问控制列表配置

1. 实验背景

上面介绍了标准访问控制列表（ACL）与扩展 ACL，掌握了这两种访问控制列表就可以应付大部分过滤网络数据包的要求了。不过在实际工作和项目中，总会碰到这样或者那样的要求，这就需要掌握一些关于 ACL 的高级技巧，如基于时间的访问控制列表。

2. 基于时间的访问控制列表用途

公司或者单位可能会遇到这样的情况，要求上班时间不能上 QQ 但下班可以上，或者平时不能访问某网站只有到了周末才可以。对于这种情况，仅通过发布通知规定是不能彻底杜绝员工非法使用的问题的，这时基于时间的访问控制列表应运而生。

3. 基于时间的访问控制列表的格式

基于时间的访问控制列表由两部分组成，第一部分是定义时间段，第二部分是用扩展访问控制列表定义规则。下面主要介绍定义时间段，具体格式如下。

```
time - range    时间段名称
absolute start [小时：分钟] [日 月 年] [end] [小时：分钟] [日 月 年]
```

例如：

```
time - range softer
absolute start 0:00 1 may 2011 end 12:00 1 june 2002
```

定义一个时间段，名称为 softer，并且设置了这个时间段的起始时间为 2011 年 5 月 1 日零点，结束时间为 2012 年 6 月 1 日 12：00。通过这个时间段和扩展 ACL 的规则结合，就可以指定针对自己公司时间段开放的基于时间的访问控制列表了。当然也可以定义工作日和周末，具体要使用 periodic 命令。下面的配置实例中将详细介绍。

要想使基于时间的 ACL 生效,需要配置两方面的命令:①定义时间段及时间范围;②ACL 自身的配置,即将详细的规则添加到 ACL 中;③宣告 ACL,将设置好的 ACL 添加到相应的端口中。

4. 实验拓扑图

本实验拓扑图如图 10.51 所示。

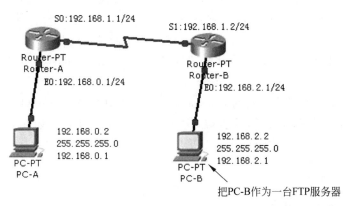

图 10.51　实验拓扑图

5. 实验说明

采用如图 10.51 所示的网络结构。两个路由器连接了两个网段,分别为 192.168.0.0/24,192.168.2.0/24。在 192.168.2.0/24 网段中有一台服务器(PC-B)提供 FTP 服务,IP 地址为 192.168.2.2。

配置任务:只允许 192.168.0.0 网段的用户在周末访问 192.168.2.2 上的 FTP 资源,工作时间不能下载该 FTP 资源。

6. 实验步骤

步骤 1~4:与 10.15.2 节相同,此处省略。

步骤 5:路由器 A 的 E0 端口配置基于时间的访问控制列表。

```
time - rangeweilei                    //定义时间段名称为 weilei
periodic weekend 00:00 to 23:59   //定义具体时间范围,为每周周末(六,日)的 0:00 到 23:59
                                  //当然可以使用 periodic weekdays 定义工作日或跟星期几定义具体周几
access - list 101 deny tcp any 192.168.2.2 0.0.0.0 eq ftp time - range weilei   //设置 ACL,禁止
//在时间段 weilei 范围内访问 172.16.4.13 的 FTP 服务
access - list 101 permit ip any any      //设置 ACL,允许其他时间段和其他条件下的正常访问
int E1                                   //进入 E1 端口
ip access - group 101 out                //宣告 ACL101
```

步骤 6:实验测试

基于时间的 ACL 比较适合于时间段的管理,通过上面的设置,IP 地址为 192.168.0.0 的用户就只能在周末访问服务器提供的 FTP 资源了,平时无法访问。

10.16 路由器一拖八 Console 线控制设备实验

1. 实验背景

路由器是常用网络设备,访问路由器可以用终端控制台、TTY 线和 VTY 线路,基于 SNMP 网管和 RMON 等方式实现路由器的控制。例如,可以用一台思科 2611 配置为终端服务器,然后用一拖八的 Console 端口电缆将其他路由器设互连起来。

一拖八 Console 端口电缆是一根 8 芯屏蔽电缆,一端是 RJ-45 连接器,插入设备的 Console 端口;另一端则带有一个 DB9(母)连接器,有 8 个异步端口就相当于 8 个 9 针的串口,可以接 Modem 或者接路由器的 Console 端口(与计算机的 9 针串口接 Console 的原理一样)。插入配置终端的串口后,异步端口在路由器中作为 TTY 线路进行配置。一拖八 Console 端口电缆如图 10.52 所示。

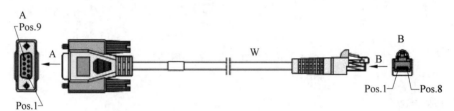

图 10.52　一拖八 Console 端口电缆示意图

2. 实验拓扑图和实物连线图

实验拓扑图和实物连线图分别如图 10.53 和图 10.54 所示。

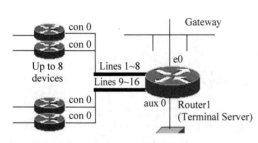

图 10.53　实验拓扑图

图 10.54　实验实物图

3. 实验步骤

步骤 1：配置思科 2511 终端服务器。

```
Router >
Router > en
Router # config t
Enter configuration commands, one per line.   End with CNTL/Z.
```

```
Router(config)♯line tty 1 8                        /＊进入对 TTY 的配置＊/
Router(config-line)♯transport input all           /＊运行该线路接收各种协议＊/
Router(config-line)♯hostname Server
Server(config)♯no ip domain-lookup
Server(config)♯ip host R1 2001 1.1.1.1
Server(config)♯ip host R2 2002 1.1.1.1
Server(config)♯ip host R3 2013 1.1.1.1
Server(config)♯ip host R4 2004 1.1.1.1
Server(config)♯ip host R5 2005 1.1.1.1
Server(config)♯ip host R6 2006 1.1.1.1
Server(config)♯ip host R7 2007 1.1.1.1
Server(config)♯ip host R8 2008 1.1.1.1
Server(config)♯int loopback 0
Server(config-if)♯ip add 1.1.1.1 255.255.255.0     /＊设置反向 Telnet 的环回口＊/
Server(config-if)♯exit
Server(config)♯exit
Server♯
00:06:43: % SYS-5-CONFIG_I: Configured from console by console
```

步骤 2：查看配置是否可用，使用 show line 命令。

在此模式下，还可以查看有哪些具体的登录用户，即 show user。也可将某个具体的登录用户剔除，即 clear line。

```
Server#show line
Tty Typ    Tx/Rx      A Modem  Roty AccO AccI    Uses    Noise   Overruns   Int
*   0 CTY                -    -    -    -    -      0      0        0/0        -
    1 TTY  9600/9600     -    -    -    -    -      0      0        0/0        -
    2 TTY  9600/9600     -    -    -    -    -      0      0        0/0        -
    3 TTY  9600/9600     -    -    -    -    -      0      1        0/0        -
    4 TTY  9600/9600     -    -    -    -    -      0      0        0/0        -
    5 TTY  9600/9600     -    -    -    -    -      0      0        0/0        -
    6 TTY  9600/9600     -    -    -    -    -      0      0        0/0        -
    7 TTY  9600/9600     -    -    -    -    -      0      1        0/0        -
    8 TTY  9600/9600     -    -    -    -    -      0      1        0/0        -
    9 TTY  9600/9600     -    -    -    -    -      0      0        0/0        -
   10 TTY  9600/9600     -    -    -    -    -      0      0        0/0        -
   11 TTY  9600/9600     -    -    -    -    -      0      0        0/0        -
   12 TTY  9600/9600     -    -    -    -    -      0      0        0/0        -
   13 TTY  9600/9600     -    -    -    -    -      0      0        0/0        -
   14 TTY  9600/9600     -    -    -    -    -      0      0        0/0        -
   15 TTY  9600/9600     -    -    -    -    -      0      0        0/0        -
   16 TTY  9600/9600     -    -    -    -    -      0      0        0/0        -
   17 AUX  9600/9600     -    -    -    -    -      0      0        0/0        -
   18 VTY                -    -    -    -    -      0      0        0/0        -
   19 VTY                -    -    -    -    -      0      0        0/0        -
   20 VTY                -    -    -    -    -      0      0        0/0        -
   21 VTY                -    -    -    -    -      0      0        0/0        -
   22 VTY                -    -    -    -    -      0      0        0/0        -
```

4．实验验证

（1）测试通过 Server 服务器端是否进入 Router1，代码如下。

```
Server#telnet 1.1.1.1 2001
Trying 1.1.1.1, 2001 ... Open

Router1>en
```

（2）测试是否能在 Router1 上进行配置，代码如下。

```
Router1>en
Router1#config t
Enter configuration commands, one per line.  End with CNTL/Z.
Router1(config)#int e0
```

```
Router1(config-if)#ip add 192.168.1.2 255.255.255.0
Router1(config-if)#no shutdown
Router1(config-if)#exit
Router1(config)#int s
1d23h: %LINK-3-UPDOWN: Interface Ethernet0, changed state to up
% Incomplete command.

Router1(config)#int s1
Router1(config-if)#ip add 192.168.2.1 255.255.255.0
Router1(config-if)#no shutdown
Router1(config-if)#exit
Router1(config)#e
1d23h: %LINK-3-UPDOWN: Interface Serial1, changed state to down
% Ambiguous command:  "e"
Router1(config)#exit
Router1#
```

进入 Router1 查看配置信息,代码如下。

```
Router1#show running
Building configuration...

Current configuration:
!
version 12.0
service timestamps debug uptime
service timestamps log uptime
no service password-encryption
!
hostname Router1
!
!
!
!
!
ip subnet-zero
!
isdn voice-call-failure 0
!
!
!
interface Ethernet0
 ip address 192.168.1.2 255.255.255.0
 no ip directed-broadcast
!
interface Serial0
 no ip address
 no ip directed-broadcast
 shutdown
!
interface Serial1
 ip address 192.168.2.1 255.255.255.0
 no ip directed-broadcast
!
```

(3) 测试是否能从 Router1 退回到 2511 终端服务器,先按 Ctrl+Shift+6 组合键后松开,之后按 X 键即可退出对设备的控制,代码如下。

```
Router1#
1d23h: %SYS-5-CONFIG_I: Configured from console by console
Router1#
```

(4) 测试进入其他 7 个路由器。

```
Router1#
1d23h: % SYS-5-CONFIG_I: Configured from console by console
Router1#
Server# telnet 1.1.1.1 2002
Trying 1.1.1.1, 2002 ... Open
Router > en
Router# config t
Enter configuration commands, one per line.   End with CNTL/Z.
Router(config)#
Router(config)# exit
Router#
```

```
1d23h: % SYS - 5 - CONFIG_I: Configured from console by console
Router#
Server#telnet 1.1.1.1 2013
Trying 1.1.1.1,2013 ... Open
Route>en
Route#config t
Enter configuration commands, one per line.    End with CNTL/Z.
Route(config)#
Route(config)#exit
Route#
14:44:45: % SYS - 5 - CONFIG_I: Configured from console by console
Route#
Server#telnet 1.1.1.1 2004
Trying 1.1.1.1, 2004 ... Open
Router>en
Router#exit
```

第五部分

网络设备综合配置与管理

第 11 章
CHAPTER 11

计算机网络综合性配置实验

11.1 交换机、路由器综合实验(一)

1. 实验目的

(1) 掌握如何创建 VLAN。
(2) 掌握给新创建的 VLAN 分配端口。
(3) 巩固路由器和交换机的端口配置。
(4) 掌握路由器之间的路由配置。

2. 实验拓扑图

交换机、路由器综合实验(一)的实验拓扑图如图 11.1 所示。

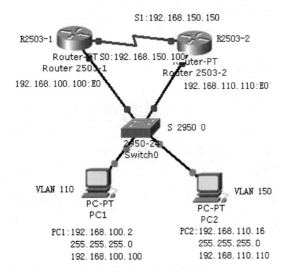

图 11.1 综合实验拓扑图

3. 实验器材

(1) Cisco Catalyst 2503 路由器两台。
(2) Cisco Catalyst 2950 交换机一台。

（3）直通线四条，Console 电缆一条。

（4）安装 Windows XP 操作系统计算机两台，其中一台安装超级终端软件。

4. 实验步骤

步骤 1：按实验拓扑图连接网络。

（1）Windows PC1 的 Ethernet0 端口与 S2950 的 FastEthernet0/1 连接。

（2）Windows PC2 的 Ethernet0 端口与 S2950 的 FastEthernet0/9 连接。

（3）S2950 0 的 FastEthernet0/2 与 R2503-1 的 Ethernet0 连接。

（4）S2950 0 的 FastEthernet0/16 与 R2503-2 Ethernet0 连接。

（5）R2503-1 的 Serial0 与 R2503-2 的 Serial1 连接。

步骤 2：配置路由器 R2503-1。

```
Router > en
Router > config t
Router(config)♯hostname R1                              !给路由器命名为 R1
R1(config)♯interface S0                                 !进入路由器 R1 的 S0 端口
R1(config-if)♯ip add 192.168.150.100 255.255.255.0      !给 S0 端口配置 IP 地址和子网掩码
R1(config-if)♯exit                                      !推出特权模式
R1(config)♯interface E0                                 !进入路由器 R1 的 E0 端口
R1(config-if)♯ip add 192.168.100.100 255.255.255.0      !给路由器 R1 的 E0 端口配置 IP 地址
                                                        !和子网掩码
R1(config-if)♯exit
R1(config)exit
R1♯show running-config                                  !查看路由器的运行配置
```

步骤 3：配置路由器 R2503-2。

```
Router > en
Router > config t
Router(config)♯hostname R2
R2(config)♯interface S0
R2(config-if)♯ip add 192.168.150.150 255.255.255.0
R2(config-if)♯exit
R2(config)♯interface E0
R2(config-if)♯ip add 192.168.110.110 255.255.255.0
R2(config-if)♯exit
R2(config)exit
R2♯show running-config                                  !查看路由器的运行配置
```

步骤 4：配置交换机 S2950。

```
switch > en
switch♯vlan database                                    !进入交换机的 VLAN 配置模式
switch(vlan)♯vlan 110 name vlan110                       !定义一个 VLAN 110
switch(vlan)♯vlan 150 name vlan150                       !定义一个 VLAN 150
switch(vlan)♯exit
switch♯config t
switch(config)♯interface F0/1
switch(config-if)♯switchport access vlan 110            !将端口 F0/1 划分给 VLAN 110
```

```
switch(config)♯interface F0/2
switch(config-if)♯switchport access vlan 110
switch(config)♯interface F0/9
switch(config-if)♯switchport access vlan 150
switch(config)♯interface F0/16
switch(config-if)♯switchport access vlan 150
switch♯show running-config                            !查看路由器的运行配置
```

5. 实验调试

步骤 1：配置各 PC 的 IP 地址、子网掩码和默认网关，如表 11.1 所示。

表 11.1　各 PC 的 IP 配置

主机 配置	PC1	PC2
IP 地址	192.168.100.2	192.168.110.16
子网掩码	255.255.255.0	255.255.255.0
默认网关	192.168.100.100	192.168.110.110

步骤 2：实验验证调试。

(1) 测试 Windows PC1 能否 Ping 到 192.168.100.100。

(2) 测试 Windows PC2 能否 Ping 到 192.168.110.110。

(3) 因为 Windows PC1 与 Windows PC2 是在不同的 VLAN 中，要想使得 Windows PC1 与 Windows PC2 能连通，必须在 R2503-1、R2503-2 路由器中配置好路由协议。

(4) 配置路由器 R1,R2 的路由命令如下。

```
R2 router(config)♯ip route 192.168.100.0 255.255.255.0 192.168.150.100
R1 router(config)♯ip route 192.168.110.0 255.255.255.0 192.168.150.150
```

6. 实验总结

(1) PC1,PC2 两台主机的默认网关必须配置成如表 11.1 所示。

(2) 路由器的路由配置完成后，可以使用查看路由命令，如：

```
show ip route
```

(4) 该实验对路由器 R1,R2 配置的路由是静态路由。

11.2　交换机、路由器综合实验(二)

1. 实验目的

(1) 掌握交换机和路由器的命名。

(2) 掌握交换机 VLAN 的划分。

(3) 巩固路由器端口、时钟和路由的配置。

（4）掌握交换机的中继模式配置。

2. 实验拓扑环境

（1）Cisco Catalyst 2503 路由器两台。

（2）Cisco Catalyst 2950 交换机一台。

（3）安装 Windows 操作系统的计算机三台,其中一台安装超级终端软件。

3. 实验拓扑图

交换机、路由器综合实验(二)的实验拓扑图如图 11.2 所示。

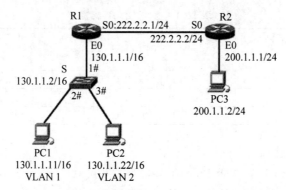

图 11.2　交换机、路由器综合实验(二)的实验拓扑图

4. 实验步骤

步骤 1：配置路由器 R1。

（1）按如图 11.2 所示连接网络。

（2）配置路由器的名字为 R1。

```
Router > en
Router♯config t
Enter configuration commands, one per line.  End with CNTL/Z.
Router(config)♯hostname R1
R1(config)♯
```

（3）配置特权密码为 weilei。

```
R1(config)♯enable ?                    !查看帮助命令
last-resort   Define enable action if no TACACS servers respond
password      Assign the privileged level password
secret        Assign the privileged level secret
use-tacacs    Use TACACS to check enable passwords
R1(config)♯enable password weilei
R1(config)♯
```

（4）路由器 R1 的 E0 端口 IP 地址配置为 130.1.1.1/16。

```
R1(config)♯int e0
```

```
R1(config - if) # ip add 130.1.1.1 255.255.0.0
R1(config - if) # no shutdown
R1(config - if) #
00:15:12: % LINK - 3 - UPDOWN: Interface Ethernet0, changed state to up
R1(config - if) #
```

（5）路由器 R1 的 S0 端口 IP 地址配置为 222.2.2.1/24。

```
R1(config - if) # int s0
R1(config - if) # ip add 222.2.2.1 255.255.255.0
R1(config - if) # no shutdown      !开启该端口
R1(config - if) #
00:17:27: % LINK - 3 - UPDOWN: Interface Serial0, changed state to up
00:17:28: % LINEPROTO - 5 - UPDOWN: Line protocol on Interface Serial0, changed state to up
                        !表示 S0 端口已经开启
R1(config - if) #
00:17:52: % LINEPROTO - 5 - UPDOWN: Line protocol on Interface Serial0, changed state to down
                  !路由器 R1 的 S0 端口关闭原因是没有在 DCE 端口配置时钟率
```

步骤 2：配置向 R2 方向的默认路由，代码如下。

```
R1(config - if) # exit
R1(config - if) # ip route 200.1.1.0 255.255.255.0 222.2.2.2
R1(config - if) #
```

步骤 3：路由器 R2 的基本配置。
（1）路由器的名字改为 R2。

```
Router > en
Router # config t
Enter configuration commands, one per line.   End with CNTL/Z.
Router(config) # hostname R2
```

（2）特权口令为 weilei。

```
R2(config) # enable secret weilei
```

（3）E0 端口的 IP 地址：200.1.1.1/24。

```
R2(config) # int e0
R2(config - if) # ip add 200.1.1.1 255.255.255.0
R2(config - if) # no shutdown
R2(config - if) # eix
00:32:41: % LINK - 3 - UPDOWN: Interface Ethernet0, changed state to up
R2(config - if) # exit
```

（4）S0 端口的 IP 地址：222.2.2.2/24。

```
R2(config) # int s1
R2(config - if) # ip add 222.2.2.2 255.255.255.0
R2(config - if) # clock rate 64000
R2(config - if) # no shutdown
R2(config - if) #
```

```
00:37:28: % LINK - 3 - UPDOWN: Interface Serial1, changed state to up
00:37:29: % LINEPROTO - 5 - UPDOWN: Line protocol on Interface Serial1, changed state to up
R2(config - if)♯exit
R2(config)♯
```

(5) 配置路由器 R2 到其他网络的静态路由,代码如下。

```
R2(config - if)♯exit
R2(config - if)♯ip route 130.1.1.0 255.255.0.0 222.2.2.2
R2(config - if)♯
```

步骤 4：配置交换机 S。

(1) 交换机的名字改为 S。

```
Switch♯config t
Enter configuration commands, one per line.   End with CNTL/Z.
s(config)♯hostname S               !配置的交换机名为 S
```

(2) 创建 VLAN 2,并将 3♯端口划分给 VLAN 2。

```
S♯VLAN database
% Warning: It is recommended to configure VLAN from config mode
  as VLAN database mode is being deprecated. Please consult user
  documentation for configuring VTP/VLAN in config mode
S(vlan)♯VLAN 2                 !创建 VLAN 2
VLAN 2 added:
Name: VLAN 0002
S(vlan)♯exit
APPLY completed.
Exiting...
S♯config
Configuring from terminal, memory, or network [terminal]?
Enter configuration commands, one per line.   End with CNTL/Z.
S(config - if)♯int F0/1
S(config - if)♯switchport mode trunk               !设置端口为中继模式
% LINEPROTO - 5 - UPDOWN: Line protocol on Interface FastEthernet0/1, changed state to down
% LINEPROTO - 5 - UPDOWN: Line protocol on Interface FastEthernet0/1, changed state to up
S(config - if)♯switchport trunk allowed vlan1      !允许 VLAN1 从 F0/1 端口交换数据
S(config - if)♯switchport trunk encape dot1q       !设置 Trunk 采用 802.1q 格式封装
S(config - if)♯int F0/3
S(config - if)♯switchport access VLAN 2            !F0/3 端口分配给 VLAN2
S(config - if)♯end
% SYS - 5 - CONFIG_I: Configured from console by console
```

(3) 查看交换机配置信息。

```
S♯show running                          !查看交换机配置信息命令
Building configuration...
Current configuration : 1199 bytes
version 12.1
no service pad
service timestamps debug uptime
```

```
service timestamps log uptime
no service password - encryption
hostname S                                          !配置的交换机名为 S
!
ip subnet - zero
spanning - tree mode pvst
no spanning - tree optimize bpdu transmission
spanning - tree extend system - id
interface FastEthernet0/1
switchport trunk allowed vlan1                      !允许 VLAN1 从 F0/1 端口交换数据
switchport mode trunk                               !设置 F0/1 端口为中继模式
interface FastEthernet0/2
interface FastEthernet0/3
switchport access VLAN 2                            !把 F0/3 端口分配给 VLAN 2
interface FastEthernet0/4
interface FastEthernet0/5
interface FastEthernet0/6
interface FastEthernet0/7
…
interface Vlan1
 no ip address
 no ip route - cache
 shutdown
!
ip http server
!
line con 0
line vty 0 4
 login
line vty 5 15
 login
!
End
```

5. 配置各 PC

各 PC 的 IP 地址、子网掩码和默认网关,如表 11.2 所示。

表 11.2　各 PC 的 IP 地址配置

主机 配置	PC1	PC2	PC3
IP 地址	130.1.1.11	130.1.1.22	200.1.1.2
子网掩码	255.255.0.0	255.255.0.0	255.255.255.0
默认网关	130.1.1.1	130.1.1.1	200.1.1.1

6. 实验测试

(1) 用 Ping 命令测试计算机之间的连通情况,结果应该为 PC1 与 PC2 不通,如图 11.3

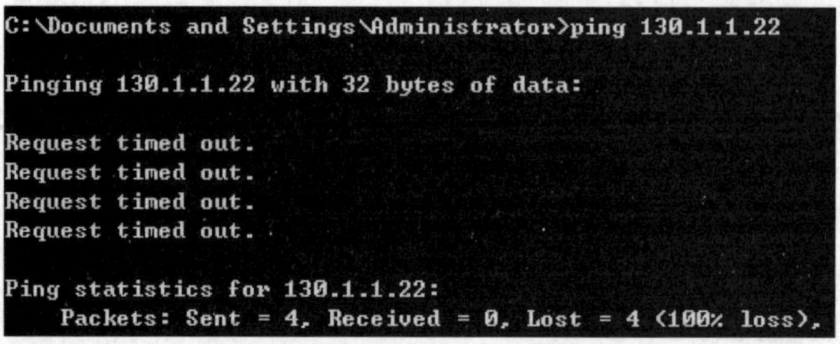

```
C:\Documents and Settings\Administrator>ping 130.1.1.22

Pinging 130.1.1.22 with 32 bytes of data:

Request timed out.
Request timed out.
Request timed out.
Request timed out.

Ping statistics for 130.1.1.22:
    Packets: Sent = 4, Received = 0, Lost = 4 (100% loss),
```

图 11.3 测试 PC1 与 PC2 的连通性

所示。原因是：PC1 与 PC2 经过配置已经属于不同 VLAN 中的计算机。

(2) PC1 与 PC3 可连通，如图 11.4 所示。

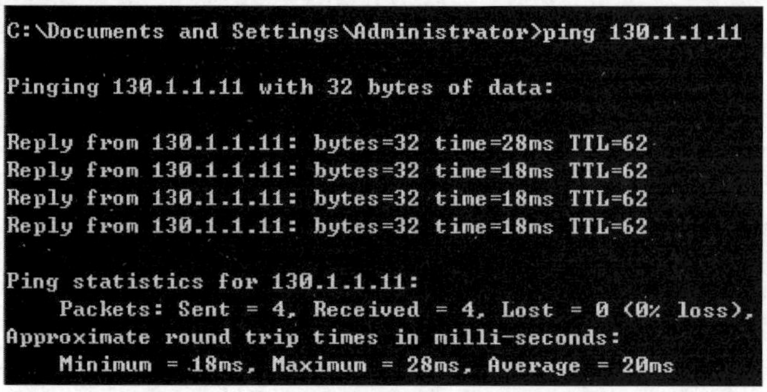

```
C:\Documents and Settings\Administrator>ping 130.1.1.11

Pinging 130.1.1.11 with 32 bytes of data:

Reply from 130.1.1.11: bytes=32 time=28ms TTL=62
Reply from 130.1.1.11: bytes=32 time=18ms TTL=62
Reply from 130.1.1.11: bytes=32 time=18ms TTL=62
Reply from 130.1.1.11: bytes=32 time=18ms TTL=62

Ping statistics for 130.1.1.11:
    Packets: Sent = 4, Received = 4, Lost = 0 (0% loss),
Approximate round trip times in milli-seconds:
    Minimum = 18ms, Maximum = 28ms, Average = 20ms
```

图 11.4 测试 PC1 与 PC3 的连通性

(3) PC2 与 PC3 不通，其原因是：交换机的 1♯号端口只转发属于 VLAN 1 计算机的数据报，如图 11.5 所示。

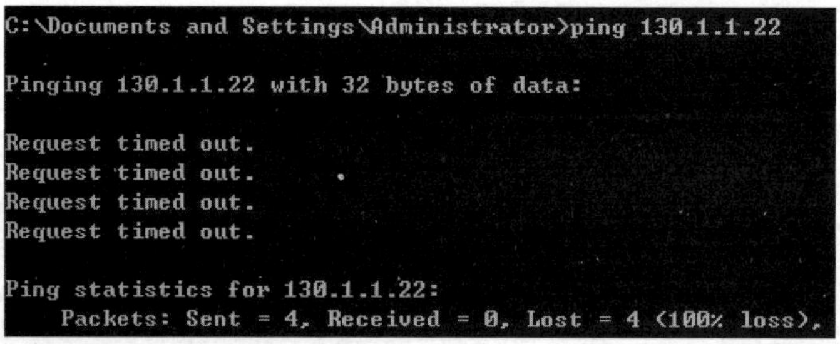

```
C:\Documents and Settings\Administrator>ping 130.1.1.22

Pinging 130.1.1.22 with 32 bytes of data:

Request timed out.
Request timed out.
Request timed out.
Request timed out.

Ping statistics for 130.1.1.22:
    Packets: Sent = 4, Received = 0, Lost = 4 (100% loss),
```

图 11.5 测试 PC2 与 PC3 的连通性

7. 课后实验

如何实现对交换机允许远程登录、控制呢？有兴趣的读者可试着对交换机做配置，命令如下。

```
S♯config
Configuring from terminal, memory, or network [terminal]?
Enter configuration commands, one per line.  End with CNTL/Z.
S(config)♯line console 0
```

```
S(config - line)♯line vty 0 4
S(config - line)♯login
S(config - line)♯password 1234
S(config - line)♯exit
S(config)♯exit
% SYS - 5 - CONFIG_I: Configured from console by console
S♯VLAN database
% Warning: It is recommended to configure VLAN from config mode,
   as VLAN database mode is being deprecated. Please consult user
   documentation for configuring VTP/VLAN in config mode.
S(VLAN)♯vlan 1
VLAN 1 modified:
S(VLAN)♯exit
APPLY completed.
Exiting...
S♯config
S(config)♯vtp mode server
Device mode already VTP SERVER.
S(config)♯vtp mode client
Setting device to VTP CLIENT mode.
S(config)♯int vlan 1
S(config - if)♯ip address 130.1.1.2 255.255.0.0
S(config - if)♯ip default - gateway 130.1.1.1
S(config - if)♯no shut
```

8. 实验总结

(1) 在交换机的 VLAN 1 中配置 IP 地址和子网掩码之后,PC1 和 PC2 的默认网关会有变化吗? 它们之间的连通性会有变化吗?

(2) VLAN 1 称为默认 VLAN,是不需要进行配置的,默认情况下作为管理 VLAN。当交换机没有配置时,所有端口均处于 VLAN1 中。默认 VLAN 不能被删除。

11.3　交换机、路由器综合实验(三)

1. 实验目的

(1) 掌握复杂网络的交换机和路由器的配置。
(2) 掌握 NAT 的配置。

2. 实验拓扑图

交换机、路由器综合实验(三)的实验拓扑图如图 11.6 所示。

3. 实验条件

(1) 思科路由器 2503 系列三台。
(2) 思科交换机 3550 系列三台。

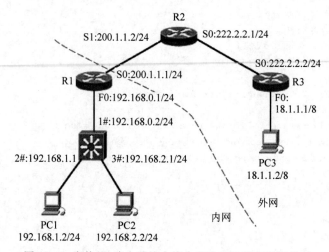

图 11.6 交换机、路由器综合综合实验(三)的实验拓扑图

(3) 计算机三台。

4. 实验功能

(1) 三层交换机将内网分割为三个子网,即 192.168.0.0、192.168.1.0、192.168.2.0。

(2) 路由器 R1 负责内网与外网的连接,并实现 NAT 功能。

(3) R1,R2,R3 之间通过路由协议识别各个网络,由于内网采用了私有 IP 地址进行编址,它对外网该是不可见的,所以启用路由协议时不要启用内部网络。

5. 实验步骤

步骤 1: 按如图 11.6 所示连接好网络。

步骤 2: 配置路由器 R1。

(1) 路由器的名字设为 R1。

```
Router > en
Router # conf t
Enter configuration commands, one per line.  End with CNTL/Z.
Router(config) # host R1
```

(2) F0 端口的 IP 地址: 192.168.0.1/24,设置 F0 端口为 NAT 输入端。

```
R1(config) # int Fa0/0
R1(config - if) # ip add 192.168.0.1 255.255.255.0
R1(config - if) # ip nat inside
R1(config - if) # no shut
```

(3) S0 端口的 IP 地址: 200.1.1.1/24,设置 S0 端口为 NAT 输出端。

```
R1(config - if) # int s0/0
R1(config - if) # ip add 200.1.1.1 255.255.255.0
R1(config - if) # ip nat outside
R1(config - if) # no shut
```

（4）配置 NAT 池，地址范围为 200.1.1.10～200.1.1.20，将内网中格式为 192.168.*.* 的 IP 地址转换为 NAT 池中的 IP 地址。

```
R1(config)#access-list 1 permit 192.168.0.0 0.0.255.255
R1(config)#ip nat pool NATPOOL 200.1.1.10 200.1.1.20 netmask 255.255.255.0
R1(config)#ip nat inside source list 1 pool NATPOOL overload
```

（5）配置静态路由，将目标网络为 192.168.1.0 或 192.168.2.0 的数据报发往 192.168.0.2。

```
R1(config)#ip route 192.168.1.0 255.255.255.0 192.168.0.2
R1(config)#ip route 192.168.2.0 255.255.255.0 192.168.0.2
```

（6）配置 OSPF 路由协议，区域号为 10，在它的外网地址上启用协议。

```
R1(config)#router ospf 100
R1(config-router)#network 200.1.1.0 0.0.0.255 area 10
```

步骤 3：配置路由器 R2。

（1）路由器的名字为 R2。

S0 端口的 IP 地址：222.2.2.1/24；S1 端口的 IP 地址：200.1.1.2/24。

```
Router>en
Router#conf t
Enter configuration commands, one per line.   End with CNTL/Z.
Router(config)#host R2
R2(config)#int s0/1
R2(config-if)#ip add 200.1.1.2 255.255.255.0
R2(config-if)#clock rate 64000
R2(config-if)#no shut
R2(config-if)#int s0/0
R2(config-if)#ip add 222.2.2.1 255.255.255.0
R2(config-if)#clock rate 64000
R2(config-if)#no shut
```

（2）配置 OSPF 路由协议，区域号为 10，在它的所有直连网络上启用协议。

```
R2(config)#router ospf 100
R2(config-router)#net
R2(config-router)#network 200.1.1.0 255.255.255.0 area 10
R2(config-router)#network 222.2.2.0 255.255.255.0 area 10
```

步骤 4：配置路由器 R3。

（1）路由器的名字为 R3。

F0 端口的 IP 地址：18.1.1.1/8；S0 端口的 IP 地址：222.2.2.2/24。

```
Router>en
Router#conf t
Enter configuration commands, one per line.   End with CNTL/Z.
Router(config)#host R3
R3(config)#int Fa0/0
R3(config-if)#ip add 18.1.1.1 255.0.0.0
```

```
R3(config - if)# no shut
% LINK - 5 - CHANGED: Interface FastEthernet0/0, changed state to up
R3(config - if)# int s0/0
R3(config - if)# ip add 222.2.2.2 255.255.255.0
R3(config - if)# no shut
```

(2) 配置 OSPF 路由协议,区域号为10,在它的所有直连网络上启用协议。

```
R3(config)# router ospf 100
R3(config - router)# network 222.2.2.0 255.255.255.0 area 10
R3(config - router)#  network 18.0.0.0 0.255.255.255 area 10
R3(config - router)# network 18.0.0.0 255.0.0.0 area 10
```

步骤5：配置三层交换机。

把 F0/1 端口设置为三层路由端口,IP 地址为 192.168.0.2/24。

把 F0/2 端口设置为三层路由端口,IP 地址为 192.168.1.1/24。

把 F0/3 端口设置为三层路由端口,IP 地址为 192.168.2.1/24。

配置默认路由,方向为 R1 路由器的 F0 端口。

启用路由功能。

```
Switch(config)# ip routing
Switch(config)# ip route 0.0.0.0 0.0.0.0 192.168.0.1
Switch(config)# int fa0/1
Switch(config - if)# no switchport
Switch(config - if)# ip add 192.168.0.2 255.255.255.0
Switch(config - if)# no shut
Switch(config - if)# int fa0/2
Switch(config - if)# no switchport
Switch(config - if)# ip add 192.168.1.1 255.255.255.0
Switch(config - if)# no shut
Switch(config - if)# int fa0/3
Switch(config - if)# no switchport
Switch(config - if)# ip add 192.168.2.1 255.255.255.0
Switch(config - if)# no shut
```

步骤6：配置各 PC,包括 IP 地址、子网掩码和默认网关。PC1 的默认网关为交换机的 2# 端口 IP,PC2 的默认网关为交换机 3# 端口 I,PC3 的默认网关为 R3 的 F0 端口 IP,如表 11.3 所示。

表 11.3　各 PC 的 IP 地址配置

配置 \ 主机	PC1	PC2	PC3
IP 地址	192.168.1.2	192.168.2.2	18.1.1.2
子网掩码	255.255.255.0	255.255.255.0	255.0.0.0
默认网关	192.168.1.1	192.168.2.1	18.1.1.1

6. 实验测试

测试结果如下。

（1）R1 的路由表中应包含两条直连路由（C）、两条静态路由（S）、两条由 OSPF 学习到的路由（O），代码如下。

```
R1#show ip route
Codes: C - connected, S - static, I - IGRP, R - RIP, M - mobile, B - BGP
       D - EIGRP, EX - EIGRP external, O - OSPF, IA - OSPF inter area
       N1 - OSPF NSSA external type 1, N2 - OSPF NSSA external type 2
       E1 - OSPF external type 1, E2 - OSPF external type 2, E - EGP
       i - IS-IS, L1 - IS-IS level-1, L2 - IS-IS level-2, ia - IS-IS inter area
       * - candidate default, U - per-user static route, o - ODR
       P - periodic downloaded static route

Gateway of last resort is not set

O    18.0.0.0/8 [110/1563] via 200.1.1.2, 00:02:13, Serial0/0
C    192.168.0.0/24 is directly connected, FastEthernet0/0
S    192.168.1.0/24 [1/0] via 192.168.0.2
S    192.168.2.0/24 [1/0] via 192.168.0.2
C    200.1.1.0/24 is directly connected, Serial0/0
O    222.2.2.0/24 [110/1562] via 200.1.1.2, 00:02:13, Serial0/0
```

（2）R2 的路由表中应包含两条直连路由（C）、一条由 OSPF 学习到的路由（O），代码如下。

```
R2#show ip route
Codes: C - connected, S - static, I - IGRP, R - RIP, M - mobile, B - BGP
       D - EIGRP, EX - EIGRP external, O - OSPF, IA - OSPF inter area
       N1 - OSPF NSSA external type 1, N2 - OSPF NSSA external type 2
       E1 - OSPF external type 1, E2 - OSPF external type 2, E - EGP
       i - IS-IS, L1 - IS-IS level-1, L2 - IS-IS level-2, ia - IS-IS inter area
       * - candidate default, U - per-user static route, o - ODR
       P - periodic downloaded static route

Gateway of last resort is not set

O    18.0.0.0/8 [110/782] via 222.2.2.2, 00:12:21, Serial0/0
C    200.1.1.0/24 is directly connected, Serial0/1
C    222.2.2.0/24 is directly connected, Serial0/0
```

（3）R3 的路由表中应包含两条直连路由（C）、一条由 OSPF 学习到的路由（O），代码如下。

```
R3#show ip route
Codes: C - connected, S - static, I - IGRP, R - RIP, M - mobile, B - BGP
       D - EIGRP, EX - EIGRP external, O - OSPF, IA - OSPF inter area
       N1 - OSPF NSSA external type 1, N2 - OSPF NSSA external type 2
       E1 - OSPF external type 1, E2 - OSPF external type 2, E - EGP
       i - IS-IS, L1 - IS-IS level-1, L2 - IS-IS level-2, ia - IS-IS inter area
       * - candidate default, U - per-user static route, o - ODR
       P - periodic downloaded static route

Gateway of last resort is not set

C    18.0.0.0/8 is directly connected, FastEthernet0/0
O    200.1.1.0/24 [110/1562] via 222.2.2.1, 00:16:04, Serial0/0
C    222.2.2.0/24 is directly connected, Serial0/0
```

（4）三层交换机的路由表中应包含三条直连路由（C）、一条默认路由（S＊）。

7. 实验结论

PC1 与 PC2 可以 Ping 通,它们与 PC3 也可以 Ping 通,在 R1 上用 show ip nat translation 命令可以看到 Ping 命令执行时的 NAT 翻译情况。

11.4 交换机、路由器综合实验(四)

1. 实验目的

(1) 如何在路由器上配置静态路由。
(2) 在配置好的不同子网中,实现文件共享。
(3) 路由器的基本配置。

2. 实验条件

(1) Cisco 2500 路由器(三台)。
(2) PC 三台。
(3) 双绞线(直通线)(若干根)。
(4) 反转电缆一根。

3. 实验拓扑图

交换机、路由器综合实验(四)的实验拓扑图如图 11.7 所示。

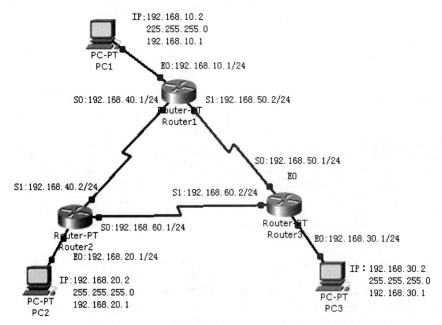

图 11.7 交换机、路由器综合实验(四)的实验拓扑结构图

4. 实验过程

步骤 1：按照如图 11.7 所示硬件连接。

PC1 连接 R1 的 E0 端口，PC2 连接 R2 的 E0 端口，PC3 连接 R3 的 E0 端口。

R1 的 E0 端口的 IP 是：192.168.10.1 255.255.255.0。

R1 的 S0 端口的 IP 是：192.168.40.1 255.255.255.0。

R1 的 S1 端口的 IP 是：192.168.50.2 255.255.255.0。

R2 的 E0 端口的 IP 是：192.168.20.1 255.255.255.0。

R2 的 S0 端口的 IP 是：192.168.60.1 255.255.255.0。

R2 的 S1 端口的 IP 是：192.168.40.2 255.255.255.0。

R3 的 E0 端口的 IP 是：192.168.30.1 255.255.255.0。

R3 的 S0 端口的 IP 是：192.168.50.1 255.255.255.0。

R3 的 S1 端口的 IP 是：192.168.60.2 255.255.255.0。

步骤 2：启动设备。

分别打开设备，给设备加电，设备都处于自检状态，直到连接交换机的指示灯处于绿灯状态，表示网络处于稳定连接状态。

步骤 3：设置 PC 的 IP 地址和网关。

PC1 的 IP 地址是 192.168.10.2 255.255.255.0，网关是 192.168.10.1。

PC2 的 IP 地址是 192.168.20.2 255.255.255.0，网关是 192.168.20.1。

PC3 的 IP 地址是 192.168.30.2 255.255.255.0，网关是 192.168.30.1。

步骤 4：测试连通性。

分别测试 PC1、PC2 两台计算机之间的连通性。

步骤 5：配置路由器 R1。

```
Router > en
Router # config t
Enter configuration commands, one per line.　End with CNTL/Z.
Router(config) # hostname R1
R1(config) # int e0
R1(config - if) # ip addr 192.168.10.1 255.255.255.0
R1(config - if) # no shut
R1(config - if) # exit
00:03:36: % LINK - 3 - UPDOWN: Interface Ethernet0, changed state to up
00:03:37: % LINEPROTO - 5 - UPDOWN: Line protocol on Interface Ethernet0, changed sta
te to up
R1(config) # int s0
R1(config - if) # ip addr 192.168.40.1 255.255.255.0
R1(config - if) # no shut
R1(config - if) # exit
R1(config) #
00:04:17: % LINK - 3 - UPDOWN: Interface Serial0, changed state to down
R1(config) # int s0
R1(config - if) # bandwidth 64        //注：可以不需要配置
R1(config - if) # clock rate 64000
```

```
R1(config - if) # no shut
R1(config - if) # exit
R1(config) # int s1
R1(config - if) # ip addr 192.168.50.2 255.255.255.0
R1(config - if) # no shut
R1(config - if) # exit
```

步骤 6：配置路由器 R2。

```
Router > en
Router # config t
Enter configuration commands, one per line.   End with CNTL/Z.
Router(config) # hostname R2
R2(config) # int e0
R2(config - if) # ip addr 192.168.20.1 255.255.255.0
R2(config - if) # no shut
R2(config - if) # exit
00:03:36: % LINK - 3 - UPDOWN: Interface Ethernet0, changed state to up
00:03:37: % LINEPROTO - 5 - UPDOWN: Line protocol on Interface Ethernet0, changed sta
te to up
R2(config) # int s0
R2(config - if) # ip addr 192.168.60.1 255.255.255.0
R2(config - if) # no shut
R2(config - if) # exit
R2(config) #
00:04:17: % LINK - 3 - UPDOWN: Interface Serial0, changed state to down
R2(config) # int s0
R2(config - if) # clock rate 64000
R2(config - if) # no shut
R2(config - if) # exit
R2(config) # int s1
R2(config - if) # ip addr 192.168.40.2 255.255.255.0
R2(config - if) # no shut
R2(config - if) # exit
R2(config - if) # exit
```

步骤 7：配置路由器 R3。

```
G5R1 >
G5R1 > en
G5R1 # config t
Enter configuration commands, one per line.   End with CNTL/Z.
G5R1(config) # hostname R3
R3(config) # int e0
R3(config - if) # ip addr 192.168.30.1 255.255.255.0
R3(config - if) # no shut
R3(config - if) # exit
R3(config) #
00:16:45: % LINK - 3 - UPDOWN: Interface Ethernet0, changed state to up
00:16:46: % LINEPROTO - 5 - UPDOWN: Line protocol on Interface Ethernet0, changed sta
te to up
R3(config) # int s1
```

```
R3(config - if)♯ip addr 192.168.60.2 255.255.255.0
R3(config - if)♯no shut
R3(config - if)♯exit
R3(config)♯
00:17:10: %LINK - 3 - UPDOWN: Interface Serial1, changed state to up
00:17:11: %LINEPROTO - 5 - UPDOWN: Line protocol on Interface Serial1, changed state
to up
R3(config)♯int s0
R3(config - if)♯ip addr 192.168.50.1 255.255.255.0
R3(config - if)♯clock rate 64000
R3(config - if)♯no shut
R3(config - if)♯exit
R3(config)♯
00:17:10: %LINK - 3 - UPDOWN: Interface Serial0, changed state to up
00:17:11: %LINEPROTO - 5 - UPDOWN: Line protocol on Interface Serial0, changed state
 to up
```

步骤 8：设置静态路由。

R1 的使用命令：

```
R1(config)♯ip route 192.168.20.0 255.255.255.0 192.168.40.2
R1(config)♯ip route 192.168.30.0 255.255.255.0 192.168.50.1
```

R2 的使用命令：

```
R2(config)♯ip route 192.168.10.0 255.255.255.0 192.168.40.1
R2(config)♯ip route 192.168.30.0 255.255.255.0 192.168.60.2
```

R3 的使用命令：

```
R3(config)♯ip route 192.168.10.0 255.255.255.0 192.168.50.2
R3(config)♯ip route 192.168.20.0 255.255.255.0 192.168.60.1
```

步骤 9：测试与端口的连通性。

```
Success rate is 0 percent (0/5)
R1♯Ping 192.168.40.2

Type escape sequence to abort.
Sending 5, 100 - byte ICMP Echos to 192.168.40.2, timeout is 2 seconds:
!!!!!
Success rate is 100 percent (5/5), round - trip min/avg/max = 28/28/32 ms
```

以上是 R1 对 R2 的 S1 端口连通性的测试，其他路由及端口之间的测试可以依照以上代码。

值得注意的是，R1 Ping R2 的 S0 和 R3 的 S1 端口时 Ping 不通，如下。

R1 Ping R2 的 S0 端口：

```
R1♯Ping 192.168.60.1
Type escape sequence to abort.
Sending 5, 100 - byte ICMP Echos to 192.168.60.1, timeout is 2 seconds:
 …
```

Success rate is 0 percent (0/5)

R1 Ping R3 的 S1 端口：

```
R1#Ping 192.168.60.2
Type escape sequence to abort.
Sending 5, 100 - byte ICMP Echos to 192.168.60.2, timeout is 2 seconds:
…
Success rate is 0 percent (0/5)
```

同理，R2 ping R1 的 S1 和 R3 的 S0 端口时 Ping 不通；R3 ping R1 的 S0 和 R2 的 S1 端口时 Ping 不通。

5. 实验验证

（1）测试 PC1、PC2、PC3 三台计算机之间的连通性，如表 11.4 所示。

表 11.4　连通性测试表

设备	PC1	PC2	PC3
PC1	/		
PC2		/	
PC3			/

例如，从 PC1 Ping PC2 的截图如图 11.8 所示。

```
C:\Documents and Settings\Administrator>ping 192.168.20.2

Pinging 192.168.20.2 with 32 bytes of data:

Reply from 192.168.20.2: bytes=32 time=28ms TTL=126
Reply from 192.168.20.2: bytes=32 time=18ms TTL=126
Reply from 192.168.20.2: bytes=32 time=18ms TTL=126
Reply from 192.168.20.2: bytes=32 time=18ms TTL=126

Ping statistics for 192.168.20.2:
    Packets: Sent = 4, Received = 4, Lost = 0 (0% loss),
Approximate round trip times in milli-seconds:
    Minimum = 18ms, Maximum = 28ms, Average = 20ms
```

图 11.8　验证从 PC1 到 PC2 的连通性

从 PC1 Ping PC3 的截图如图 11.9 所示。

```
C:\Documents and Settings\Administrator>ping 192.168.30.2

Pinging 192.168.30.2 with 32 bytes of data:

Reply from 192.168.30.2: bytes=32 time=20ms TTL=126
Reply from 192.168.30.2: bytes=32 time=18ms TTL=126
Reply from 192.168.30.2: bytes=32 time=18ms TTL=126
Reply from 192.168.30.2: bytes=32 time=18ms TTL=126

Ping statistics for 192.168.30.2:
    Packets: Sent = 4, Received = 4, Lost = 0 (0% loss),
Approximate round trip times in milli-seconds:
    Minimum = 18ms, Maximum = 20ms, Average = 18ms
```

图 11.9　验证从 PC1 到 PC3 的连通性

（2）设置共享文件,进一步检测连通性。

在 PC1 设置共享盘,检测 PC2 或 PC3 能否访问 PC1 的共享盘里的文件。同理,在 PC2 设置共享盘,检测 PC1 或 PC3 看能否访问 PC2 的共享盘中的文件;在 PC3 设置共享盘,检测 PC1 或 PC2 看能否访问 PC3 的共享盘中的文件。

11.5　基于三层交换实现 VLAN 间的 ACL 控制

1. 实验目的

（1）巩固路由器和交换机的基本配置。
（2）培养网络综合问题分析、问题处理能力。
（3）巩固网络命令,及相关服务器的配置。

2. 实验要求

三层交换机上划分三个 VLAN,分别为 VLAN 10,VLAN 20,VLAN 30,具体如图 11.10 所示。通过 ACL 的控制,实现如下功能。

（1）VLAN 10 设置为内网,不能访问其他子网,但可以访问 VLAN 20 下面的 Web 服务器。
（2）VLAN 30 可以访问 VLAN 20,但是不能访问 VLAN 20 下面的 Web 服务器。

3. 实验拓扑图

本实验拓扑图如图 11.10 所示。

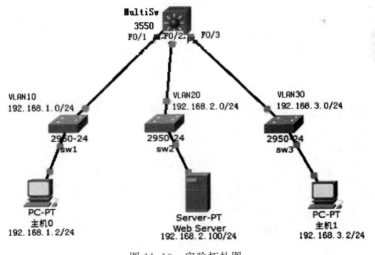

图 11.10　实验拓扑图

4. 实验器材

（1）Web/FTP 服务器一台。
（2）思科 3550 交换机一台。

（3）思科 2950 交换机三台。

（4）计算机六台。

（5）直通线、交叉线网线若干，反转线一根。

5. 实验步骤

步骤 1：配置各个 VLAN 终端、服务器及计算机的 IP 地址（具体配置省略）。

实验注意事项：

服务器，主机 0，主机 1 配上 IP 地址和子网掩码，默认网关需要设置。即主机 0 的网关地址为三层交换机 F0/1 的地址 192.168.1.1；服务器的网关地址为三层交换机 F0/2 地址 192.168.2.1；主机 1 的网关地址为三层交换机 F0/3 的地址 192.168.3.1。

步骤 2：配置三层交换，实现 VLAN 间连通。

```
Switch > enable
Switch# conf t
Switch(config)# hostname MultiSw
MultiSw(config)# VLAN 10
MultiSw(config-vlan)# VLAN 20
MultiSw(config-vlan)# VLAN 30     !划分三个 VLAN,不建议使用 VLAN database 模式划分三个 VLAN
MultiSw(config-vlan)# int VLAN 10
MultiSw(config-if)# ip add 192.168.1.1 255.255.255.0
MultiSw(config-if)# int VLAN 20
MultiSw(config-if)# ip add 192.168.2.1 255.255.255.0
MultiSw(config-if)# int VLAN 30
MultiSw(config-if)# ip add 192.168.3.1 255.255.255.0   !给各 VLAN 配置 IP,即各子网的网关
MultiSw(config-if)# exit
MultiSw(config)# int F0/1                !进入 F0/1 端口
MultiSw(config-if)# sw mode acc          !端口默认为 ACC 模式,此句可以省略,新手建议加上
MultiSw(config-if)# sw acc VLAN 10       !端口配置给 VLAN
Sw(config-if)# int F0/2
MultiSw(config-if)# sw mode acc
MultiSw(config-if)# sw acc VLAN 20
Sw(config-if)# int F0/3
MultiSw(config-if)# sw mode acc
MultiSw(config-if)# sw acc VLAN 30
Sw(config-if)# end
Multisw(config)# route rip               !配置动态路由
Multisw(config-router)# network 192.168.1.0
Multisw(config-router)# network 192.168.2.0
Multisw(config-router)# network 192.168.3.0
Multisw(config-router)# exit
Multisw(config)# exit
MultiSw# show ip rou   !查看路由表,三条直连路由产生,三个 VLAN 连通,三台主机间互相 Ping 通
C 192.168.1.0/24 is directly connected, VLAN 10
C 192.168.2.0/24 is directly connected, VLAN 20
C 192.168.3.0/24 is directly connected, VLAN 30
```

步骤 3：实验阶段性测试。

问题：从 MultiSw 交换机可以 Ping 到主机 0、服务器、主机 1,但是主机与主机之间不

能 Ping 通,为什么?

原因分析: 没有给主机 0、服务器、主机 1 手动设置默认网关。

```
MultiSw(config) # ip access - list extended 100      !用扩展 ACL 做,序号从 100 起
MultiSw(config - ext - nacl) # permit ip 192.168.1.0 0.0.0.255 192.168.2.100 0.0.0.0
                                                     !注意反码,0.0.0.0 表示主机
MultiSw(config - ext - nacl) # exit
MultiSw(config) # int VLAN 10
MultiSw(config - if) # ip access - group 100 in      !将规则配置到 VLAN 10 上,方向 in
MultiSw(config - if) # exit
MultiSw(config) # ip access - list extended 101      !扩展 ACL,序号 101
MultiSw(config - ext - nacl) # deny ip 192.168.3.0 0.0.0.255 host 192.168.2.100
                                                     !主机的另一种表示方法 host
MultiSw(config - ext - nacl) # permit ip any any     !deny 的语句后面别忘了跟 per ip any any,否则
                                                     !VLAN 30 还是可以访问 VLAN 20 中的 Web 服务器
MultiSw(config - ext - nacl) # exit
MultiSw(config) # int VLAN 30
MultiSw(config - if) # ip access - group 101 in      !将规则配置到 VLAN 30 上,方向 in
MultiSw(config - if) # end
MultiSw # wr                                         !保存
```

6. 实验调试

(1) VLAN 10 下面的主机只能访问 VLAN 20 下面的 Web 服务器,VLAN 30 下面其他主机都不能访问 VLAN 20 下面的 Web 服务器。

(2) VLAN 30 不可访问 VLAN 10,不可访问 VLAN 20 下的 Web 服务器,但可以访问 VLAN 20 下面的其他主机。

第 12 章
CHAPTER 12 | 无线网络配置实验

12.1 PT 中搭建无线局域网的基本操作

1. 无线网的背景

随着移动互联网业务的快速发展,网络数据流量激增,热点区域宏网络的负荷已经超载。WLAN 具有丰富的频谱资源,国际标准化组织 3GPP 也将宏网和 WLAN 融合作为重要研究方向。同时,Wi-Fi 目前已经成为智能终端的标准配置。市场统计数据显示,2017 年支持 Wi-Fi 的设备将增长至 25 亿部。各类电子设备中,Wi-Fi 内置比例也正迅速上升,渗透率从 2012 年的 23% 快速升至 2018 年的 80% 左右。笔记本、上网本和平板电脑中 Wi-Fi 的渗透率已接近 100%,支持 Wi-Fi 的智能手机比例也已超过 95%。

2. 在 PT5.0 中搭建无线网络实验

用 Packet Tracer 5.0 搭建模拟无线网络环境,窗口界面如图 12.1 所示。

在 Packet Tracer 模拟器中搭建无线网络,需要选配好无线设备,包括无线路由器、AP 访问接入点及 PC 设备等。然后配置好各模拟主机与网络设备的各个模块,如图 12.2 所示。

如何为主机添加无线网卡呢? 如图 12.3 所示,可在 PT 模拟器中双击需要配置的主机 0,然后在主机的"物理"面板上选配最上面的无线网卡模块。选配或更换模块操作过程中,要注意之前一定记得先关闭主机电源,添加完模块之后关闭主机电源,如图 12.4 所示。

如图 12.5 所示,在模拟主机上添加无线网卡后,会自动出现一条主机与无线接入点 AP 连接的虚线。

如图 12.6 所示,显示的是无线路由器的配置界面,可以手动配置主机名、域名及 IP 地址等相关信息,以达到模拟实验的环境要求。

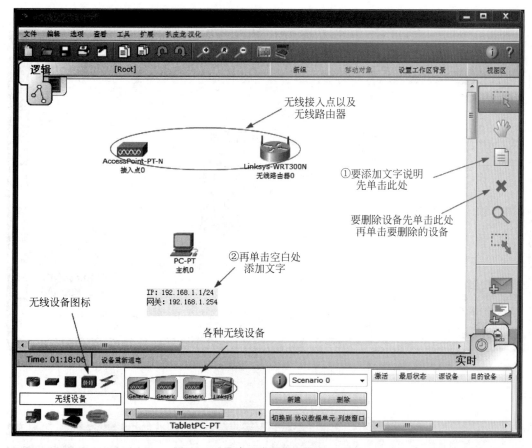

图 12.1　搭建无线网络环境窗口界面

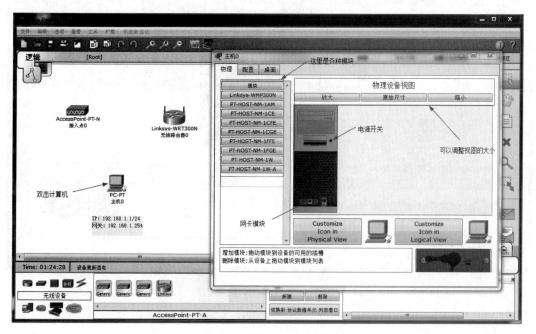

图 12.2　配选模拟主机模块

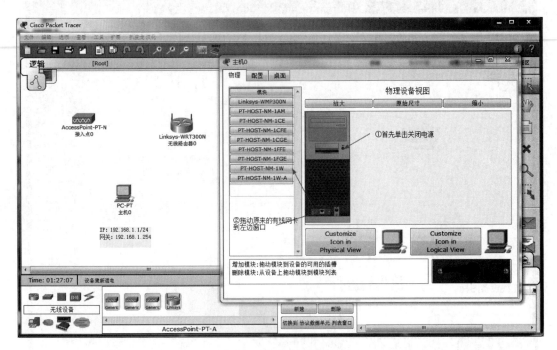

图 12.3　添加无线模块 1

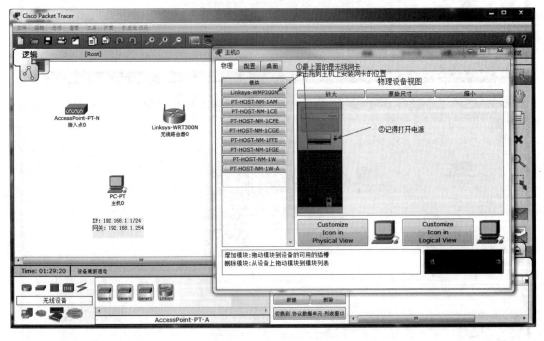

图 12.4　添加无线模块 2

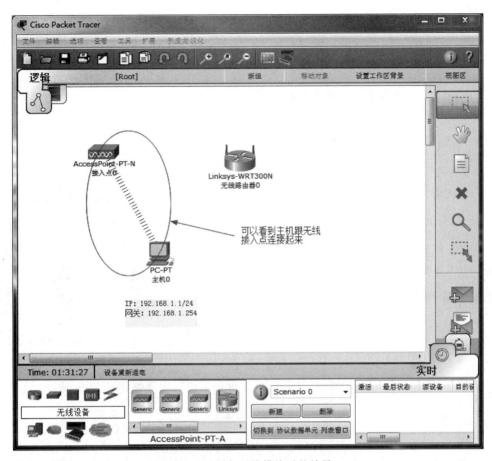

图 12.5 添加无线模块后的效果

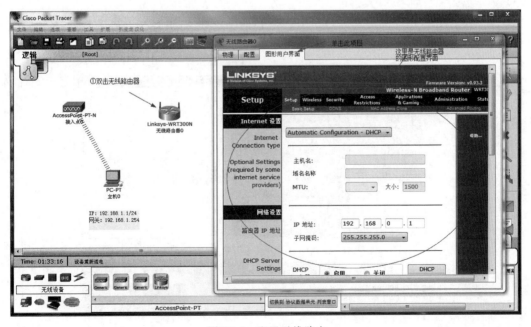

图 12.6 配置无线路由

12.2　利用 PT 模拟器搭建无线网络实验

12.2.1　无线网络配置实验(一)

1. 实验目的

(1) 掌握无线路由器的基本配置。
(2) 理解无线网传播过程。

2. 实验清单

(1) 无线路由器一台。
(2) 计算机三台。

3. 实验拓扑结构图

本无线网络配置实验(一)拓扑结构如图 12.7 所示。

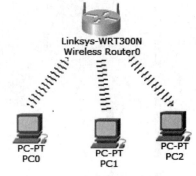

图 12.7　无线网络配置实验(一)
拓扑结构图

4. 实验要求

PC 与无线路由器构成无线局域网,并且主机与主机之间能够相互 Ping 通。

5. 实验步骤

步骤 1:配置主机 PC0。

一般而言,在 PC 上默认只有一个快速以太网端口,是没有无线网卡的,那么需要先给实验需要的 PC 添加无线网卡。

第一步:单击 PC0 电源开关,将 PC0 关机,如图 12.8 所示

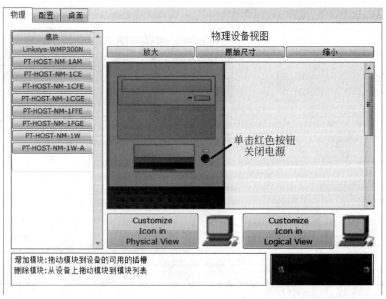

图 12.8　关闭 PC0 电源

第二步：将 PC0 下部的以太网卡拖到左边模块方框中，即可将以太网卡删除掉，如图 12.9 所示。

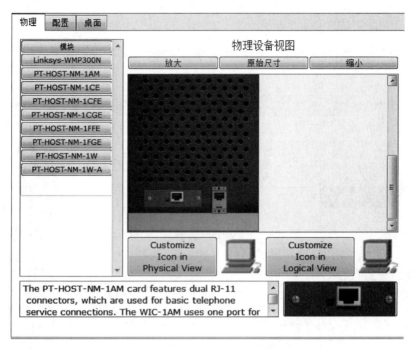

图 12.9　删除以太网卡模块

第三步：将无线网卡模块 Linksys-WMP300N 拖到原主机以太网卡的那个位置，如图 12.10 所示。

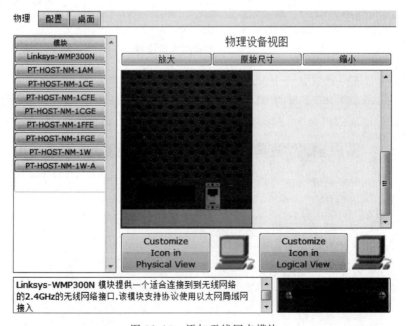

图 12.10　添加无线网卡模块

第四步：再单击 PC0 主机电源开关，将 PC0 开机。

通过上述四步操作，即可完成模拟主机中无线网卡模块的添加。其他两台 PC 重复上述四步操作完成无线网卡模块的添加。

步骤 2：设置无线路由器。

首先，启动无线路由器 DHCP 功能，其次将 IP 地址设置为 192.168.0.100，最大用户为 50，如图 12.11 所示。

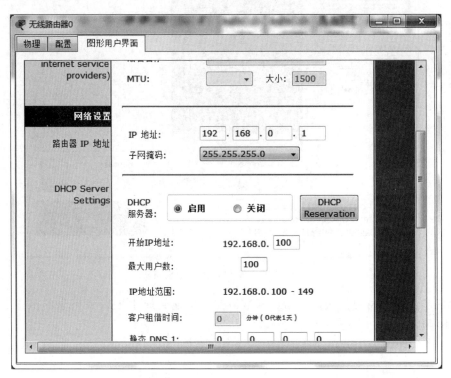

图 12.11　无线路由的设置

步骤 3：查看主机是否获得 IP 地址。

此时，可以查看各 PC 主机的 IP 地址已经自动获取，PC0 的 IP 地址为 192.168.0.100，PC1、PC2 的 IP 地址依次为 192.168.0.101，192.168.0.102，如图 12.12～图 12.14 所示。

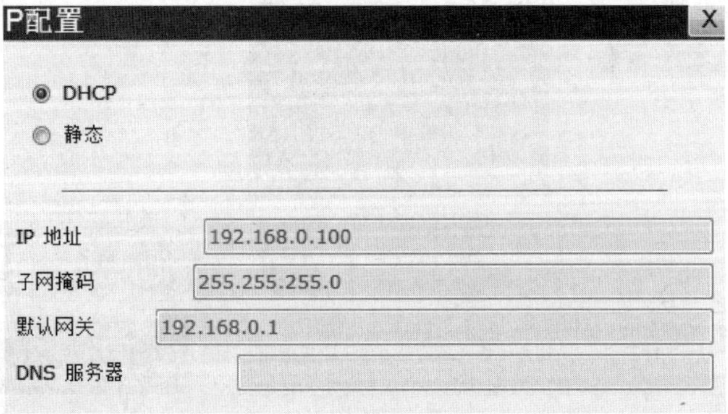

图 12.12　PC0 自动获取的 IP 地址

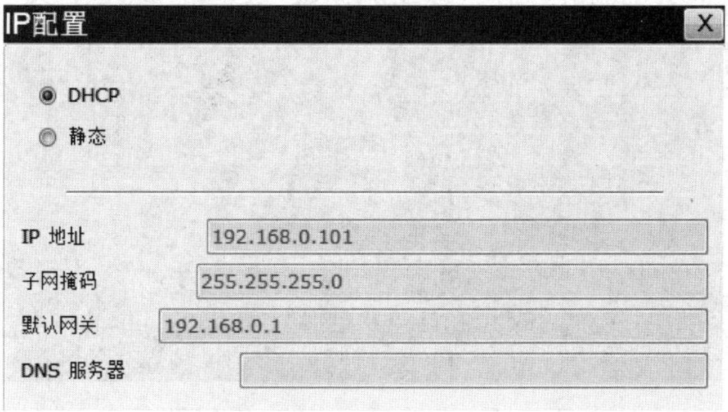

图 12.13　PC1 自动获取的 IP 地址

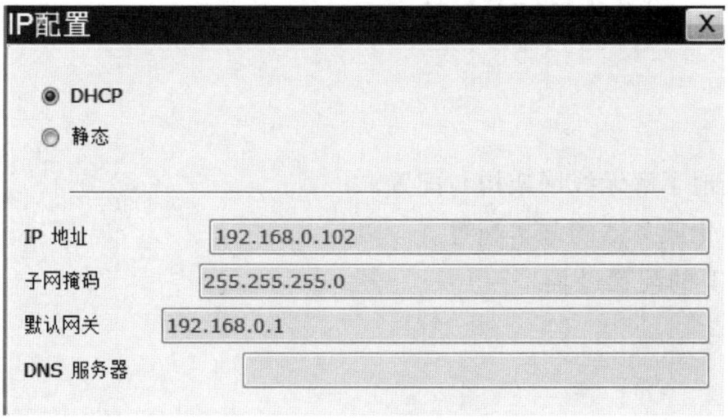

图 12.14　PC2 自动获取的 IP 地址

6. 实验验证

完成上面的操作之后，可以验证三台 PC 之间的连通性。用 Ping 命令在 PC0 主机上分别测试到 PC1 主机和 PC2 主机之间是否连通，如图 12.15 和图 12.16 所示。

```
PC>ping 192.168.0.101

Pinging 192.168.0.101 with 32 bytes of data:

Reply from 192.168.0.101: bytes=32 time=41ms TTL=128
Reply from 192.168.0.101: bytes=32 time=21ms TTL=128
Reply from 192.168.0.101: bytes=32 time=14ms TTL=128
Reply from 192.168.0.101: bytes=32 time=28ms TTL=128

Ping statistics for 192.168.0.101:
    Packets: Sent = 4, Received = 4, Lost = 0 (0% loss),
Approximate round trip times in milli-seconds:
    Minimum = 14ms, Maximum = 41ms, Average = 26ms
```

图 12.15　测试 PC0 与 PC1 的连通性

```
Pinging 192.168.0.102 with 32 bytes of data:

Reply from 192.168.0.102: bytes=32 time=40ms TTL=128
Reply from 192.168.0.102: bytes=32 time=17ms TTL=128
Reply from 192.168.0.102: bytes=32 time=22ms TTL=128
Reply from 192.168.0.102: bytes=32 time=23ms TTL=128

Ping statistics for 192.168.0.102:
    Packets: Sent = 4, Received = 4, Lost = 0 (0% loss),
Approximate round trip times in milli-seconds:
    Minimum = 17ms, Maximum = 49ms, Average = 27ms
```

图 12.16　测试 PC0 与 PC2 的连通性

12.2.2　无线网络配置实验(二)

1. 实验目的

(1) 更深层次地了解无线网架构与配置。

(2) 了解图形化服务器的基本配置。

(3) 掌握 NAT 的配置过程。

2. 实验清单

(1) 一台无线路由器。

(2) 两台 Cisco 2621 系列路由器。

(3) 四台 PC。

(4) 一根反转线。

(5) 两台服务器(其中一台为 Web 服务器,另一台为 DNS 服务器)。

3. 实验拓扑结构图

无线网络配置实验(二)实验拓扑结构如图 12.17 所示。

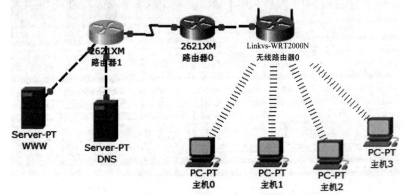

图 12.17　无线网络配置实验(二)实验拓扑结构图

4. 实验要求

4 台 PC 通过无线路由器 DHCP 自动获取 IP 地址,路由器 0 的 Fa0/0 端口 IP 地址为 192.168.1.1/24,S0/0 端口 IP 地址为 202.1.1.1/24,路由器 1 的 S0/0 端口 IP 地址为 202.1.1.2/24,连接 DNS 服务器的端口 IP 地址为 202.2.2.2/24,连接 WWW 服务器的端口 IP 地址为 202.3.3.1/24,DNS 服务器的 IP 地址为 202.2.2.1/24。

5. 实验步骤

步骤 1:模拟实验环境搭建,参考 12.1 节。
步骤 2:给主机添加无线网卡模块,参考 12.1 节。
步骤 3:启动无线路由器的 DHCP 功能,参考 12.2 节。
步骤 4:配置路由器。
(1) 配置路由器 0 的命令如下。

```
Router > en
Router#conf t
Enter configuration commands, one per line.   End with CNTL/Z.
Router(config)#no ip domain - lookup
Router(config)#hos
Router(config)#hostname Server
Server(config)#line con 0
Server(config - line)#logging   synchronous
Server(config - line)#exe
Server(config - line)#exec - timeout 0 0
Server(config - line)#exi
Server(config)#int s0/0
Server(config - if)#ip add 202.1.1.1 255.255.255.0
Server(config - if)#ip nat ou
Server(config - if)#ip nat outside
Server(config - if)#no shu
%LINK - 5 - CHANGED: Interface Serial0/0, changed state to down
Server(config - if)#exi
Server(config)#int fa0/0
Server(config - if)#ip add 192.168.1.1 255.255.255.0
Server(config - if)#ip nat in
Server(config - if)#ip nat inside
Server(config - if)#no shu
Server(config - if)#
%LINK - 5 - CHANGED: Interface FastEthernet0/0, changed state to up
Server(config - if)#exi
Server(config)#access - list 1 pe
Server(config)#access - list 1 permit   192.168.1.0 0.0.0.255
Server(config)#ip rou
Server(config)#ip nat inside source list 1 interface s0/0 overload
Server(config)#ip route 0.0.0.0 0.0.0.0 serial 0/0
```

（2）配置路由器 1 的命令如下。

```
Router > en
Router # conf t
Enter configuration commands, one per line.    End with CNTL/Z.
Router(config) # hostname    ISp
ISp(config) # no ip domain - lookup
ISp(config) # line console 0
ISp(config - line) # logging syn
ISp(config - line) # exec - timeout 0 0
ISp(config - line) # exi
ISp(config) # int s0/0
ISp(config - if) # ip add 202.1.1.12 255.255.255.0
ISp(config - if) # no shu
% LINK - 5 - CHANGED: Interface Serial0/0, changed state to up
ISp(config - if) #
ISp(config - if) # clock rate 64000
% LINEPROTO - 5 - UPDOWN: Line protocol on Interface Serial0/0, changed state to up
ISp(config - if) # exi
ISp(config) # int Fa0/0
ISp(config - if) # ip add 202.3.3.3 255.255.255.0
ISp(config - if) # ni shu
                 ^
% Invalid input detected at '^' marker.
ISp(config - if) # no shu
% LINK - 5 - CHANGED: Interface FastEthernet0/0, changed state to up
ISp(config - if) #
% LINEPROTO - 5 - UPDOWN: Line protocol on Interface FastEthernet0/0, changed state to up
ISp(config - if) # exi
ISp(config) # int Fa0/1
ISp(config - if) # ip add 202.2.2.2 255.255.255.0
ISp(config - if) # no sh
% LINK - 5 - CHANGED: Interface FastEthernet0/1, changed state to up
% LINEPROTO - 5 - UPDOWN: Line protocol on Interface FastEthernet0/1, changed state to up
ISp(config - if) #
ISp(config - if) # exi
ISp(config) #
```

步骤 5：DNS 服务器的 IP 地址如图 12.18 所示。

步骤 6：DNS 服务器的设置，在 Name 栏中输入"www. wenhua. com"，Address 栏中输入"202.3.3.1"，单击"增加"按钮，如图 12.19 所示。

步骤 7：设置 WWW 服务器的 IP 地址，如图 12.20 所示。

步骤 8：设置 WWW 服务器，如图 12.21 所示。

步骤 9：实验验证。

（1）查看 PC 是否自动获取到 IP 地址。

前面的配置都已经完成之后，我们看看 PC 自动获取的 IP 地址，如图 12.22 所示。

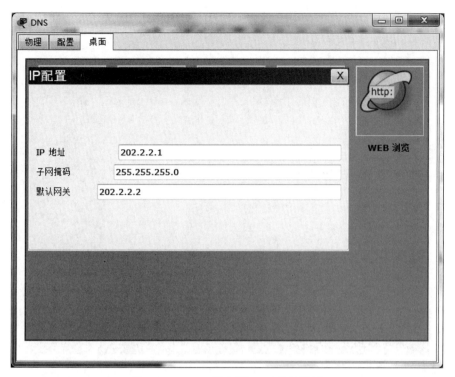

图 12.18 DNS 服务器 IP 地址的设置

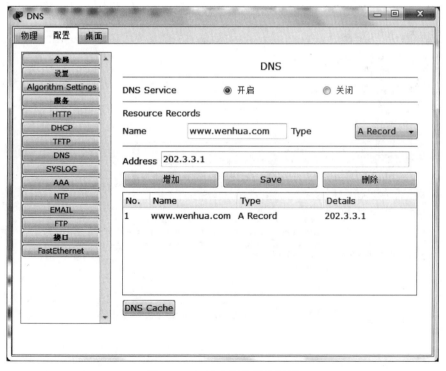

图 12.19 DNS 服务器的设置

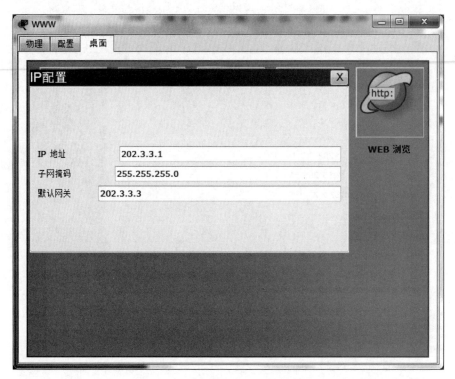

图 12.20 WWW 服务器的 IP 地址

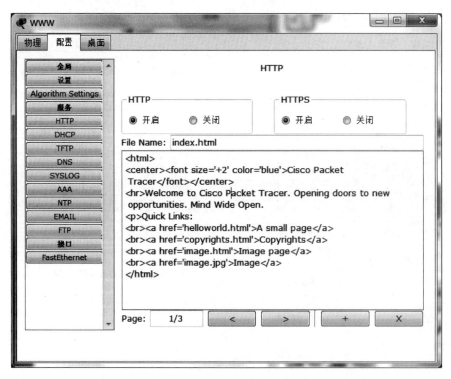

图 12.21 WWW 服务器的设置

图 12.22 PC 自动获取的 IP 地址

（2）测试计算机之间的连通性。

测试主机与主机之间的连通性，如图 12.23 所示。

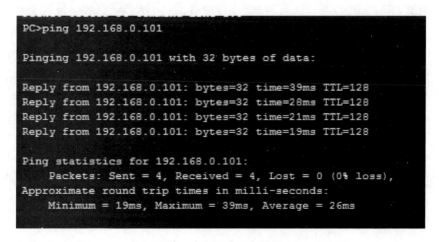

图 12.23 测试 PC 之间的连通性

（3）验证 WWW 服务器和 DNS 服务器是否配置成功。

PC 已经实现相互通信了，接着在 PC 的浏览器中输入"www.wenhua.com"来测试服务，如图 12.24 所示。

图 12.24   测试服务器

12.3   实验室搭建无线 Wi-Fi 网络

　　无线保真,是一种可以将个人计算机、手持设备(如 PDA、手机)等终端以无线方式互相连接的技术,事实上它是一个高频无线电信号。无线保真是一个无线网络通信技术的品牌,由 Wi-Fi 联盟所持有。目的是改善基于 IEEE 802.11 标准的无线网络产品之间的互通性。现在一般会把 Wi-Fi 及 IEEE 802.11 混为一谈,甚至把 Wi-Fi 等同于无线网际网络。

　　"Wi-Fi"这个缩写词,根据英文标准韦伯斯特词典的读音注释,标准发音为/waɪ.faɪ/,因为 Wi-Fi 这个单词是两个单词组成的,所以书写形式最好为 Wi-Fi,这样也就不存在所谓专家所说的读音问题,同理有 HI-FI(/haɪ.faɪ/)。

　　这几年,越来越多的数码产品进入平常百姓家里也不是什么奢侈的事情了,像智能手机、平板电脑、笔记本这些,只能靠手机流量那成本是比较高的,所以安装 Wi-Fi 是既方便也实惠的。以网络工程实验室为例,目前实验室分配的 IP 网段为 192.168.84.0,连接如图 12.25 所示的智能设备。

1. 实验器材

　　(1) 无线路由器一个。

　　(2) 实验室分配网段能连接外网。

　　(3) 计算机一台,笔记本一台,手机或平板计算机一台。

网段：192.168.84.0

TL-WR841N

当前管理PC

台式计算机　　　　笔记本　　　　iPhone　　　　iPad

图 12.25　实物图

2．实验拓扑连接图及无线路由器端口

本实验拓扑连接图及无线路由器端口介绍，如图 12.26 和图 12.27 所示。

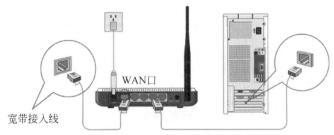

WAN口

宽带接入线

图 12.26　实验拓扑连接图

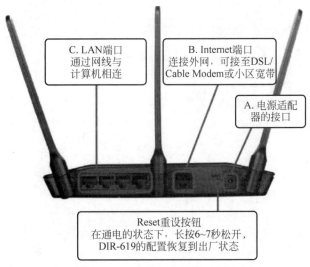

C. LAN端口
通过网线与
计算机相连

B. Internet端口
连接外网，可接至DSL/
Cable Modem或小区宽带

A. 电源适配
器的接口

Reset重设按钮
在通电的状态下，长按6~7秒松开，
DIR-619的配置恢复到出厂状态

图 12.27　无线路由器端口介绍

3. 实验步骤

步骤 1：接通电源，然后插上网线，进线插在 WAN 口，一般为蓝色口，与计算机连接的网线就任意插一个 LAN 口。

实验注意事项：

当电源接通后，可以看到面板上的电源指示灯、Internet 指示灯以及对应的 LAN 口指示灯会亮起。

步骤 2：计算机 IP 地址的设置。路由器默认已近开启 DHCP 服务，所以把计算机 IP 设置成自动获取就可以了。方法是：右击"网上邻居"→"属性"，右击"本地连接"→"属性"，出现如图 12.28 和图 12.29 所示的属性界面。

图 12.28　本地连接属性

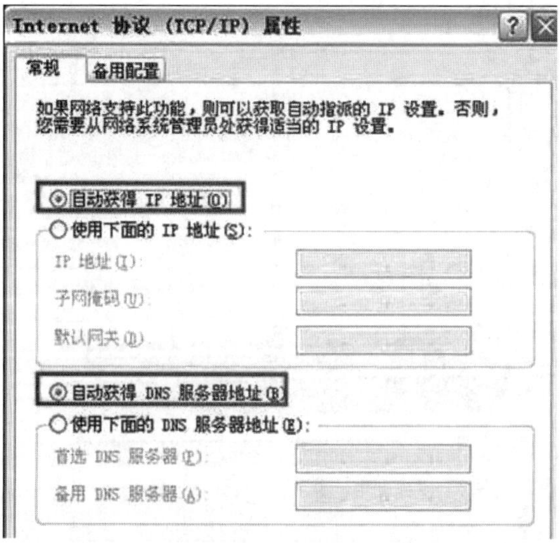

图 12.29　TCP/IP 属性

单击"确定"按钮后,IP 地址就设置完成了。双击本地连接可查看是否已经获取到 IP
地址。

步骤 3:登录路由器。

打开 IE 浏览器输入路由器地址(192.168.1.1)出现如图 12.30 所示的登录对话框,默
认用户名为 admin,密码为 admin。输入后单击"确定"按钮,进入无线路由器设置主窗口,
如图 12.31 所示。

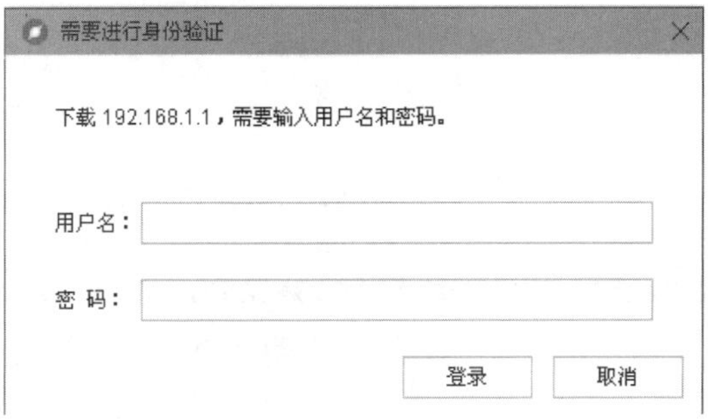

图 12.30　无线路由登录对话框

图 12.31　无线路由器设置主窗口

步骤 4:设置无线路由器的 IP 地址、子网掩码、网关及 DNS 等,如图 12.32 所示。

步骤 5:将本路由器对广域网的 MAC 地址,克隆成当前管理 PC 的 MAC 地址,如
图 12.33 和图 12.34 所示。

步骤 6:设置一个 SSID 的名字,可以方便地让手机、iPad、笔记本等找到自己的 Wi-Fi
信号,如图 12.35 所示。

步骤 7:无线 Wi-Fi 密码,必须是选择 WAP-PSK/WPA2-PSK 模式,密码可以用手机
号等,总之,密码越长越好,如图 12.36 所示。

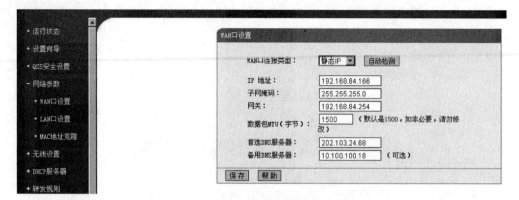

图 12.32　无线路由 WLAN 端口网络设置

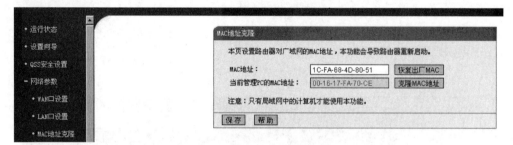

图 12.33　MAC 地址克隆设置

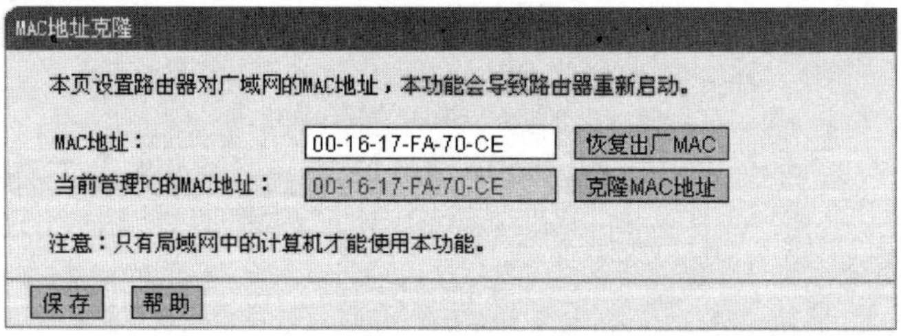

图 12.34　MAC 地址克隆后

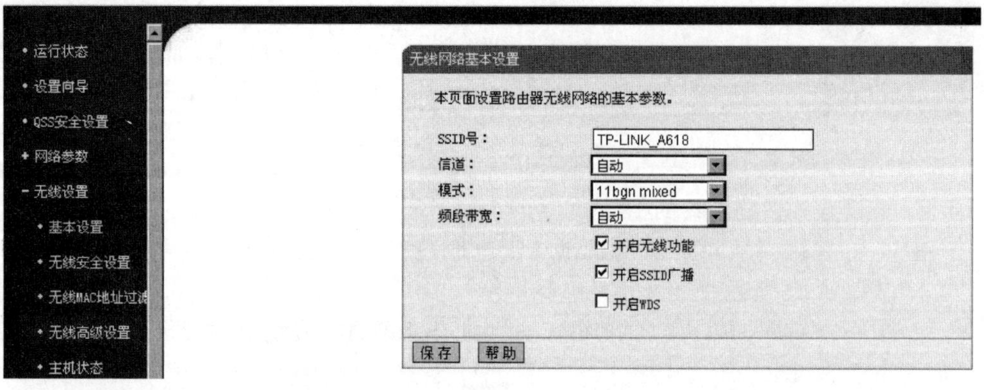

图 12.35　SSID 号设为 TP-LINK_A618

图 12.36　PSK 密码设为 wangda123

4. Android 手机 Wi-Fi 设置进行实验验证

带 Wi-Fi 无线上网功能的笔记本在工作、生活、学习中的应用已经相当广泛，它的方便性也得到了众人的认可。而随着娱乐、商务便携化需求的提升，越来越多的手机开始内置 Wi-Fi 功能，这样手机也可以像笔记本那样轻松接入无线网络了。在要求不是太高的情况下，用手机 Wi-Fi 上网，实现譬如收发邮件、查资料、QQ/MSN 通信交流、看在线电影等都不是难事。接下来介绍如何设置 Android 手机的 Wi-Fi。

步骤 1：首先在主菜单里面找到"设置"一项，然后打开设置无线和网络。

步骤 2：选择 WLAN 设置，如图 12.37 所示。

步骤 3：选择实验室的 Wi-Fi 信号，即 TP-LINK_A618，如图 12.38 所示。

步骤 4：加密的网络需要输入密码后才能连接成功，如图 12.39 和图 12.40 所示。

图 12.37　无线和网络设置　　　　　图 12.38　无线密码输入窗口

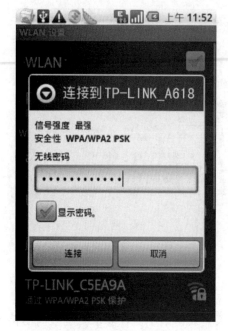

图 12.39　单击连接

图 12.40　TP-LINK_A618 已连接

附录 A
APPENDIX A | 思科交换机配置命令汇总

更改交换机主机名：

switch(config)♯hostname benet

配置进入特权模式的明文口令：

switch(config)♯enable password 123

删除进入特权模式的明文口令：

switch(config)♯no enable password

查看交换机配置：

switch♯show running – config

配置交换机 IP 地址：

switch(config)♯interface vlan 1
switch(config – if)♯ip address 192.168.0.2 255.255.255.0
switch(config – if)♯no shutdown

删除交换机端口 IP 地址：

switch(config – if)♯no ip address

配置交换机默认网关：

switch(config)♯ip default – gateway 192.168.0.1

查看思科交换机相邻设备的详细信息：

switch♯show cdp neighbors detail

保存交换机配置：

1:switch♯copy running – config startup – config
2:switch♯write

恢复交换机出厂配置：

switch♯erase startup – config

```
switch#reload
```

创建 VLAN：

```
switch#vlan database
switch(vlan)#VLAN 30
switch(vlan)#exit
```

VLAN 重命名：

```
switch(vlan)#VLAN 20 name benet
VLAN 20 modified:
Name: benet
```

删除 VLAN：

```
switch(vlan)#no vlan 20
Deleting VLAN 2...switch(VLAN)#exit
```

将端口加入 VLAN：

```
switch(config)#interface F0/2
switch(config-if)#switchport access VLAN 30
```

删除 VLAN 中的端口：

```
1:switch(config-if)#no switchport access vlan 3
switch(config-if)#end
2:switch(config-if)#default interface F0/2
Building configuration...
Interface FastEthernet0/2 set to default configuration
switch(config)#end
```

同时将多个端口加入 VLAN 并验证：

```
switch(config)#interface range F0/3 - 10
switch(config-if-range)#switchport access VLAN 3
switch(config)#end
switch#show vlan-switch
```

配置 VLAN Trunk：

```
switch(config)#interface F0/15
switch(config-if)#switchport mode trunk
```

从 Trunk 中添加某个 VLAN：

```
switch(config)#interface F0/15
switch(config-if)#switchport trunk allowed vlan add 3
switch(config-if)#end
```

从 Trunk 中删除某个 VLAN：

```
switch(config) #interface F0/15
switch(config-if)#switchport trunk allowed vlan remove 3
switch(config-if)#end
```

附录 B
APPENDIX B | 思科路由器配置命令汇总

进入特权执行模式：

enable

退出特权执行模式：

disable

进入全局配置模式：

Configure terminal

配置以太网口：

interface ethernet n

配置 IP 地址：

Ip address ip_address

激活端口：

No shutdown

关闭端口：

shutdown

退出特权执行模式：

end

测试网络连通性：

Ping ip_address

在客户端回显登录提示：

Line vty n　[m]

在客户端回显登录提示：

login

设置口令：

Password password

查看版本信息：

Show version

在全局配置模式下更改配置寄存器的值：

config - register 0x2102

重新启动路由器：

Reload

查看运行配置：

Show running - config

复制运行配置到启动配置文件：

Copy running - config startup - config

复制启动配置文件到运行配置文件：

Copy startup - config running - config

复制运行配置到 TFTP 服务器：

Copy running - config TFTP

复制 TFTP 中配置文件到运行配置：

Copy TFTP running - config

查看启动配置文件：

Show startup - config

显示所有的配置：

show running config

显示版本号和寄存器值：

show versin

配置 IP 地址：

IP add + IP 地址

为端口配置第二个 IP 地址：

secondary + IP 地址

查看端口管理性：

show interface + 端口类型 + 端口号

查看端口是否有 DCE 电缆：

show controllers interface

查看历史记录：

show history

查看终端记录大小：

show terminal

修改保存在 NVRAM 中的启动配置：

config memory

配置路由器或交换机的标识：

hostname + 主机名

设置控制台会话超时为 0：

exec timeout 0

配置明文密码：

enable password + 密码

配置密文密码：

ena sec + 密码

进入 Telnet 端口：

line vty 0 4/15

配置 Telnet 密码：

password + 密码

配置密码：

password + 密码

删除已配置的 IP 地址：

no ip address

查看 NVRAM 中的配置信息：

show startup config

保存信息到 NVRAM：

```
copy run - config atartup config
```

保存信息到 NVRAM：

```
Write
```

清除 NVRAM 中的配置信息：

```
erase startup - config
```

配置静态/默认路由：

ip route + 非直连网段 + 子网掩码 + 下一跳地址

查看路由表：

```
show ip route
```

显示出所有的被动路由协议和端口上哪些协议被设置：

```
show protocols
```

显示被配置在路由器上的路由选择协议,同时给出在路由选择协议中使用的定时器：

```
show ip protocols
```

激活 RIP：

```
router RIP
```

动态查看路由更新信息：

debug ip + 协议

关闭所有 Debug 信息：

```
undebug all
```

激活 Eigrp 路由协议：

router eigrp + as 号

查看邻居表：

```
show ip eigrp neighbors
```

查看拓扑表：

```
show ip eigrp topology
```

查看发送包数量：

```
show ip eigrp traffic
```

激活 OSPF 协议：

router OSPF + process - ID

显示 OSPF 的进程号和 Router ID：

show ip OSPF

更改封装格式：

encapsulation＋封装格式

关闭路由器的域名查找：

no ip admain－lookup

在三层交换机上启用路由功能：

ip routing

清除线路：

clear line ＋线路号

图 书 资 源 支 持

感谢您一直以来对清华版图书的支持和爱护。为了配合本书的使用,本书提供配套的资源,有需求的读者请扫描下方的"书圈"微信公众号二维码,在图书专区下载,也可以拨打电话或发送电子邮件咨询。

如果您在使用本书的过程中遇到了什么问题,或者有相关图书出版计划,也请您发邮件告诉我们,以便我们更好地为您服务。

我们的联系方式:

地　　址:北京市海淀区双清路学研大厦 A 座 701

邮　　编:100084

电　　话:010-83470236　010-83470237

资源下载:http://www.tup.com.cn

客服邮箱:2301891038@qq.com

QQ:2301891038(请写明您的单位和姓名)

资源下载、样书申请

书 圈

扫一扫,获取最新目录

课 程 直 播

用微信扫一扫右边的二维码,即可关注清华大学出版社公众号"书圈"。